今すぐ使えるかんたんmini

Imasugu Tsukaeru Kantan mini Series

Word & Excel 2016 基本技

技術評論社

How to use

本書の使い方

- 画面の手順解説だけを読めば、操作できるようになる！
- もっと詳しく知りたい人は、補足説明を読んで納得！
- これだけは覚えておきたい機能を厳選して紹介！

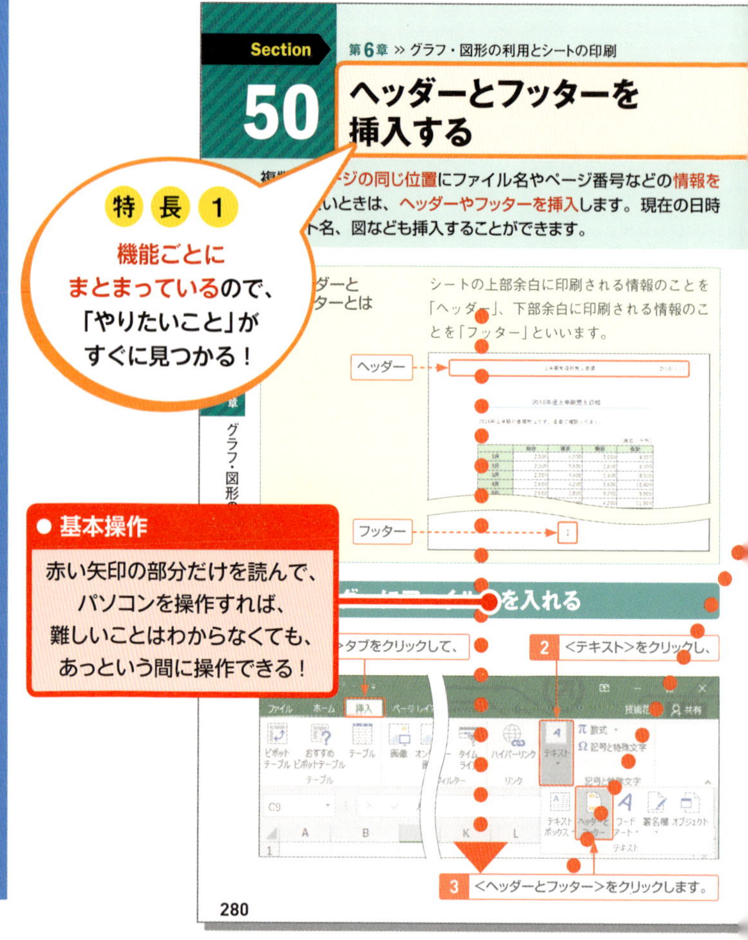

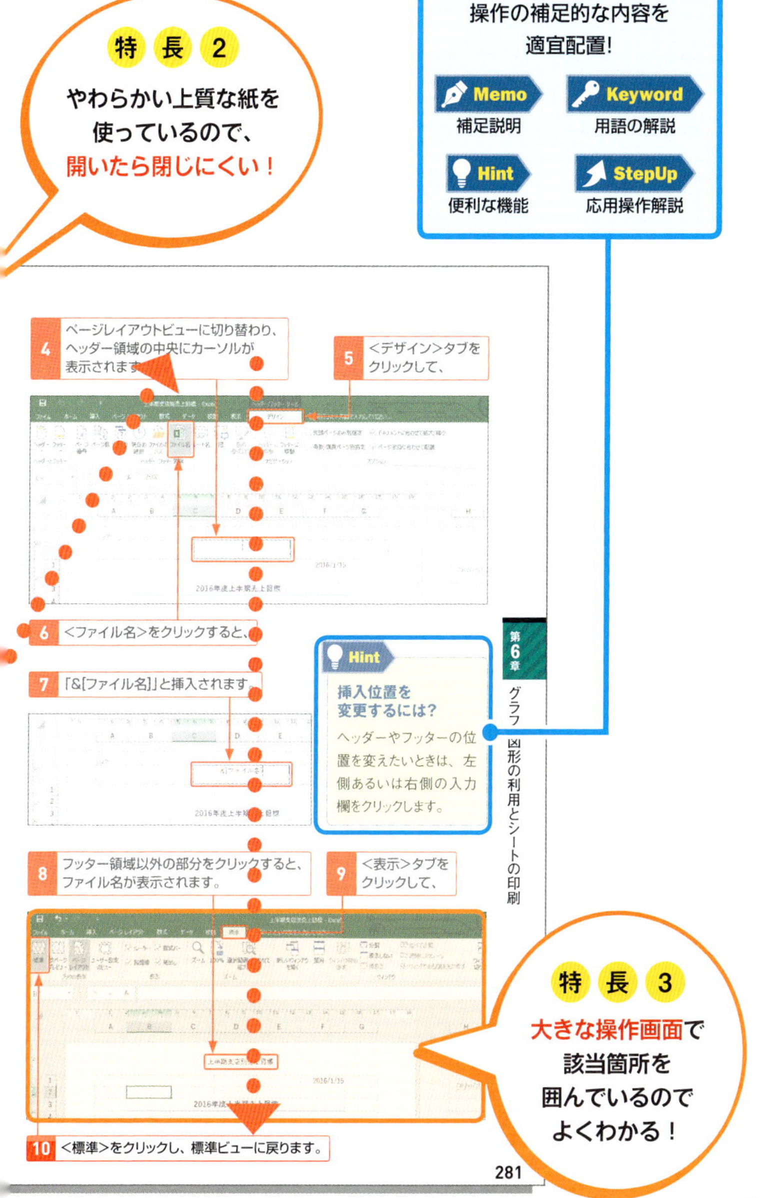

特 長 2
やわらかい上質な紙を
使っているので、
開いたら閉じにくい！
補足説明
操作の補足的な内容を
適宜配置！
Memo
補足説明
Keyword
用語の解説
Hint
便利な機能
StepUp
応用操作解説
4 ページレイアウトビューに切り替わり、ヘッダー領域の中央にカーソルが表示されます。
5 <デザイン>タブをクリックして、
6 <ファイル名>をクリックすると、
7 「&[ファイル名]」と挿入されます。
Hint
挿入位置を変更するには？
ヘッダーやフッターの位置を変えたいときは、左側あるいは右側の入力欄をクリックします。
第6章
グラフ 図形の利用とシートの印刷
8 フッター領域以外の部分をクリックすると、ファイル名が表示されます。
9 <表示>タブをクリックして、
10 <標準>をクリックし、標準ビューに戻ります。
281
特 長 3
大きな操作画面で
該当箇所を
囲んでいるので
よくわかる！

パソコンの基本操作

- 本書の解説は、基本的にマウスを使って操作することを前提としています。
- お使いのパソコンのタッチパッド、タッチ対応モニターを使って操作する場合は、各操作を次のように読み替えてください。

1 マウス操作

▼クリック（左クリック）

クリック（左クリック）の操作は、画面上にある要素やメニューの項目を選択したり、ボタンを押したりする際に使います。

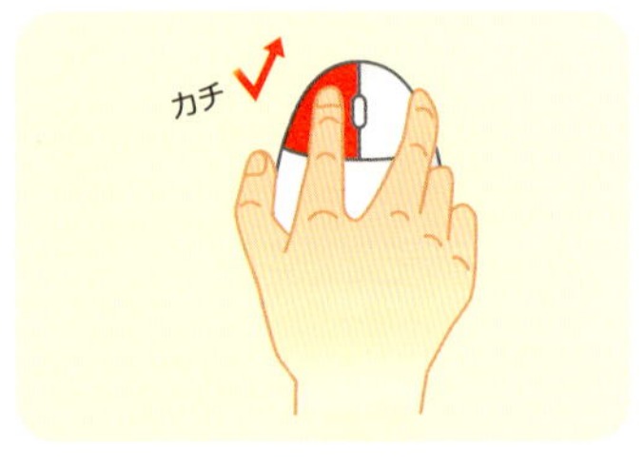

マウスの左ボタンを1回押します。

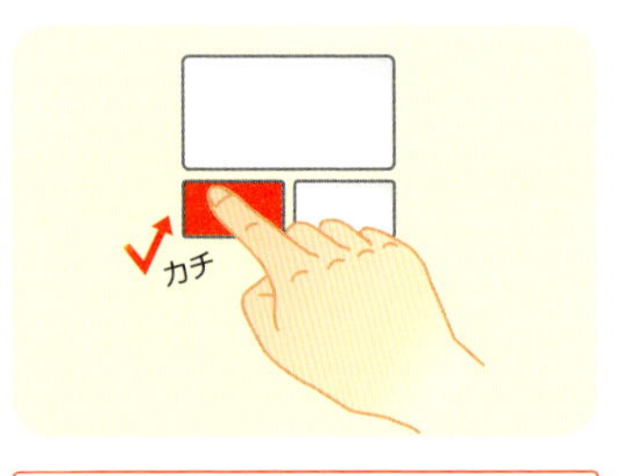

タッチパッドの左ボタン（機種によっては左下の領域）を1回押します。

▼右クリック

右クリックの操作は、操作対象に関する特別なメニューを表示する場合などに使います。

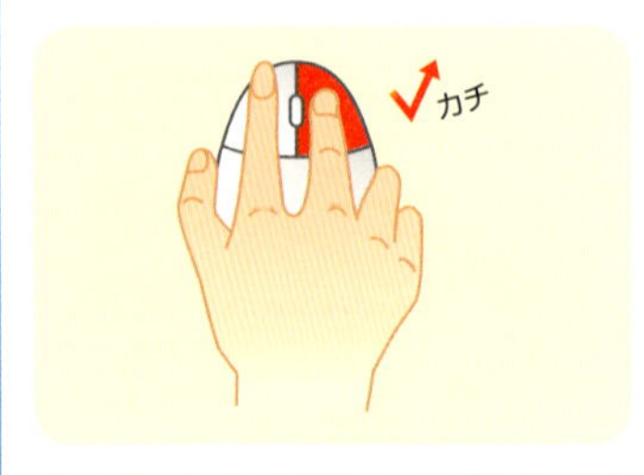

マウスの右ボタンを1回押します。

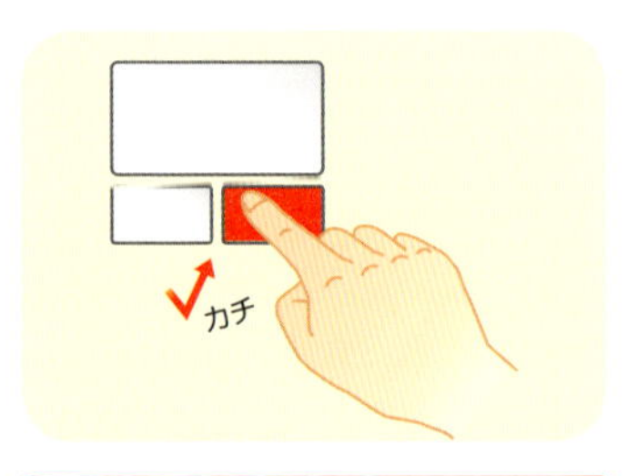

タッチパッドの右ボタン（機種によっては右下の領域）を1回押します。

▼ダブルクリック

ダブルクリックの操作は、各種アプリを起動したり、ファイルやフォルダーなどを開く際に使います。

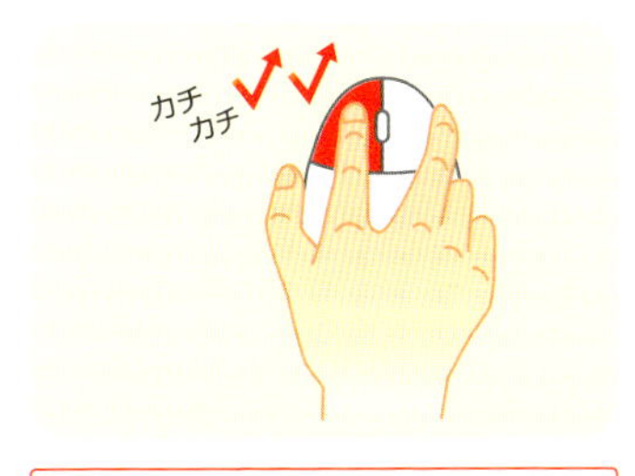

マウスの左ボタンをすばやく2回押します。

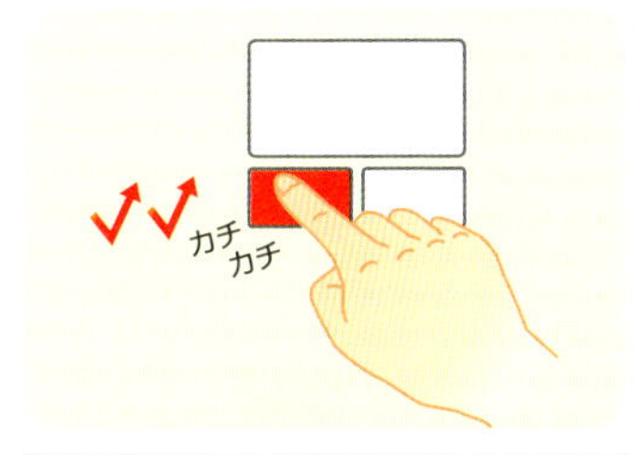

タッチパッドの左ボタン(機種によっては左下の領域)をすばやく2回押します。

▼ドラッグ

ドラッグの操作は、画面上の操作対象を別の場所に移動したり、操作対象のサイズを変更する際などに使います。

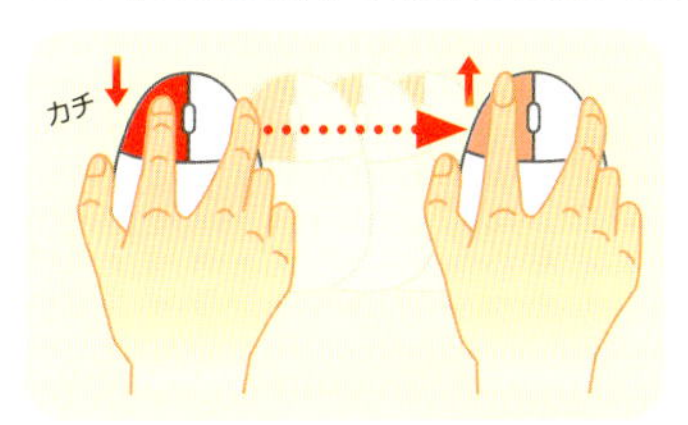

マウスの左ボタンを押したまま、マウスを動かします。目的の操作が完了したら、左ボタンから指を離します。

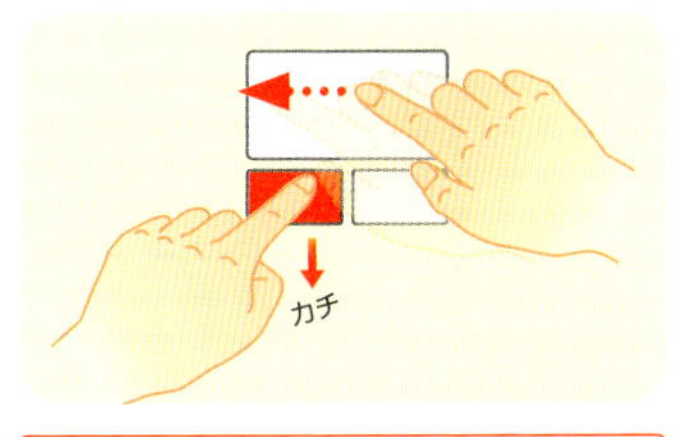

タッチパッドの左ボタン(機種によっては左下の領域)を押したまま、タッチパッドを指でなぞります。目的の操作が完了したら、左ボタンから指を離します。

Memo

ホイールの使い方

ほとんどのマウスには、左ボタンと右ボタンの間にホイールが付いています。ホイールを上下に回転させると、Webページなどの画面を上下にスクロールすることができます。そのほかにも、Ctrlを押しながらホイールを回転させると、画面を拡大/縮小したり、フォルダーのアイコンの大きさを変えたりできます。

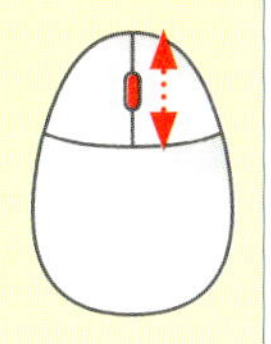

2 利用する主なキー

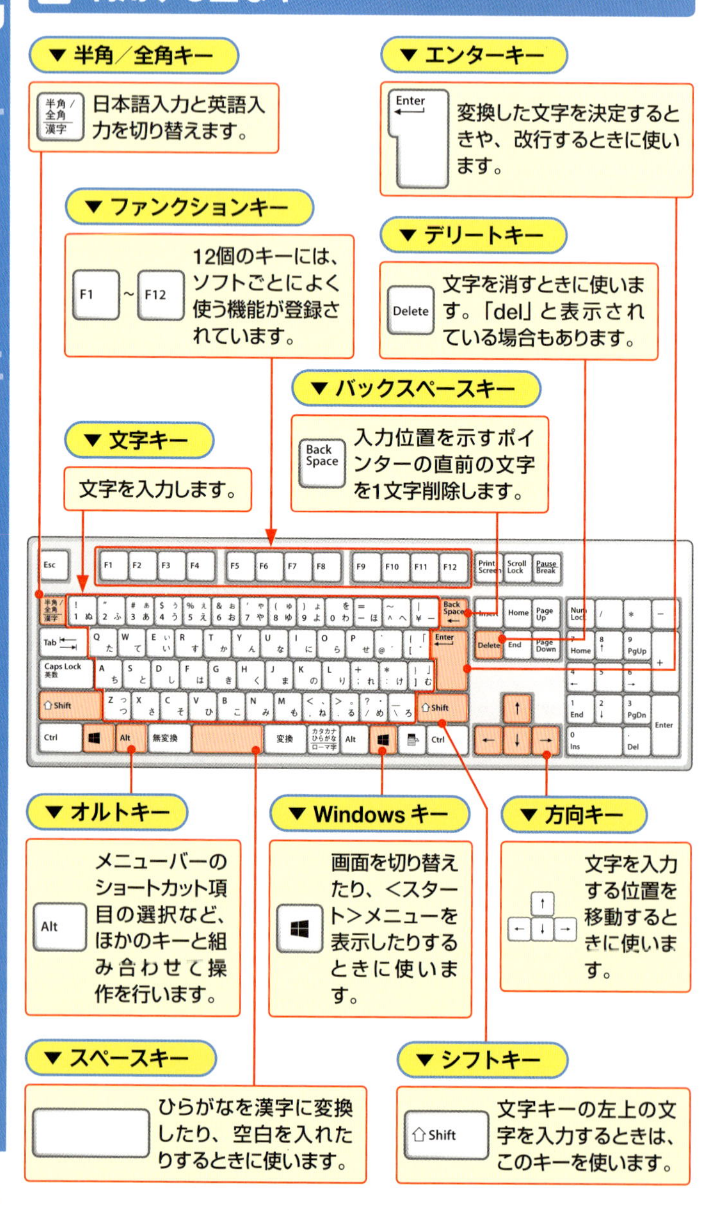
▼半角／全角キー
日本語入力と英語入力を切り替えます。
▼エンターキー
変換した文字を決定するときや、改行するときに使います。
▼ファンクションキー
12個のキーには、ソフトごとによく使う機能が登録されています。
▼デリートキー
文字を消すときに使います。「del」と表示されている場合もあります。
▼バックスペースキー
入力位置を示すポインターの直前の文字を1文字削除します。
▼文字キー
文字を入力します。
▼オルトキー
メニューバーのショートカット項目の選択など、ほかのキーと組み合わせて操作を行います。
▼Windows キー
画面を切り替えたり、<スタート>メニューを表示したりするときに使います。
▼方向キー
文字を入力する位置を移動するときに使います。
▼スペースキー
ひらがなを漢字に変換したり、空白を入れたりするときに使います。
▼シフトキー
文字キーの左上の文字を入力するときは、このキーを使います。

3 タッチ操作

▼ タップ

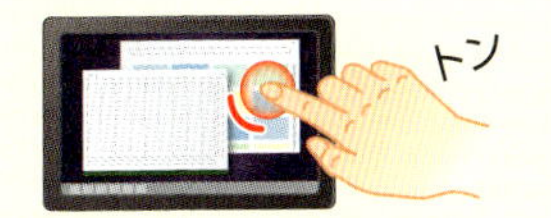

画面に触れてすぐ離す操作です。ファイルなど何かを選択するときや、決定を行う場合に使用します。マウスでのクリックに当たります。

▼ ダブルタップ

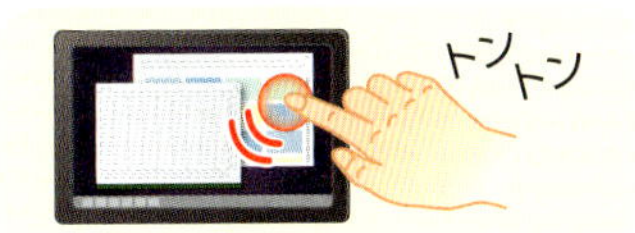

タップを2回繰り返す操作です。各種アプリを起動したり、ファイルやフォルダーなどを開く際に使用します。マウスでのダブルクリックに当たります。

▼ ホールド

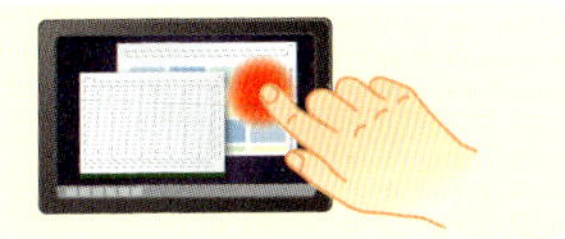

画面に触れたまま長押しする操作です。詳細情報を表示するほか、状況に応じたメニューが開きます。マウスでの右クリックに当たります。

▼ ドラッグ

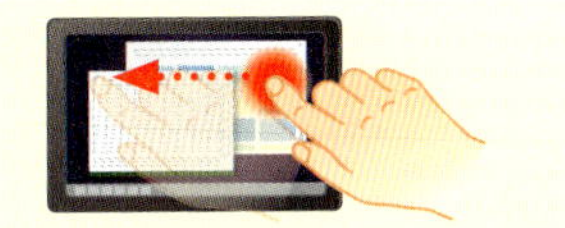

操作対象をホールドしたまま、画面の上を指でなぞり上下左右に移動します。目的の操作が完了したら、画面から指を離します。

▼ スワイプ／スライド

画面の上を指でなぞる操作です。ページのスクロールなどで使用します。

▼ フリック

画面を指で軽く払う操作です。スワイプと混同しやすいので注意しましょう。

▼ ピンチ／ストレッチ

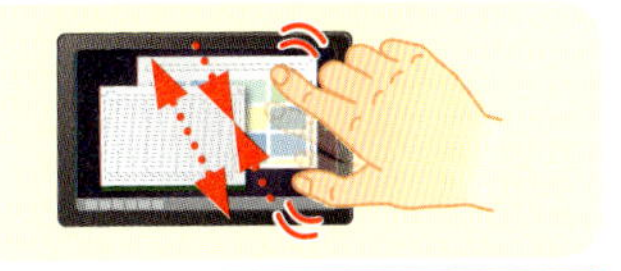

2本の指で対象に触れたまま指を広げたり狭めたりする操作です。拡大（ストレッチ）／縮小（ピンチ）が行えます。

▼ 回転

2本の指先を対象の上に置き、そのまま両方の指で同時に右または左方向に回転させる操作です。

サンプルファイルのダウンロード

●本書で使用しているサンプルファイルは、以下のURLのサポートページからダウンロードすることができます。ダウンロードしたときは圧縮ファイルの状態なので、展開してから使用してください。

http://gihyo.jp/book/2016/978-4-7741-8044-1/support

▼ サンプルファイルをダウンロードする

1 ブラウザー（ここではMicrosoft Edge）を起動します。

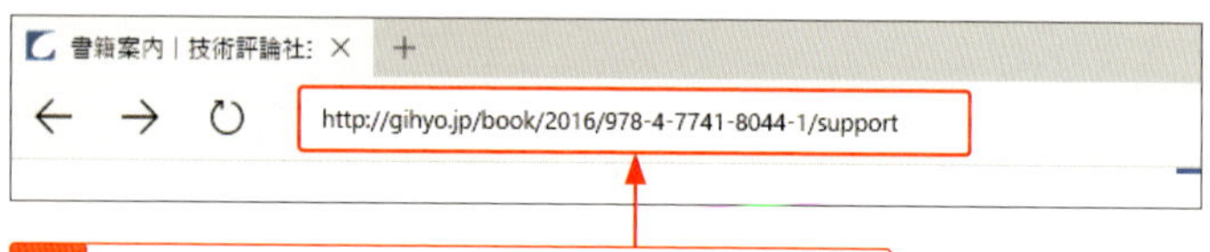

2 ここをクリックしてURLを入力し、Enterを押します。

3 表示された画面をスクロールし、＜ダウンロード＞にある＜サンプルファイル＞をクリックすると、

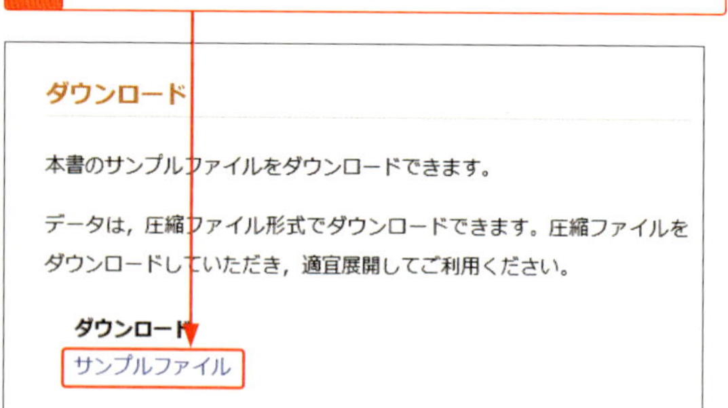

4 ファイルがダウンロードされるので、＜開く＞をクリックします。

mini_Word-Excel-2016-kihon_sample.zip はダウンロードを終了しました。　開く　ダウンロードの表示

▼ ダウンロードした圧縮ファイルを展開する

1 エクスプローラーの画面が開くので、

2 表示されたフォルダーをクリックし、デスクトップにドラッグします。

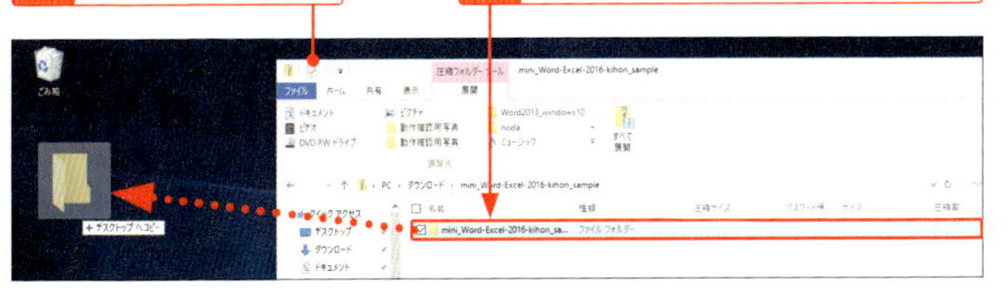

3 展開されたフォルダーがデスクトップに表示されます。

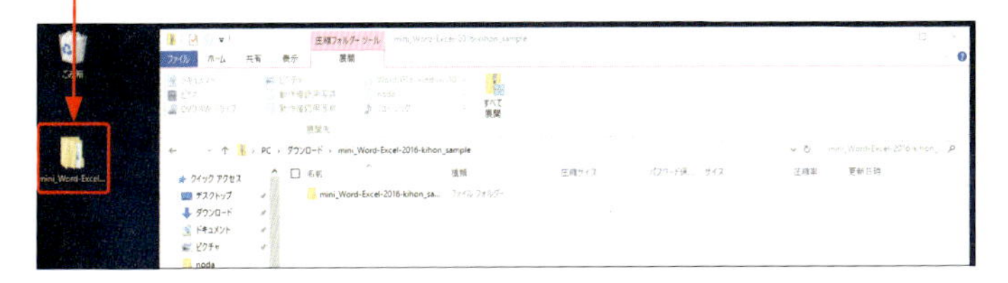

4 展開されたフォルダーをダブルクリックすると、

5 部ごとのフォルダーが表示されます。

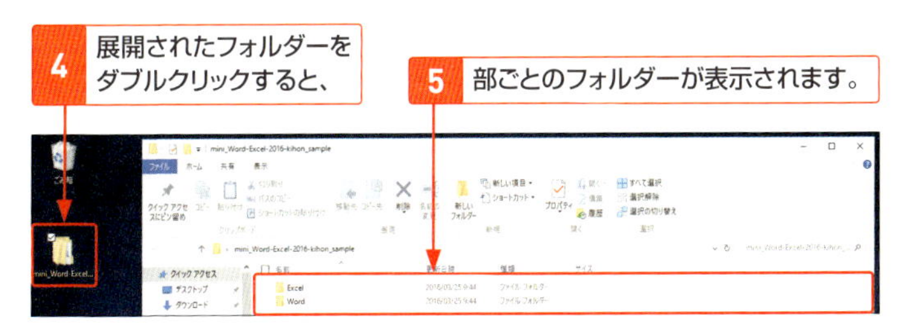

Memo

保護ビューが表示された場合

サンプルファイルを開くと、図のようなメッセージが表示されます。<編集を有効にする>をクリックすると、本書と同様の画面表示になり、操作を行うことができます。

ここをクリックします。

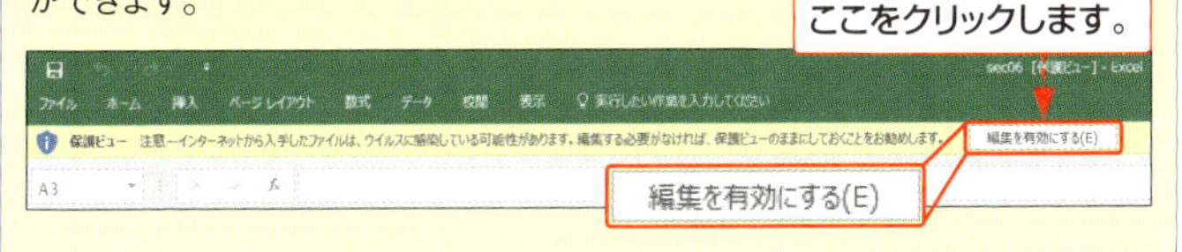

Wordの部

第1章 Word 2016の基本操作

第2章 文字入力

第3章 書式とレイアウトの設定

第4章 図形・画像の利用と文書の印刷

Excelの部

第1章 Excel 2016の基本操作

第2章 データ入力と表の作成

第3章 書式の設定

第4章 セル・シート・ブックの操作

第6章 グラフ・図形の利用とシートの印刷

ご注意：ご購入・ご利用の前に必ずお読みください

- 本書に記載された内容は、情報の提供のみを目的としています。したがって、本書を用いた運用は、必ずお客様自身の責任と判断によって行ってください。これらの情報の運用の結果について、技術評論社および著者はいかなる責任も負いません。
- ソフトウェアに関する記述は、特に断りのないかぎり、2016年3月末日現在での最新バージョンをもとにしています。ソフトウェアはバージョンアップされる場合があり、本書での説明とは機能内容や画面図などが異なってしまうこともあり得ます。あらかじめご了承ください。
- インターネットの情報についてはURLや画面等が変更されている可能性があります。ご注意ください。

以上の注意事項をご承諾いただいた上で、本書をご利用願います。これらの注意事項をお読みいただかずに、お問い合わせいただいても、技術評論社は対処しかねます。あらかじめ、ご承知おきください。

第1章

Word 2016の基本操作

01 Wordとは?

Word(ワード)は、世界中で広く利用されているワープロソフトです。文字装飾や文章の構成を整える機能はもちろん、図形描画、イラストや画像の挿入など多彩な機能を備えています。

1 Wordは高機能なワープロソフト

文章を入力します。

ジュニア／シニア　ラグビークラブ結成
メンバー募集！

矢那瀬ラグビークラブは、今年も西日本代表として全国制覇を目指しています。
このたび、そのジュニア／シニアチームを結成するとことなりました。そこで、一緒に練習をする仲間を募集しています。
大会で優勝することよりも、体力づくり、精神を鍛えるスポーツとして、ラグビーの魅力を知ってほしいと思っています。
小学生、中学生の諸君！　ぜひ、挑戦ください。

詳しくは、下記のホームページをご覧ください。また、クラブへお問い合わせください。
ホームページ　http://yanase-rugby@example.com
矢那瀬ラグビークラブ事務所
〒661-0000 兵庫県尼崎市小浜南町 1-1-1
℡090-1111-2222

Keyword

ワープロソフト

パソコン上で文書を作成し、印刷するためのアプリケーションです。

文字装飾機能などを使って、文書を仕上げます。

ジュニア／シニア　ラグビークラブ結成

メンバー募集！

矢那瀬ラグビークラブは、今年も西日本代表として全国制覇を目指しています。

このたび、そのジュニア／シニアチームを結成するとことなりました。そこで、一緒に練習をする仲間を募集しています。

大会で優勝することよりも、体力づくり、精神を鍛えるスポーツとして、ラグビーの魅力を知ってほしいと思っています。

小学生、中学生の諸君！　ぜひ、挑戦ください。

詳しくは、下記のホームページをご覧ください。また、クラブへお問い合わせください。

ホームページ　http://yanase-rugby@example.com

矢那瀬ラグビークラブ事務所
〒661-0000 兵庫県尼崎市小浜南町 1-1-1
℡090-1111-2222

Keyword

Word 2016

ビジネスソフトの統合パッケージである最新の「Microsoft Office 2016」に含まれるワープロソフトです。

2 Wordではこんなことができる

イラストや画像などを挿入できます。

テキストボックスを挿入して、縦書きの文字を挿入することができます。

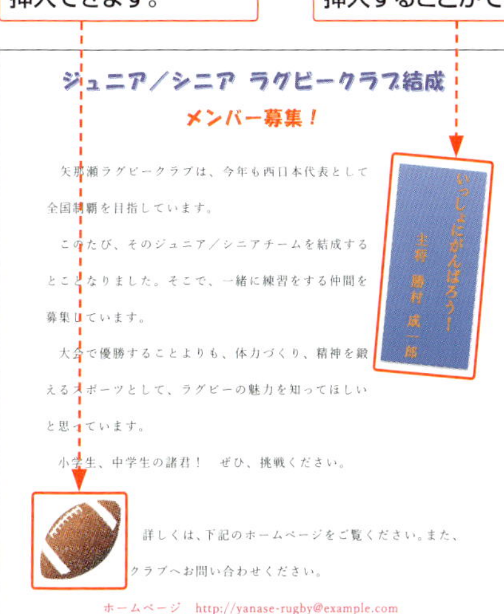

ジュニア／シニア ラグビークラブ結成

メンバー募集！

矢那瀬ラグビークラブは、今年も西日本代表として全国制覇を目指しています。

このたび、そのジュニア／シニアチームを結成することとなりました。そこで、一緒に練習をする仲間を募集しています。

大会で優勝することよりも、体力づくり、精神を鍛えるスポーツとして、ラグビーの魅力を知ってほしいと思っています。

小学生、中学生の諸君！　ぜひ、挑戦ください。

いっしょにがんばろう！
主将　勝村　成一郎

詳しくは、下記のホームページをご覧ください。また、クラブへお問い合わせください。

ホームページ　http://yanase-rugby@example.com

> **Memo**
>
> **豊富な文字装飾機能**
>
> Word 2016には、ワープロソフトに欠かせない文字装飾機能や、文字列に視覚効果を適用できる機能があります（Wordの部第3章参照）。

> **Memo**
>
> **文書を飾るさまざまな機能**
>
> 文書にイラストや画像などを挿入したり、挿入した画像にアート効果を適用することができます（Wordの部第4章参照）。

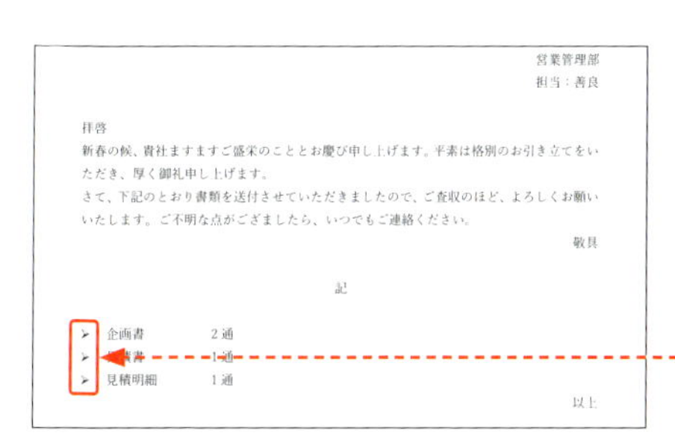

営業管理部
担当：善良

拝啓
新春の候、貴社ますますご盛栄のこととお慶び申し上げます。平素は格別のお引き立てをいただき、厚く御礼申し上げます。
さて、下記のとおり書類を送付させていただきましたので、ご査収のほど、よろしくお願いいたします。ご不明な点がございましたら、いつでもご連絡ください。

敬具

記

- 企画書　2通
- [illegible]　1通
- 見積明細　1通

以上

箇条書きに記号や番号を設定できます。

表を作成することができます。

クラブ入会説明会

開催日	時間	会場	担当者
5月1日	10時～11時30分	クラブ会議室B	本条、町田
	15時～16時30分	クラブ会議室A	坂井、永山
5月2日	10時～11時30分	クラブ会議室A	本条、永山
5月3日	9時30分～11時	クラブ会議室B	坂井、北村
	14時～15時30分	クラブ会議室A	北村、町田

表にスタイルを施すことができます。

> **Memo**
>
> **表の作成機能**
>
> 表やグラフをかんたんに作成できます（本書では省略）。

Section 02 Wordを起動・終了する

Word 2016を起動するには、Windows 10のスタートメニューに登録されている<Word 2016>をクリックします。Wordを終了するには、<閉じる> × をクリックします。

1 Wordを起動する

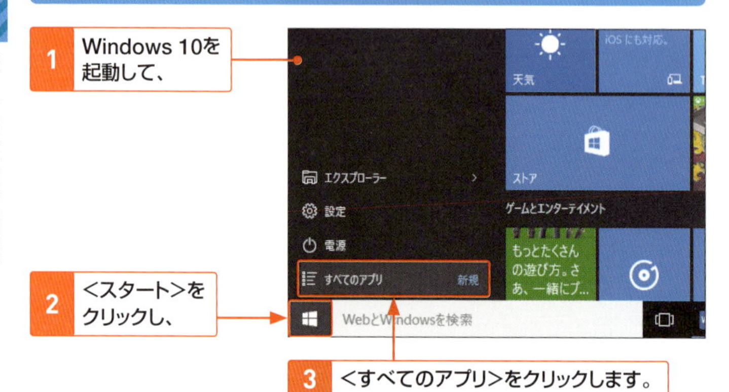

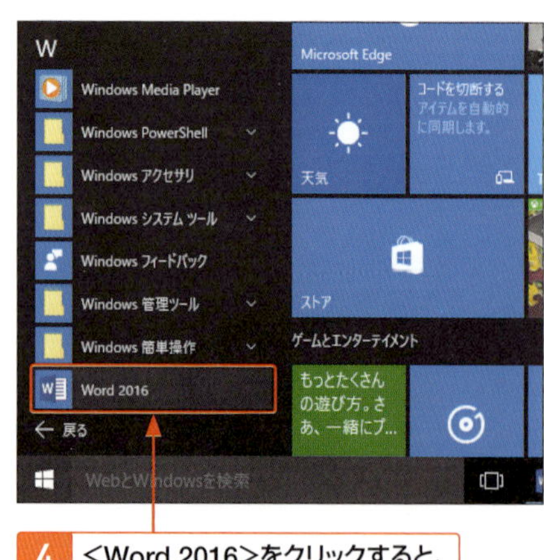

4 <Word 2016>をクリックすると、

よく使うアプリ

すべてのアプリの<Word 2016>を右クリックして<スタート画面にピン留め>をクリックすると、<よく使うアプリ>に表示されます。これをクリックしても起動することができます。

5 Word 2016が起動して、テンプレート選択画面が開きます。

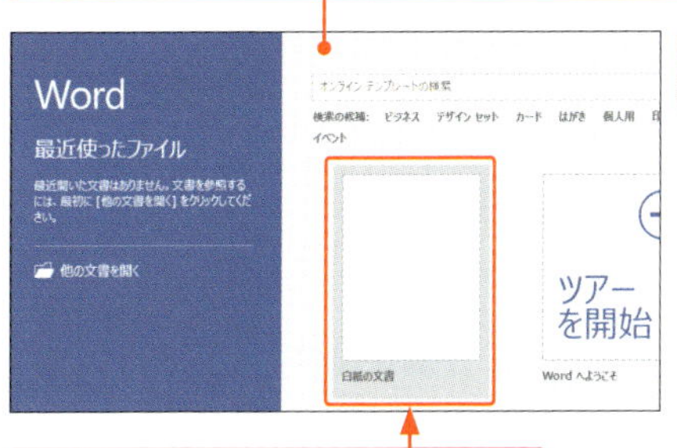

6 <白紙の文書>をクリックすると、

7 新しい文書が表示されます。

> **Memo**
> ### タスクバーからWord 2016を起動する
> Word 2016を起動すると、<Word 2016>アイコンがタスクバーに表示されます。アイコンを右クリックして、<タスクバーにピン留めする>をクリックすると、Word 2016がタスクバーに常に表示され、クリックするだけで起動できます。

2 Wordを終了する

1 <閉じる>をクリックします。

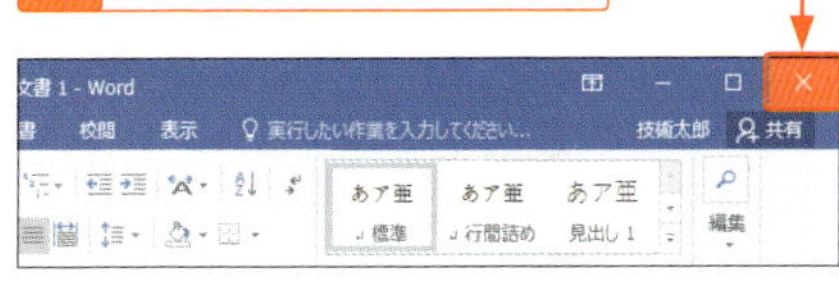

2 Word 2016が終了して、デスクトップ画面に戻ります。

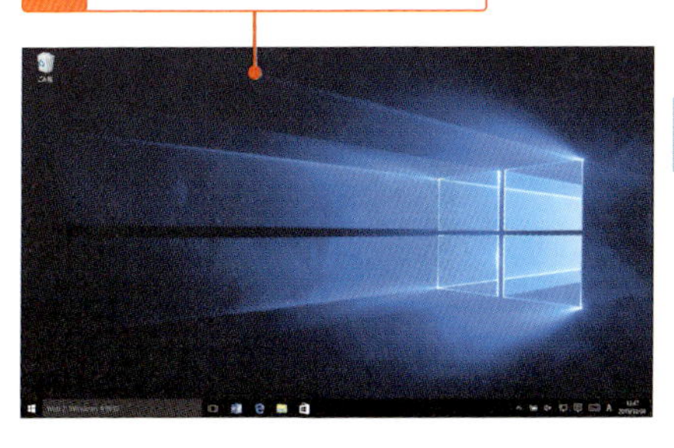

> **Memo**
> ### 複数の文書の場合
> 複数の文書を開いている場合は、<閉じる> × をクリックした文書だけが閉じて、Wordは終了しません。

> **Hint**
> ### そのほかの終了方法
> <ファイル>タブをクリックして、<閉じる>をクリックします。

03 新しい文書を作成する

新しい文書を白紙の状態から作成する場合は、＜ファイル＞タブをクリックすると表示されるメニューから＜新規＞をクリックします。また、テンプレートから新しい文書を作成することもできます。

1 新規文書を作成する

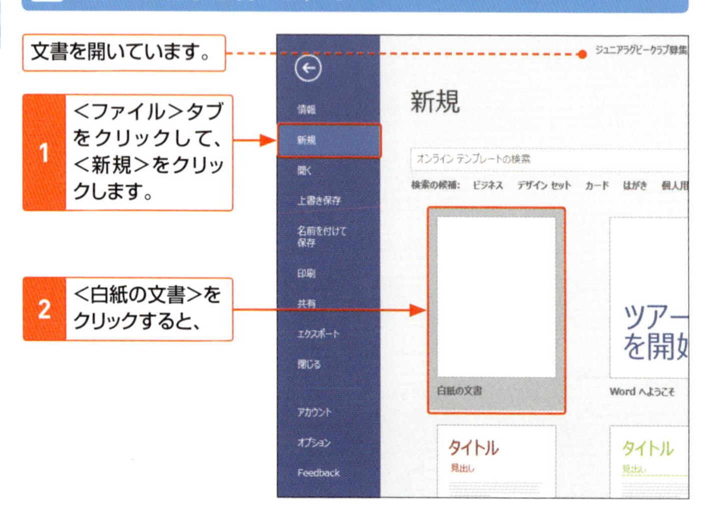

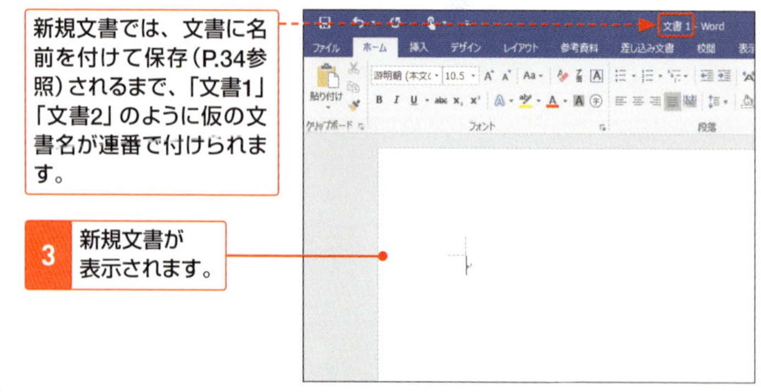

2 テンプレートを利用して新規文書を作成する

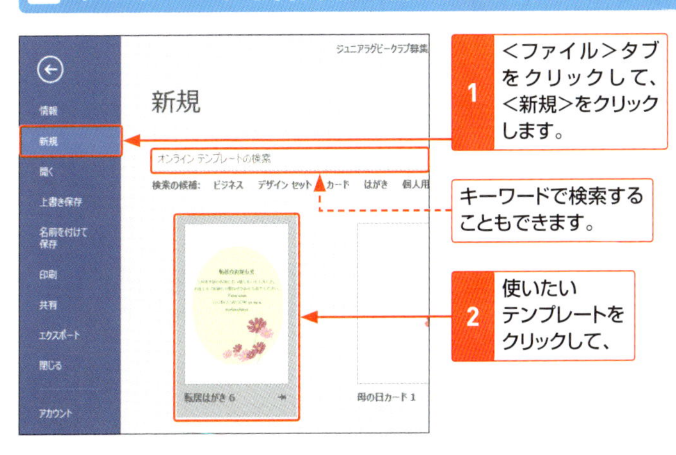

1 ＜ファイル＞タブをクリックして、＜新規＞をクリックします。

キーワードで検索することもできます。

2 使いたいテンプレートをクリックして、

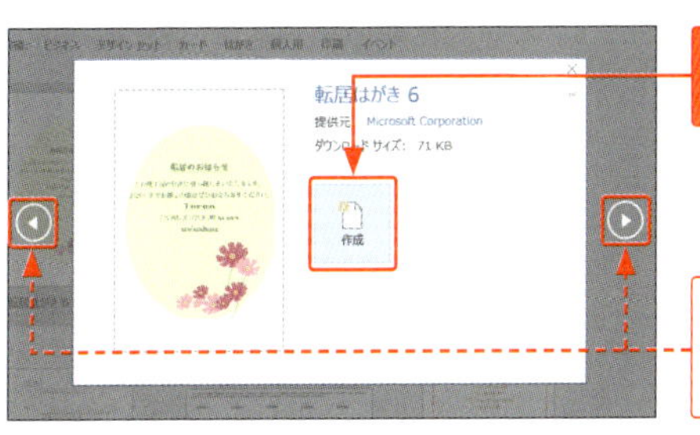

3 ＜作成＞をクリックします。

ここをクリックするとほかのテンプレートを表示できます。

4 テンプレートがダウンロードされます。

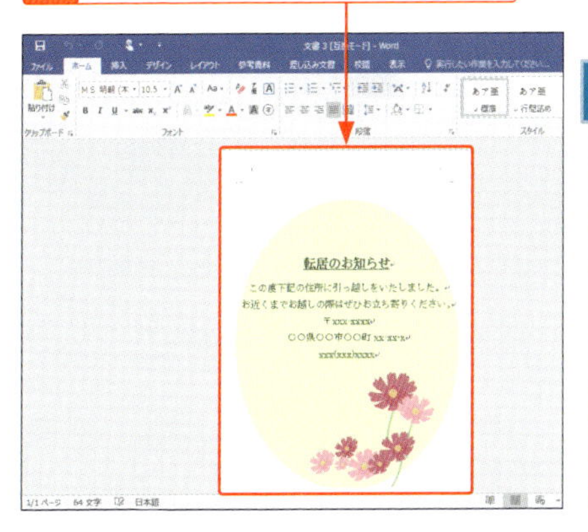

Keyword

テンプレート

あらかじめデザインが設定された文書のひな形のことです。テンプレートを検索したり、ダウンロードしたりするには、インターネットに接続しておく必要があります。

04 Wordの画面構成

Word 2016の基本画面は、機能を実行するためのリボン（タブで切り替わるコマンドの領域）と、文字を入力する文書で構成されています。

1 基本的な画面構成

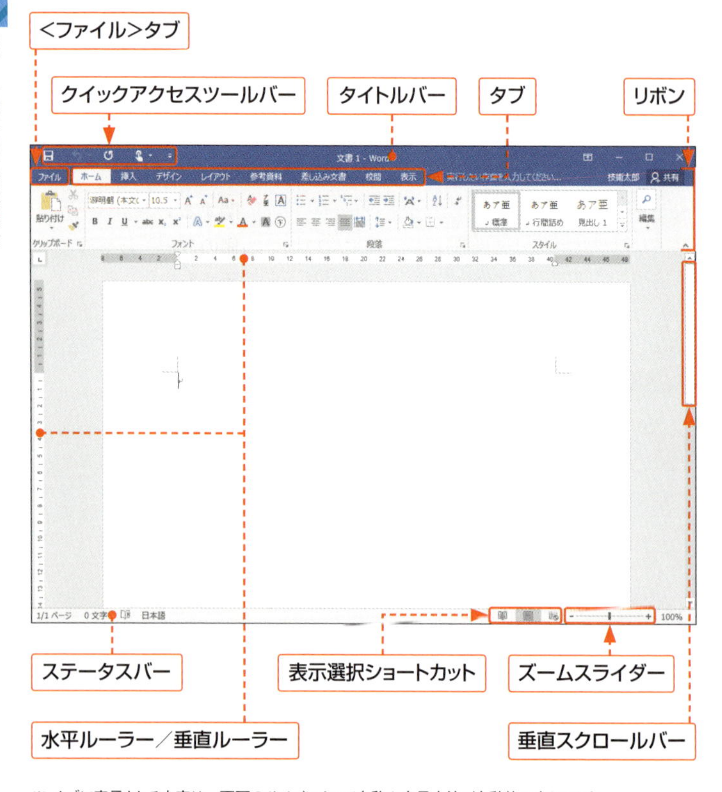

※ タブに表示される内容は、画面のサイズによって名称や表示方法が自動的に変わります。

※ 水平ルーラー／垂直ルーラーは、初期設定では表示されません。<表示>タブの<ルーラー>をクリックしてオンにすると表示されます。

名　称	機　能
クイックアクセスツールバー	＜上書き保存＞＜元に戻す＞＜やり直し＞のほか、頻繁に使うコマンドを追加／削除できます。
タイトルバー	現在作業中のファイルの名前が表示されます。
タブ	初期設定では9つのタブが用意されています。タブをクリックしてリボンを切り替えます。
リボン	目的別のコマンドが、機能別に分類されて配置されています。
水平ルーラー／垂直ルーラー	水平ルーラーはタブやインデントの設定を行い、垂直ルーラーは余白の設定や表の行の高さを変更します。
ステータスバー	カーソル位置の情報や、文字入力の際のモードなどを表示します。
表示選択ショートカット	文書の表示モードを切り替えます。

＜ファイル＞タブ

＜ファイル＞タブをクリックすると、ファイルに関するメニューが表示されます。メニューの項目をクリックすると、右側のBackstageビューと呼ばれる画面に、項目に関する情報や操作が表示されます。

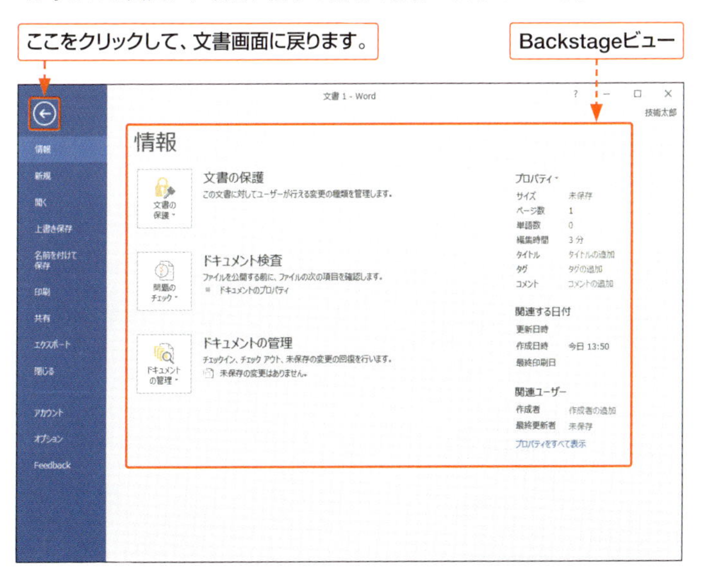

文書の表示倍率と表示モード

画面の表示倍率は、画面右下のズームスライダーや<ズーム>を使って変更できます。また、文書の表示モードは5種類あり、目的によって切り替えます（通常は<印刷レイアウト>モード）。

1 表示倍率を変更する

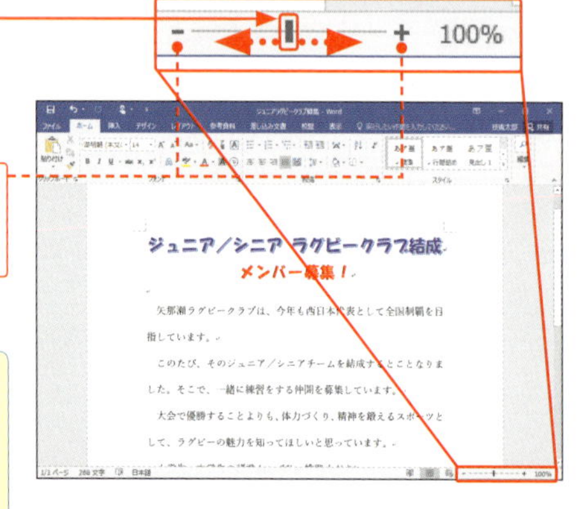

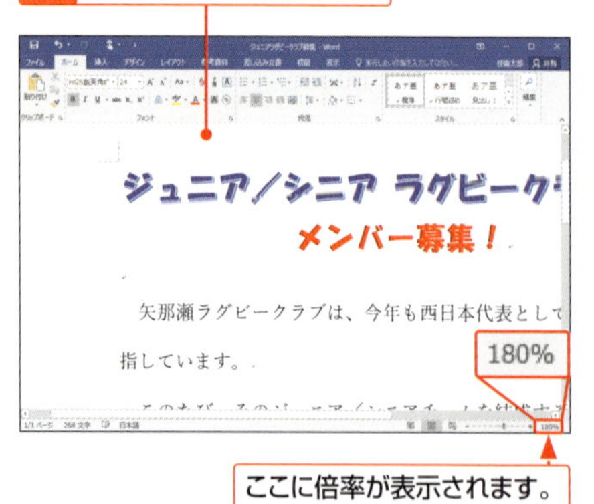

Hint

<ズーム>を利用する

<表示>タブの<ズーム>グループにある<ズーム>や、スライダー横の倍率が表示されている部分をクリックすると表示される<ズーム>ダイアログボックスでも、表示倍率を変更することができます。

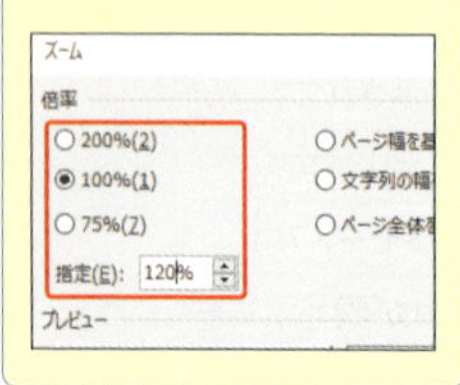

2 文書の表示モードを切り替える

初期設定では、<印刷レイアウト>モードで表示されます。

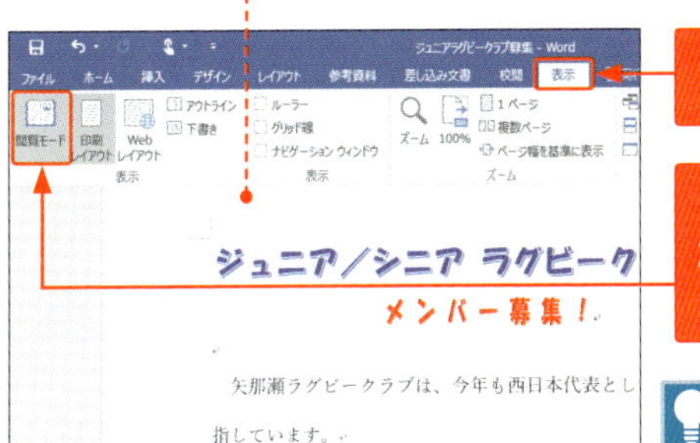

1 <表示>タブをクリックして、

2 目的のコマンド(ここでは<閲覧モード>)をクリックすると、

3 表示モードが切り替わります。

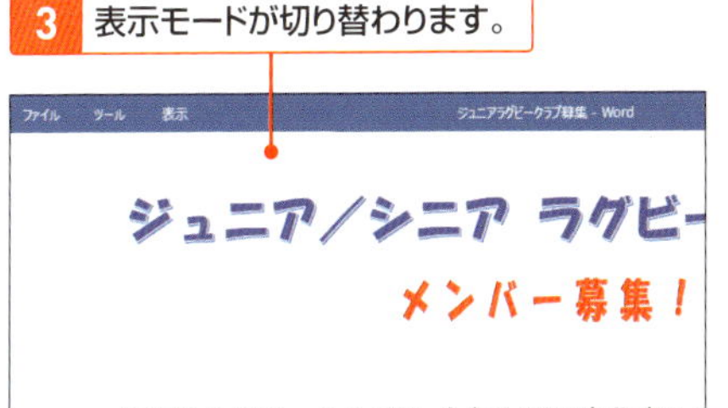

Hint

表示選択ショートカットを利用する

画面右下のショートカットをクリックしても、表示モードを切り替えられます。

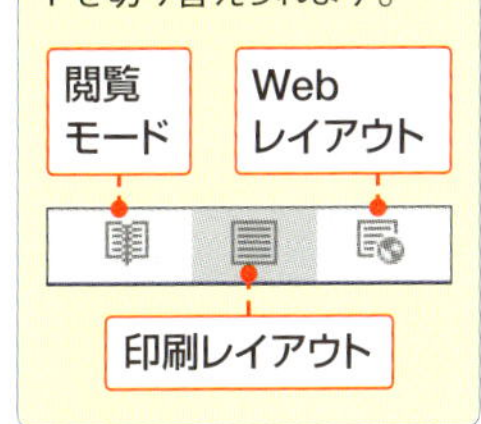

Memo

文書の表示モード

Word 2016の文書の表示モードは、5種類あります。

表示モード	説　明
閲覧モード	文書を画面上で読むのに最適な表示モードで、複数ページでは横方向にページをめくるように閲覧できます。
印刷レイアウト	印刷結果のイメージに近い画面で表示されます(初期設定)。
Webレイアウト	Webページのレイアウトで文書を表示できます。
アウトライン	文書の階層構造を見やすく表示するモードです。
下書き	イラストや画像などを除き、本文だけが表示されます。

06 リボンの基本操作

ほとんどの機能をリボンの中に用意されているコマンドから実行できます。リボンに用意されていない機能は、詳細設定のダイアログボックスや作業ウィンドウで設定します。

1 リボンから設定画面を表示する

Memo

追加のオプション設定

表示されている以外に追加のオプションがある場合は、各グループの右下に が表示されます。

1 グループの右下にある をクリックすると、

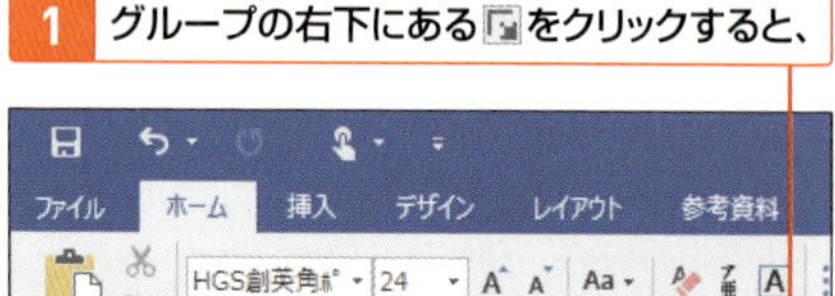

2 タブに用意されていない詳細設定を行うことができます。

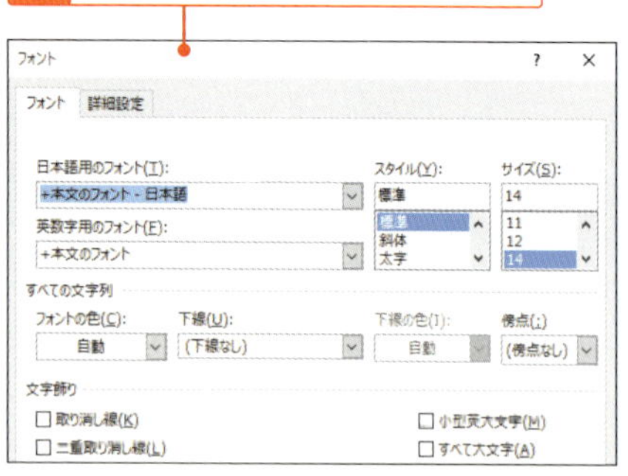

Hint

作業に応じて追加表示されるタブ

基本的なタブのほかに、表を扱う際には＜表ツール＞の＜デザイン＞や＜レイアウト＞タブ、図を扱う際には＜描画ツール＞の＜書式＞タブなどが表示されます。

Keyword

リボン

リボンの基本的な操作はWordとExcelで共通です。同様の操作でタブをクリックして表示するコマンドを変更する、表示非表示を切り替えることができます。

2 リボンの表示・非表示を切り替える

1 <リボンの表示オプション>をクリックして、

2 <タブの表示>をクリックします。

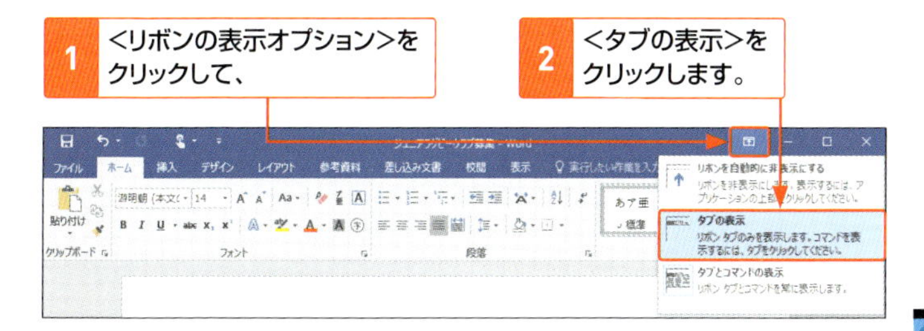

3 リボンのコマンド部分が非表示になり、タブのみが表示されます。

4 <リボンの表示オプション>をクリックして、

5 <リボンを自動的に非表示にする>をクリックすると、

6 全画面表示になります。

7 <リボンの表示オプション>をクリックして、

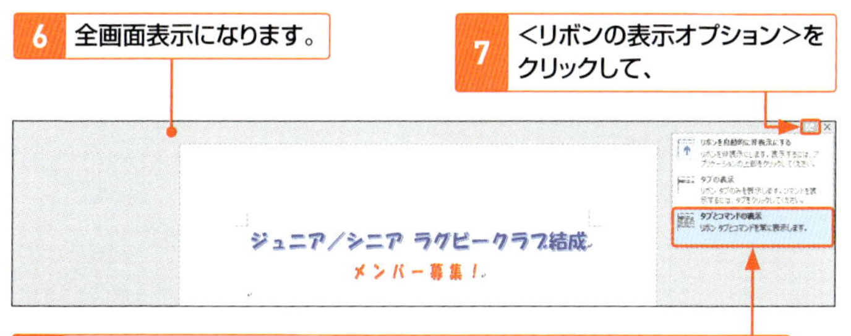

8 <タブとコマンドの表示>をクリックすると、通常の表示になります。

Hint

リボンの表示の切り替え

文書画面を広く使いたい場合に、タブのみの表示にしたり、全画面表示にしたりすることができます。手順3では、タブをクリックすると一時的にリボンが表示され、操作を終えるとまた非表示になります。

07 操作をもとに戻す・やり直す

操作をやり直したい場合は、クイックアクセスツールバーの<元に戻す>や<やり直し>を使います。また、同じ操作を続けて行う場合は、<繰り返し>を利用すると便利です。

1 操作をもとに戻す

Deleteで1文字ずつ「の使い方」を削除しました。

1 ここをクリックして、

2 戻したい操作までドラッグすると、

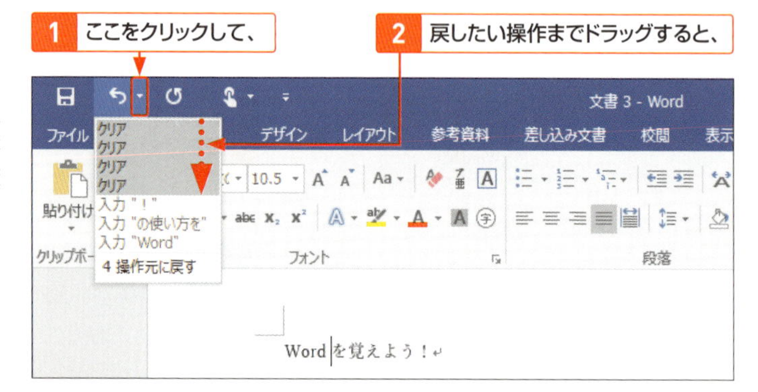

3 指定した操作の前の状態に戻ります。

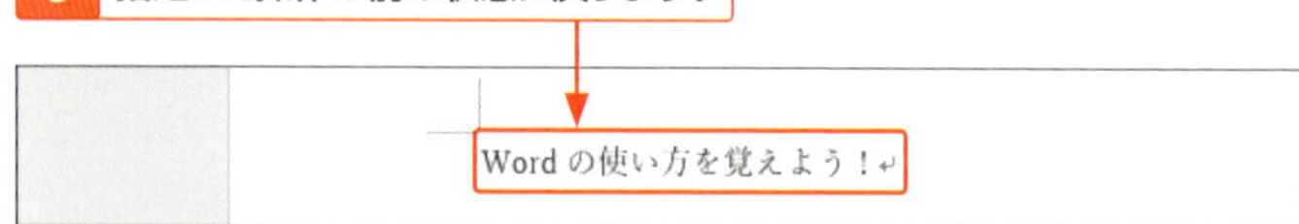

Memo

操作をもとに戻す

<元に戻す>をクリックするたびに、直前に行った操作を100ステップまで取り消すことができます。また、手順2のように複数の操作を一度に取り消すことができます。ただし、ファイルを閉じるともとに戻せません。

2 操作をやり直す

もとに戻した「の使い方」を再び削除します。

1 ここをクリックすると、

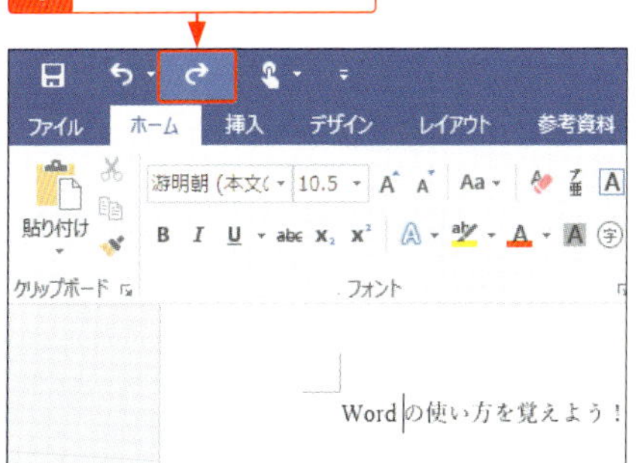

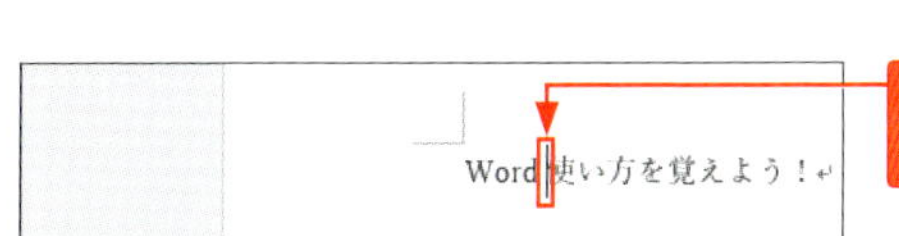

2 1つ前の操作が取り消されます。

> **Memo**
> **操作をやり直す**
> <やり直し>をクリックすると、取り消した操作を順にやり直せます。ただし、ファイルを閉じるとやり直せません。

3 操作を繰り返す

1 文字を入力して、

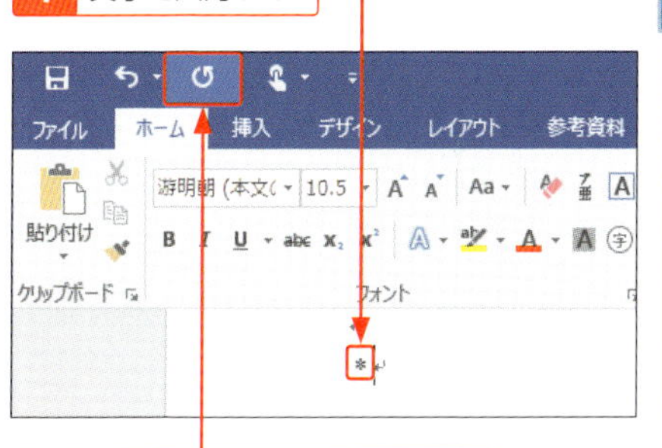

2 <繰り返し>をクリックすると、

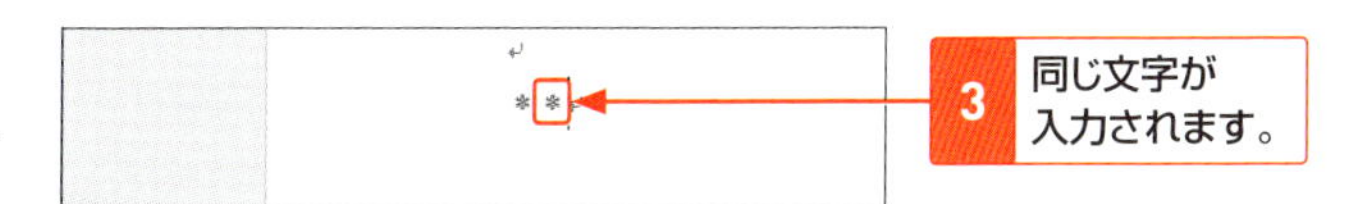

3 同じ文字が入力されます。

> **Memo**
> **操作を繰り返す**
> 入力や削除、書式設定などの操作を行うと、<繰り返し>が表示されます。次の操作を行うまで、何度でも同じ操作を繰り返せます。

08 文書を保存する

ファイルの保存には、作成したファイルや編集したファイルを新規ファイルとして保存する名前を付けて保存と、ファイル名はそのままで、ファイルの内容を更新する上書き保存があります。

1 名前を付けて保存する

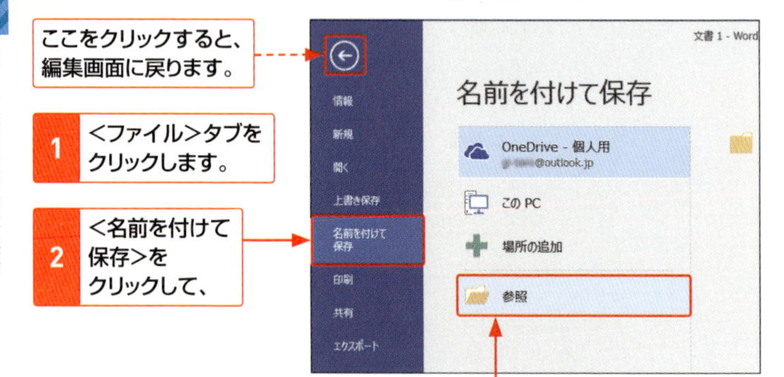

3 <参照>をクリックします。

4 保存先のフォルダーを指定して、

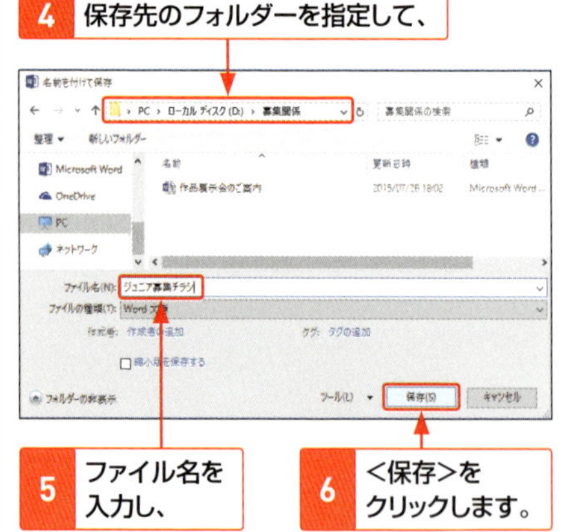

5 ファイル名を入力し、

6 <保存>をクリックします。

Hint

フォルダーを作成するには?

ファイルの保存先として、フォルダー内に新しくフォルダーを作成することができます。<新しいフォルダー>をクリックして、名前を入力します。

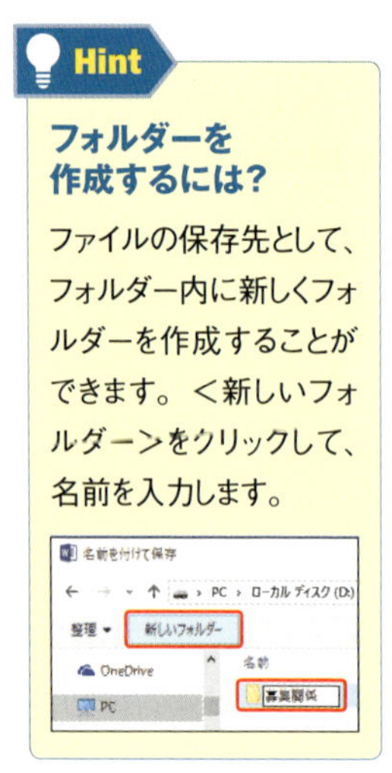

7 文書が保存され、タイトルバーにファイル名が表示されます。

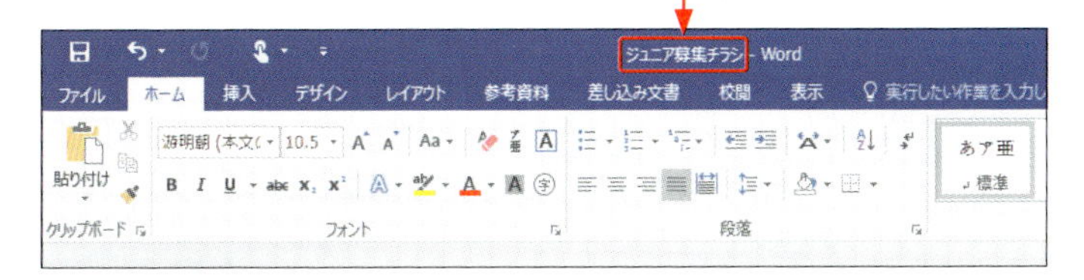

StepUp

ほかの形式で保存する

<名前を付けて保存>ダイアログボックスの<ファイルの種類>をクリックして、<Word 97-2003文書>や<PDF>、<書式なし>（テキスト形式）などほかの形式をクリックします。

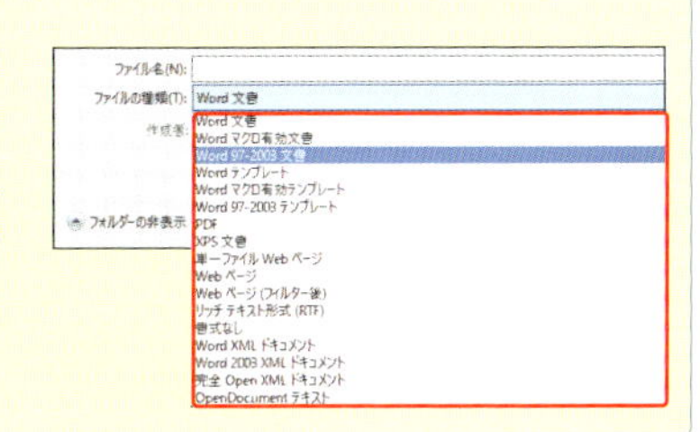

2 上書き保存する

<上書き保存>をクリックすると、文書が上書きされます。一度も保存していない場合は、<名前を付けて保存>ダイアログボックスが表示されます。

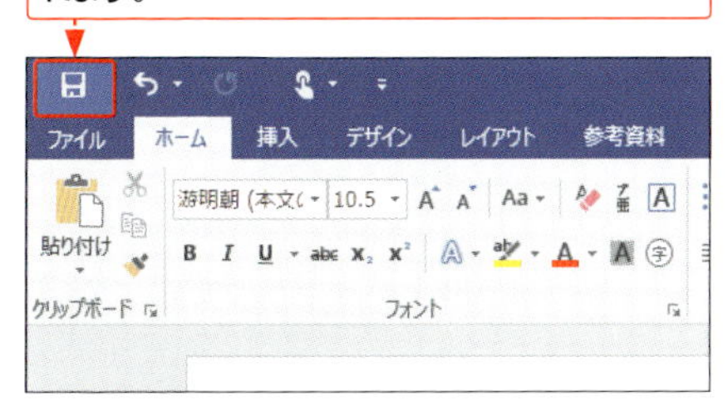

Keyword

上書き保存

文書を何度も変更して、最新のファイルだけを残すことを、文書の「上書き保存」といいます。<ファイル>タブの<上書き保存>をクリックしても同じです。

Hint

上書き保存の前に戻す

Wordでは上書き保存をしても文書を閉じていなければ、<元に戻す>をクリックして操作を戻すことができます（P.32参照）。

保存した文書を閉じる・開く

文書を保存したら、<ファイル>タブから文書を閉じます。保存した文書を開くには、<ファイルを開く>画面からファイルを選択します。最近使った文書などを利用しても開くことができます。

1 文書を閉じる

1 <ファイル>タブをクリックして、

2 <閉じる>をクリックすると、

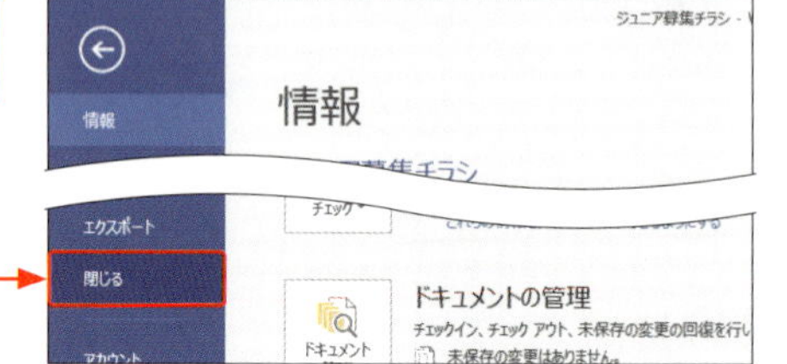

3 文書が閉じます。

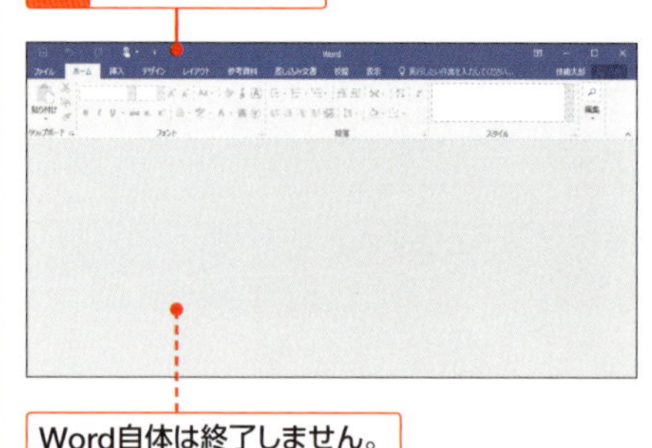

Word自体は終了しません。

Memo

<閉じる> ✕ をクリックする

文書が複数開いている場合は、<閉じる> ✕ をクリックしても、その文書のみを閉じることができます（1つだけの場合は、Word 2016も終了します）。

Hint

文書が保存されていないと?

変更を加えて保存しないまま、文書を閉じようとすると、右の画面が表示されるので、いずれかを選択します。

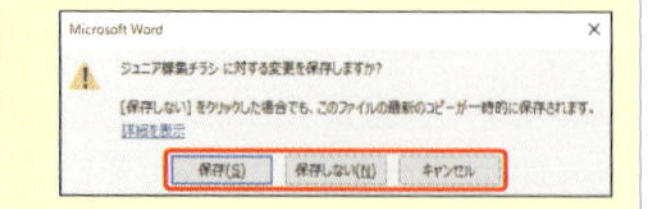

2 保存した文書を開く

1 <ファイル>タブをクリックして、

2 <開く>をクリックし、

3 <参照>をクリックします。

4 開きたい文書が保存されているフォルダーを指定して、

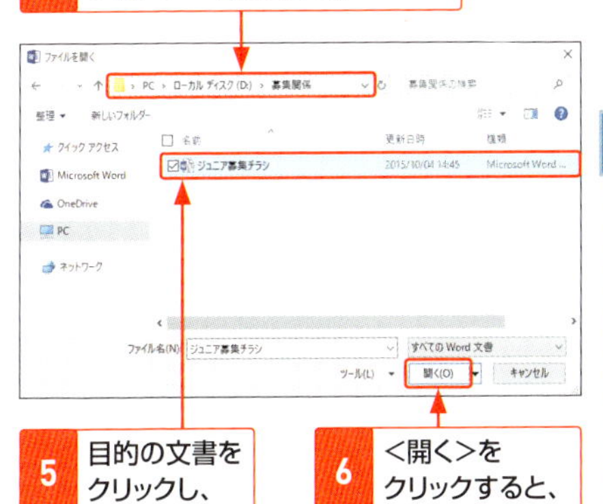

5 目的の文書をクリックし、

6 <開く>をクリックすると、

7 目的の文書が開きます。

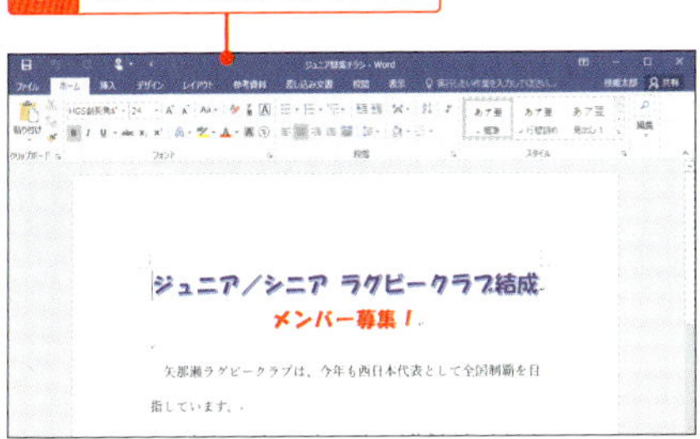

Memo

Wordの起動画面

Wordを起動した画面では、<最近使ったファイル>が表示されます。ここに目的のファイルがあれば、クリックして開くことができます。左下の<他の文書を開く>をクリックすると、<開く>画面が表示されます。

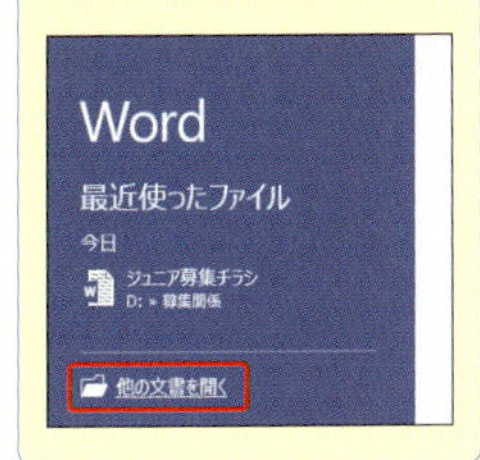

3 最近開いた文書から開く

1 <ファイル>タブをクリックして、<開く>をクリックすると、

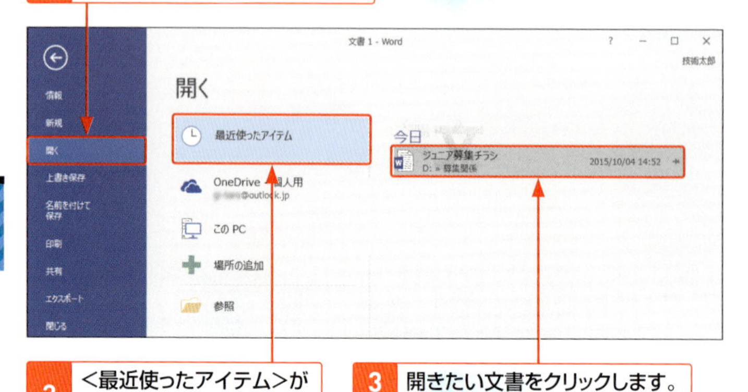

2 <最近使ったアイテム>が表示されます。

3 開きたい文書をクリックします。

4 ジャンプリストから開く

Keyword

ジャンプリスト

Wordのアイコンを右クリックして表示される画面を「ジャンプリスト」と呼びます。最近編集・保存した文書名が表示されるので、クリックするだけですばやく開くことができます。

1 タスクバーにあるWordのアイコンを右クリックすると、

2 新しい順に文書名が表示されます。

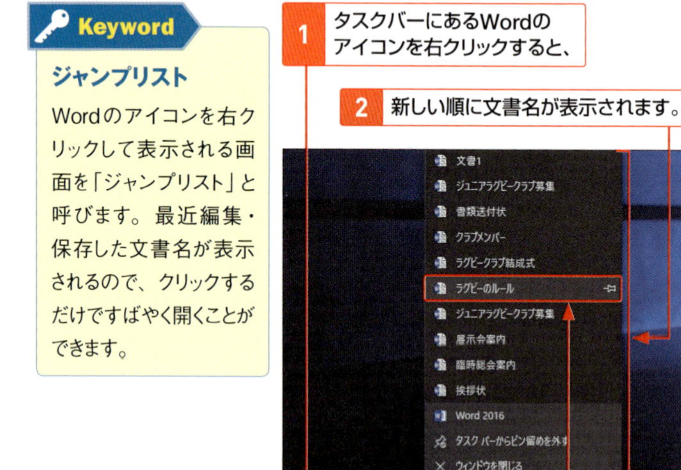

3 開きたい文書をクリックします。

第2章

文字入力

文字入力の準備をする

文字を入力する前に、キーボードでの入力方式をローマ字入力かかな入力に決めます。また、入力するときには、ひらがなか英字か、入力モードを設定します。

■「ローマ字入力」と「かな入力」の違い

ローマ字入力：この部分の文字でⓈⓄⓇⒶとキーを押すと、「そら」と入力されます。

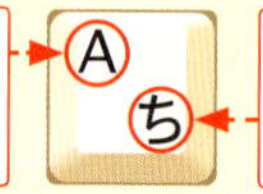

かな入力：この部分の文字でⓈⓄとキーを押すと、「そら」と入力されます。

1 ローマ字入力とかな入力を切り替える

Memo

文字入力の準備

最初に「ローマ字入力」か「かな入力」のいずれかを決めます。本書では、ローマ字入力を中心に解説します。

1 <入力モード>を右クリックして、

2 <ローマ字入力／かな入力>をクリックし、

3 <ローマ字入力>または<かな入力>をクリックします。

2 入力モードを切り替える

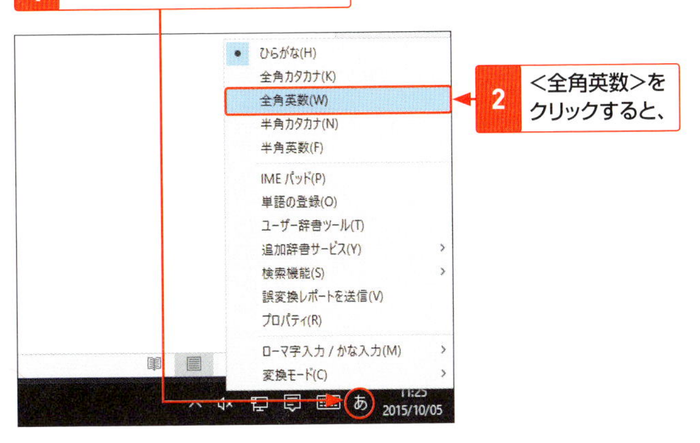

1 ＜入力モード＞を右クリックし、

2 ＜全角英数＞をクリックすると、

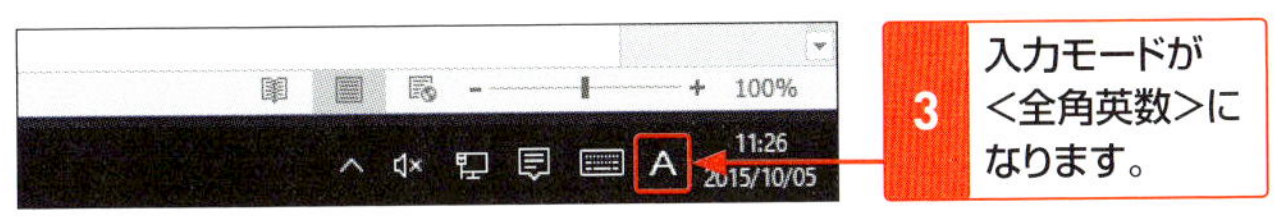

3 入力モードが＜全角英数＞になります。

Memo

入力モードの切り替え

入力モードは、キーを押したときに入力される文字の種類を示すもので、タスクバーには現在の入力モードが表示されます。＜入力モード＞をクリックすると、＜ひらがな＞あと＜半角英数＞Aが切り替わります。そのほかのモードは上の手順のように指定するか、無変換を押して切り替えます。

入力モードの種類

入力モード	入力例	入力モードの表示
ひらがな	あいうえお	あ
全角カタカナ	アイウエオ	カ
全角英数	ａｉｕｅｏ	A
半角カタカナ	ｱｲｳｴｵ	_ｶ
半角英数（直接入力）	aiueo	A

文字を入力する

日本語を入力するには、文字の「読み」としてひらがなを入力し、漢字やカタカナに変換して確定します。読みを変換すると、変換候補が表示されるので選択します。

1 ひらがなを入力する

入力モードを<ひらがな>にします(P.41参照)。

1 Aのキーを押すと、

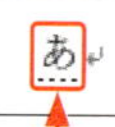

2 「あ」と表示されます。

3 続けて、OZORAとキーを押すと、

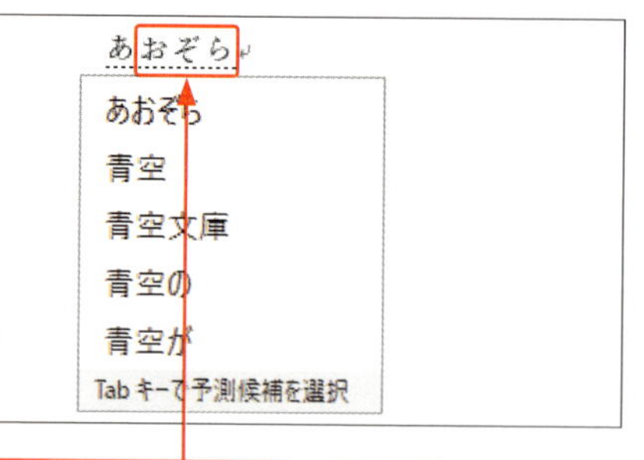

4 「おぞら」と表示されるので、Enterを押します。

5 文字が確定します。

あおぞら

Memo

入力と確定

キーを押して画面上に表示されたひらがなには、文字の下に点線が引かれています。この状態では、まだ文字の入力は完了していません。キーボードのEnterを押すと、入力が確定します(下線が消えます)。

Memo

予測候補の表示

入力が始まると、手順4のように該当する変換候補が表示されます。ひらがなを入力する場合は、そのまま無視してかまいません。

2 カタカナを入力する

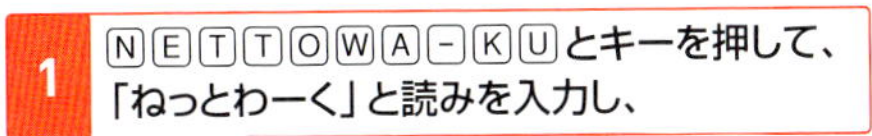

1 N E T T O W A - K U とキーを押して、「ねっとわーく」と読みを入力し、

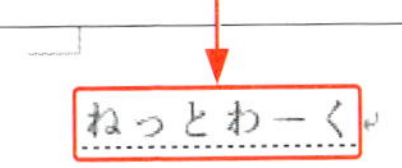

2 Space を押すと、

3 カタカナに変換されます。

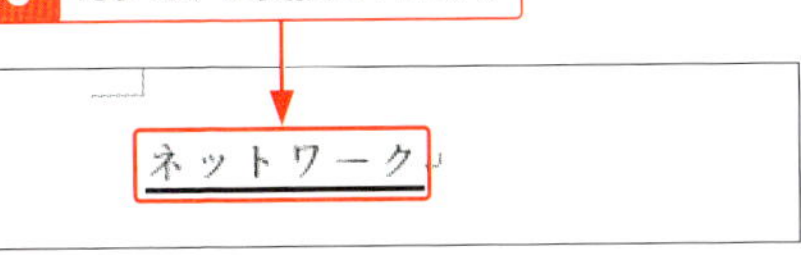

4 Enter を押すと、

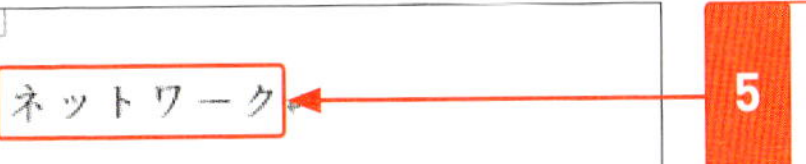

5 文字が確定し、「ネットワーク」と入力されます。

Hint

カタカナの変換

「ニュース」や「インターネット」など、一般的にカタカナで表記する語句は、Space を押すとカタカナに変換されます。
また、読みを入力して、F7 を押しても変換できます（StepUp 参照）。

StepUp

ファンクションキーで一括変換する

確定前の文字列は、キーボードの上部にあるファンクションキー（F6～F10）を押すと、一括で特定の種類の文字に変換できます。ここでは、S A K U R A とキーを押して変換する例を紹介します。

F6「ひらがな」

さくら

F7「全角カタカナ」

サクラ

F8「半角カタカナ」

ｻｸﾗ

F9「全角英数」

ｓａｋｕｒａ

F10「半角英数」

sakura

第2章 文字入力

3 漢字に変換する

Memo

漢字の入力と変換

漢字を入力するには、漢字の「読み」を入力し、キーボードの[Space]または[変換]を押します。

「収拾」という漢字を入力します。

1 [S][Y][U][U][S][Y][U][U]とキーを押して、[Space]を押すと、

しゅうしゅう

Memo

変換候補の一覧

漢字の「読み」を入力して[Space]を2回押すと、入力候補が表示されます。

2 漢字に変換されます。

収集

3 違う漢字に変換するために、再度[Space]を押して、

同音異義語がある語句の場合は、語句の用法が表示されます。

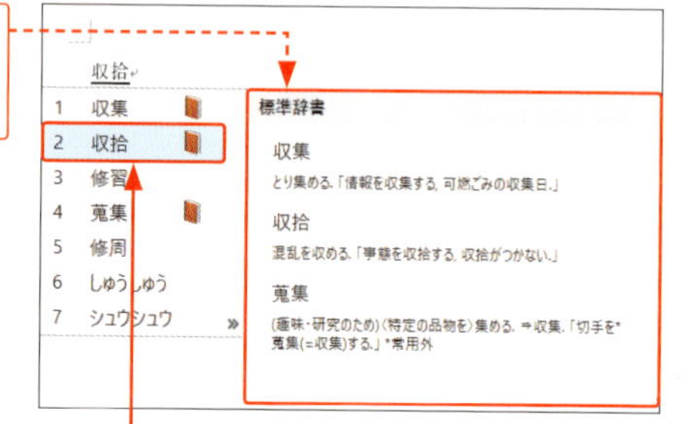

4 候補一覧から漢字をクリックし、[Enter]を押すと、

5 文字が確定して、「収拾」と入力されます。

収拾

4 複数の文節を変換する

「市が講演する」と変換された複文節の「講演」を「後援」と直します。

1 「しがこうえんする」と読みを入力して、Space を押すと、

2 複数の文節がまとめて変換されます。

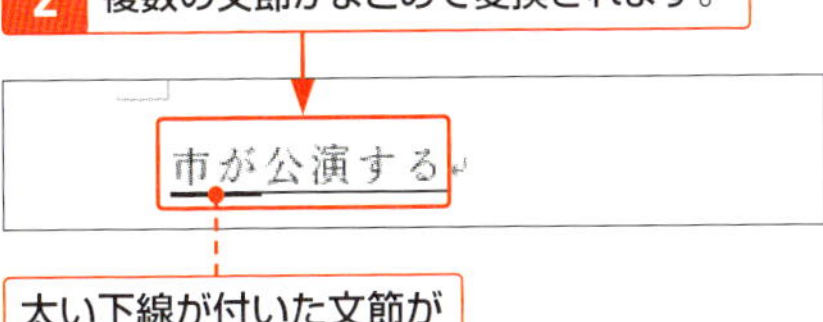

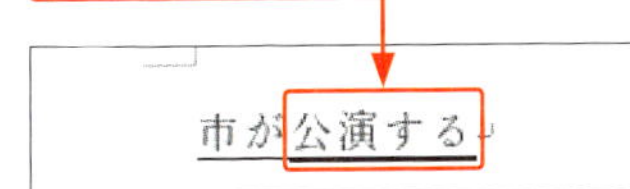

3 → を押して、変換対象に移動します。

市が公演する

4 Space を押すと変換されるので、

5 「後援する」をクリックし、Enter を押します。

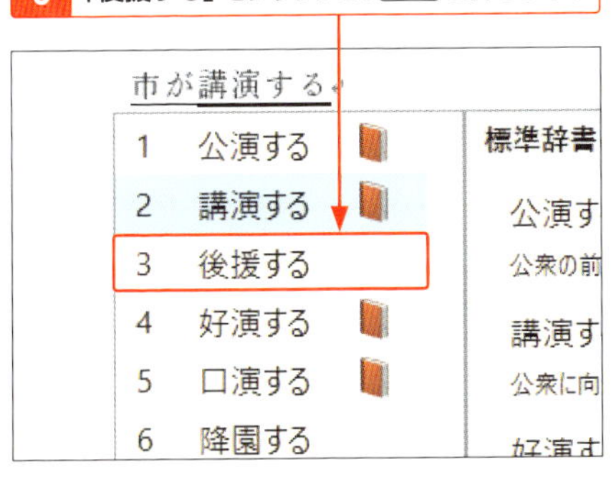

6 変換し直されます。

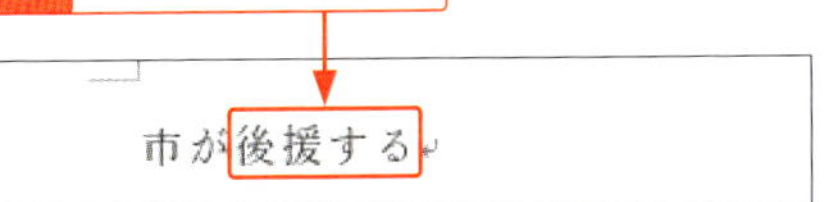

Keyword

文節と複文節

「文節」とは、末尾に「～ね」や「～よ」を付けて意味が通じる文の最小単位のことで、複数の文節で構成された文字列を「複文節」といいます。

StepUp

確定後に再変換する

確定した文字が違っていたら、文字を選択してキーボードの 変換 を押します。変換候補が表示されるので、正しい文字を選択します。

英数字を入力する

アルファベットを入力するには、入力モードを＜半角英数＞モードにして入力する方法と、日本語を入力中のまま、＜ひらがな＞モードで入力する方法があります。

1 ＜半角英数＞モードで入力する

「Office Word」と入力します。

1 入力モードを［半角英数］に切り替えます。

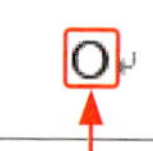

2 Shift＋Oを押して、大文字の「O」を入力します。

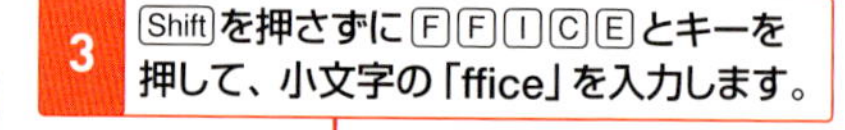

3 Shiftを押さずにFFICEとキーを押して、小文字の「ffice」を入力します。

Office

4 Spaceを押して、半角スペースを入力します。

Office

5 同様に、「Word」を入力します。

Office Word

Memo

＜半角英数＞モードにする

＜入力モード＞を＜半角英数＞にするか、キーボードの半角／全角を押します。

Hint

大文字の英字の入力

＜半角英数＞モードで、アルファベットのキーを押すと小文字の英字、Shiftを押しながらキーを押すと大文字の英字が入力できます。

2 <ひらがな>モードで入力する

1 入力モードを［ひらがな］に切り替えます。

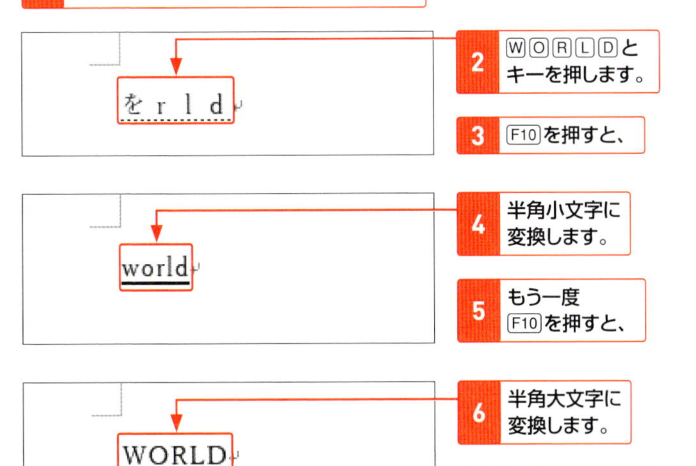

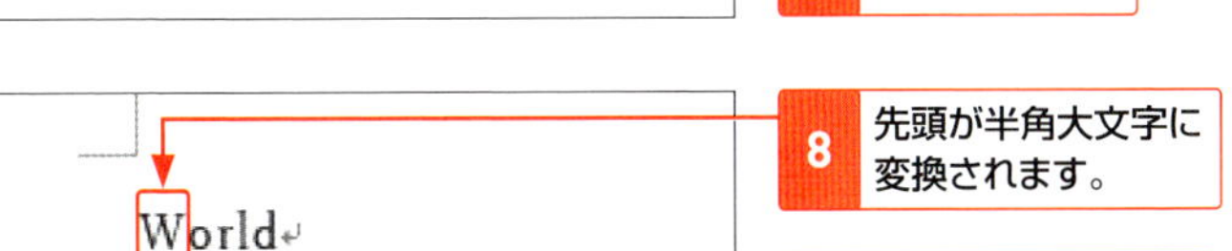

Hint

1文字目が大文字に変換される

1文字目が大文字に変換される場合は、<ファイル>タブの<オプション>をクリックして、<文章校正>で<オートコレクトのオプション>をクリックします。<オートコレクト>で<文の先頭文字を大文字にする>をオフにします。

オートコレクト：英語（米国）

オートコレクト　数式オートコレクト　入力オートフォーマット　オ

☑［オートコレクト オプション］ボタンを表示する(H)
☑ 2 文字目を小文字にする［THe … → The …］(O)
☐ 文の先頭文字を大文字にする［the … → The …］(S)
☑ 表のセルの先頭文字を大文字にする(C)
☑ 曜日の先頭文字を大文字にする［monday → Monday］
☑ CapsLock キーの押し間違いを修正する［tHE … → The

文章を改行する

文末で Enter を押して次の行に移動する区切りのことを**改行**といいます。改行された文末には**段落記号** ↵ が表示されます。段落記号は**編集記号**の１つで、文書編集の目安にする記号です。

1 文字列を改行する

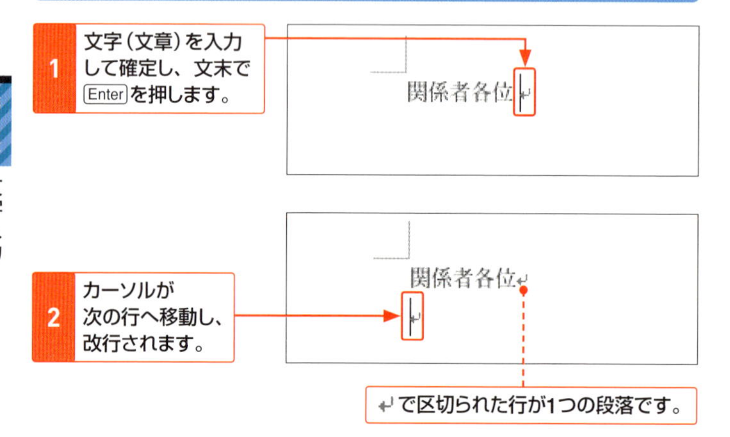

2 編集記号を表示する

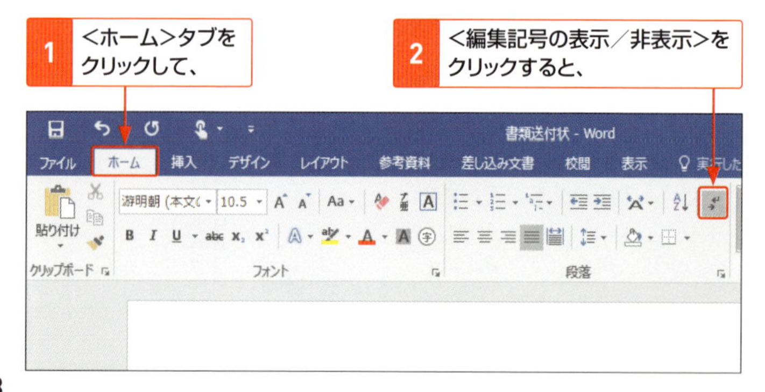

3 編集記号が表示されます。

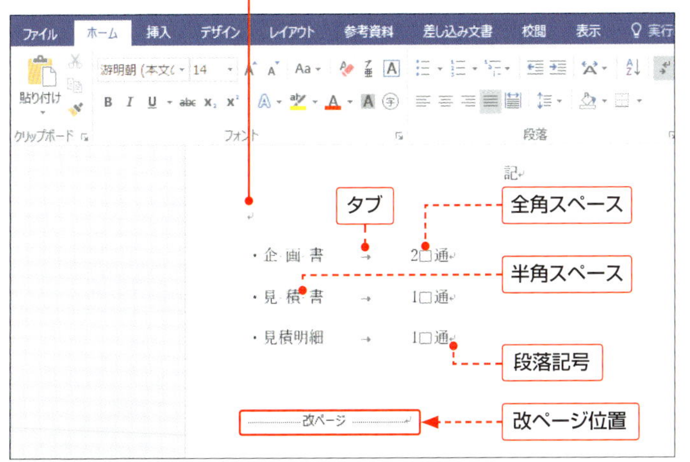

Keyword

編集記号

Wordでの編集記号とは、スペースやタブなど文書編集に用いる記号です。画面上に表示して編集の目安にするもので、印刷はされません。

StepUp

編集記号の表示

初期設定では段落記号 ↵ のみが表示されますが、このほかの編集記号は個別に表示・非表示を設定することができます。

<ファイル>タブの<オプション>をクリックして、<表示>の<常に画面に表示する編集記号>で表示する記号をオンにし、表示しない記号はオフにします。<すべての編集記号を表示する>をオンにするとすべて表示されます。

第2章 文字入力

14 文字を選択する

文字列にコピーや書式変更などを行う場合、最初にその対象範囲を選択します。文字列の選択は、選択したい文字列をドラッグするのが基本です。単語や段落、文書全体の選択方法を紹介します。

1 単語を選択する

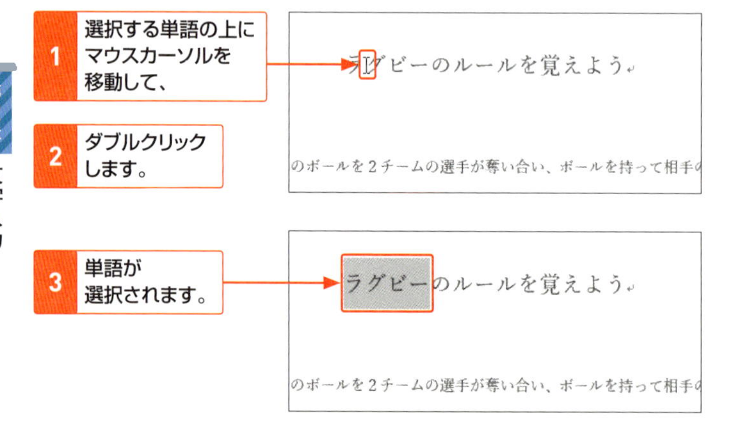

Hint

タッチ操作で文字列を選択する

単語を選択する場合は、単語の上をダブルタップします。文字列の場合は、図のように操作します。タッチ操作については、P.7を参照してください。

1 始点となる位置を1回タップし、

ラグビーのルールを覚えよう。

ラグビーのルールを覚えよう。

2 ハンドルを終点までスライドします。

2 文字列を選択する

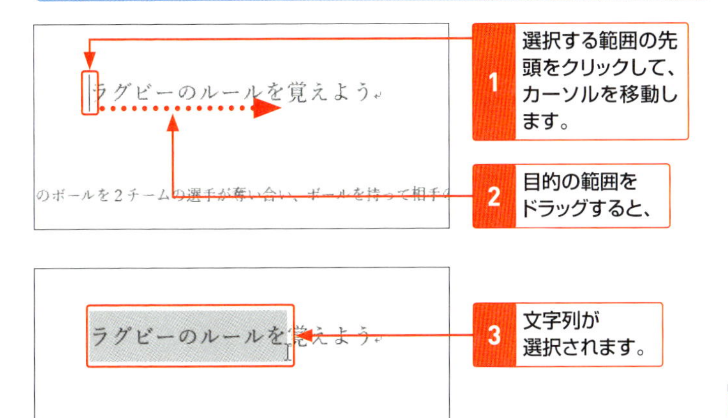

3 行を選択する

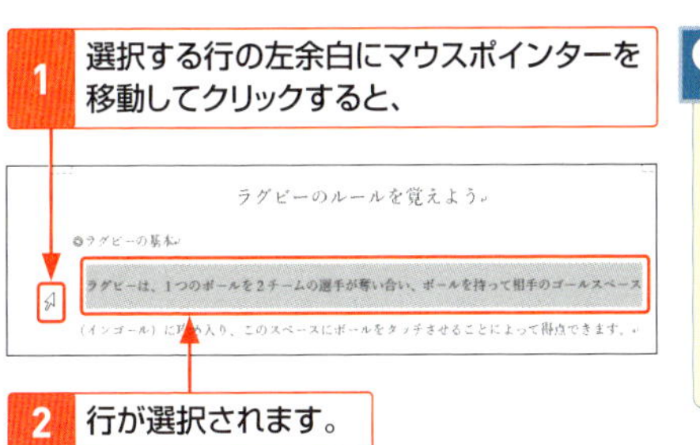

複数選択

Ctrl を押しながら文字列などを選択すると、同時に離れた位置の対象を複数選択できます。

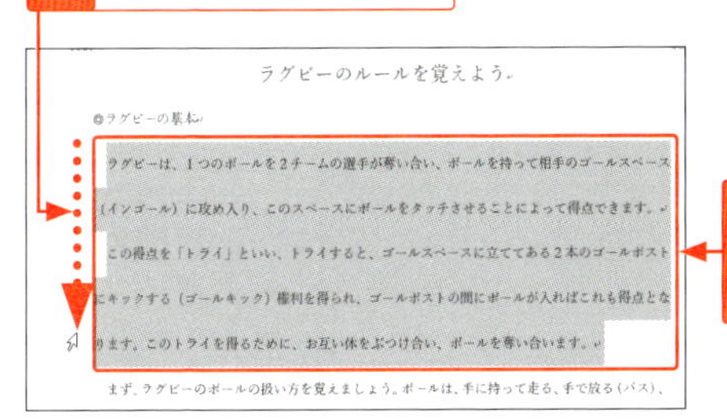

Section 15 文字を修正する

入力中の文字列は、**変換する前に文字の挿入や削除**を行うことができます。漢字に変換したあとで文字列や文節区切りを修正するには、**変換をいったん解除してから修正**し、文字列を確定します。

1 変換前の文字列を修正する

「もじ」を「もじれつ」に修正します。

1 「もじをにゅうりょくする」と入力します。

もじをにゅうりょくする

2 ←を押して、「じ」の後ろにカーソルを移動し、

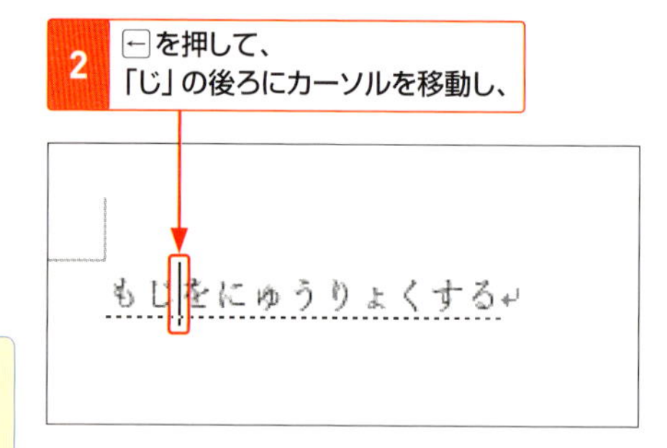

3 RETUとキーを押すと、「もじれつ」と修正されます。

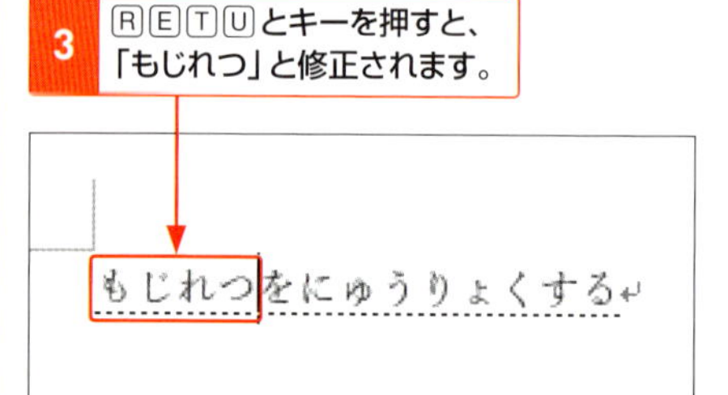

> **Memo**
>
> **変換前の修正**
>
> 変換前の文字列を修正したい場合は、←や→を押してカーソルを移動し、文字の挿入や削除を行います。
> なお、BackSpaceはカーソルの左側、Deleteはカーソルの右側にある文字を削除します。

2 変換後の文字列を修正する

「文字」を「文字列」に修正します。

1 「にゅうりょくしたもじをしゅうせいする」と入力して変換します。

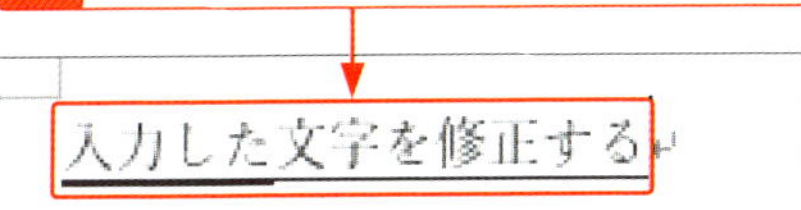

2 →を押して修正する文節に移動し、Escを押すと(Hint参照)、

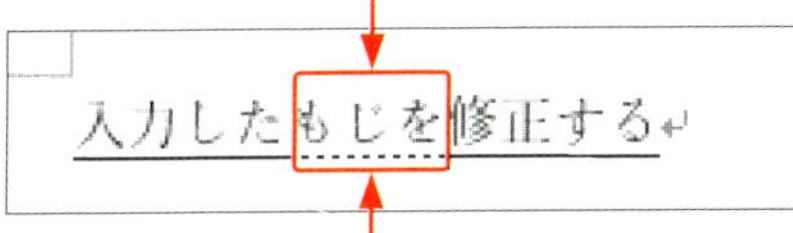

3 ひらがなに戻ります。

4 ←を押して、「じ」の後ろにカーソルを移動し、

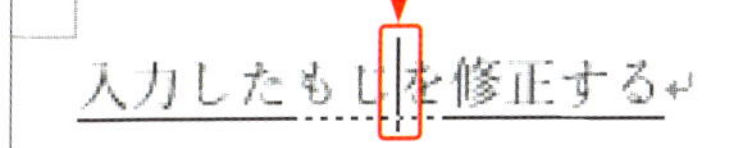

5 RETUとキーを押すと、「もじれつ」と修正されます。

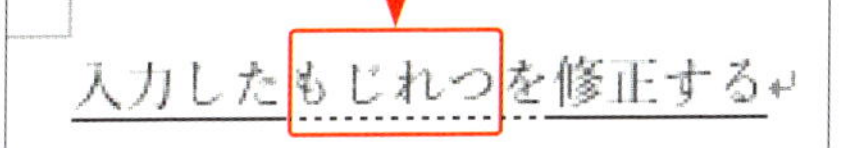

6 Spaceを押して漢字に変換し、

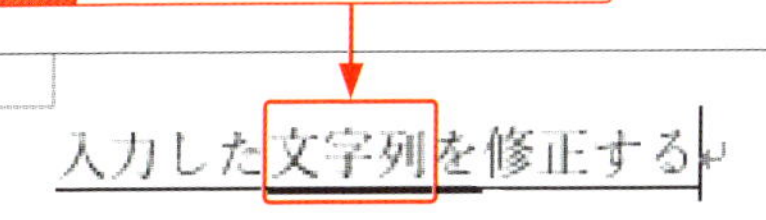

7 Enterを押して確定します。

Hint

複文節をひらがなに戻す

確定していない複文節の文字列は、Escを押す回数によって入力結果が変わります。

- **Escを1回押す**
  変換の対象の文節がひらがなに戻ります。
- **Escを2回押す**
  文字列全体がひらがなに戻ります。
- **Escを3回または4回押す**
  文字列の入力が取り消されます。

Memo

変換後の修正

修正したい文節の変換を解除してから、カーソルを移動し、読みの挿入や削除を行います。

3 文節の区切りを修正する

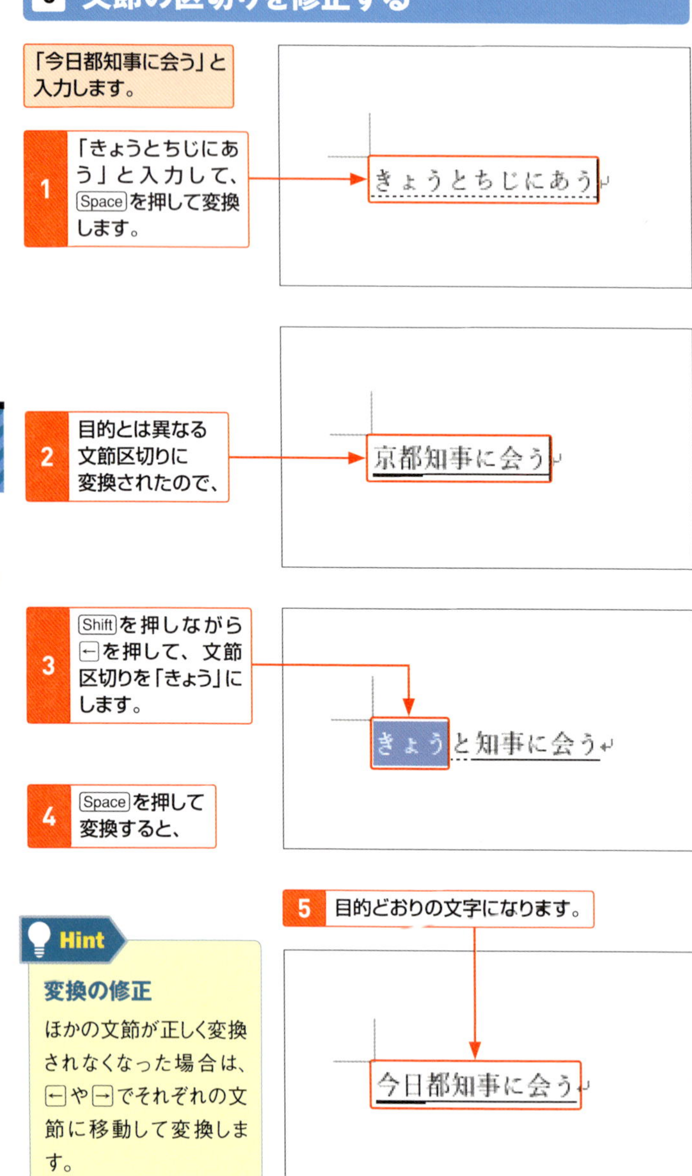

「今日都知事に会う」と入力します。

1 「きょうとちじにあう」と入力して、Spaceを押して変換します。

2 目的とは異なる文節区切りに変換されたので、

3 Shiftを押しながら←を押して、文節区切りを「きょう」にします。

4 Spaceを押して変換すると、

5 目的どおりの文字になります。

Hint

変換の修正

ほかの文節が正しく変換されなくなった場合は、←や→でそれぞれの文節に移動して変換します。

4 漢字を1文字ずつ変換する

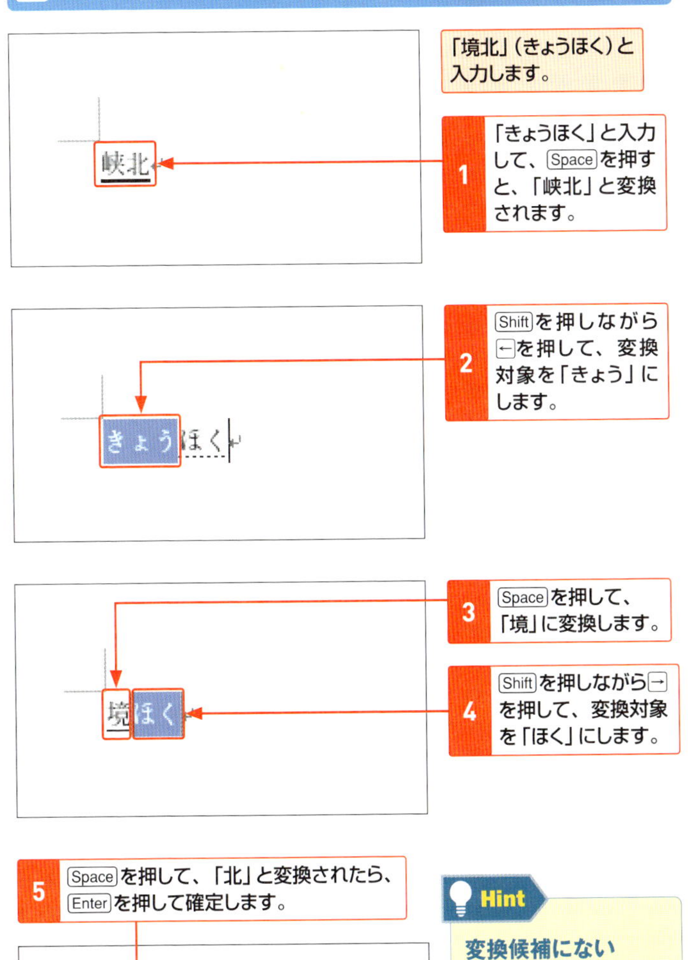

Hint
変換候補にない漢字の入力

変換候補に目的の漢字がない場合は、変換対象を示す下線の位置を変更して、漢字を1文字ずつ変換します。

文字を挿入・削除・上書きする

文字を追加するには、目的の位置で**文字を入力して挿入**します。**文字を削除**するには、BackSpace あるいは Delete を押します。また、文字を変更する場合は、**別の文字を上書き**します。

1 文字列を挿入する

1 文字を挿入する位置をクリックして、

地区別マラソン大会

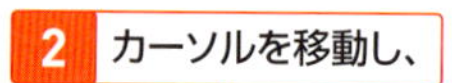

地区別マラソン大会

3 文字を入力して、

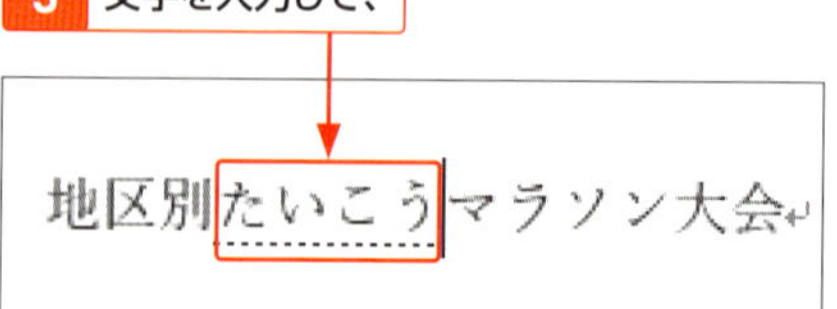

4 変換し、Enter を押すと、

5 文字が挿入されます。

地区別対抗マラソン大会

Memo

文字列の挿入

「挿入」とは、入力済みの文字を削除せずに、カーソルのある位置に文字を追加することです。Wordの初期設定であるこの状態を、「挿入モード」と呼びます。

Hint

カーソルを移動する

カーソルを挿入する位置にマウスポインター I を合わせてクリックします。

2 文字列を削除する

1文字単位で削除します。

1 ここにカーソルを移動して、BackSpaceを押すと、

地区別対抗マラソン大会

2 カーソルの左側の文字が削除されます。

地区別対抗マラソン会

3 そのままDeleteを押すと、

地区別対抗マラソン

4 カーソルの右側の文字が削除されます。

Hint

文字列や行単位の削除

文字列や行を選択して（P.51参照）、DeleteまたはBackSpaceを押します。

StepUp

文字列を上書きする

「上書き」とは、入力済みの文字を選択して、別の文字に書き換えることです。文字列を上書きするには、文字列を選択してから上書きする文字を入力します。図の例のように、文字数は同じでなくてかまいません。

地区別対抗マラソン大会

1 文字列をドラッグして選択し、

地区別対抗ソフトボール大会

2 上書きする文字列を入力・確定します。

17 文字をコピー・移動する

Wordには、文字列を繰り返し入力するコピー機能、文字列を切り取り、別の場所に貼り付ける移動機能があります。<ホーム>タブのコマンドやショートカットキーで行うことができます。

1 文字列をコピーする

1 コピーする文字列を選択して、

2 <ホーム>タブの<コピー>をクリックします。

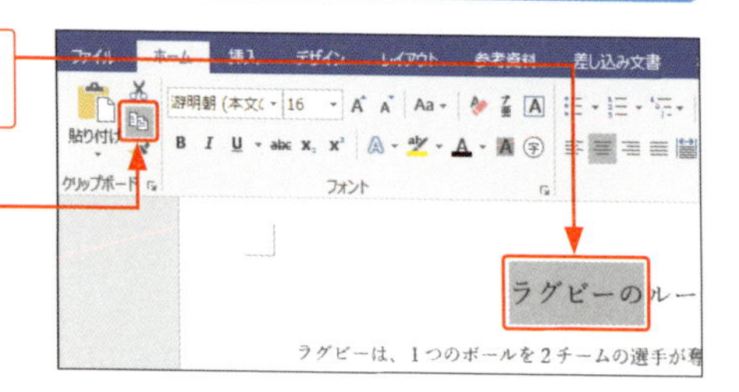

3 貼り付ける位置にカーソルを移動して、

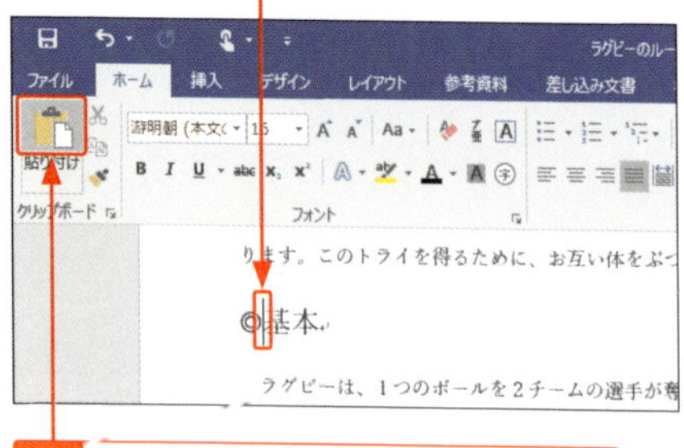

4 <貼り付け>の上部をクリックすると、

5 文字列がコピーされます。

Hint参照

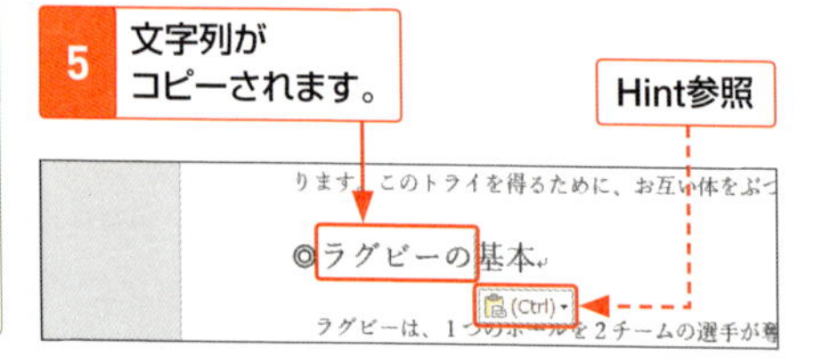

Hint

貼り付けのオプション

コピーや移動した文字列に<貼り付けのオプション>(Ctrl)が表示されます。貼り付け後の操作（もとのフォントのままにするか、貼り付け先のフォントにするかなど）を選択できます。

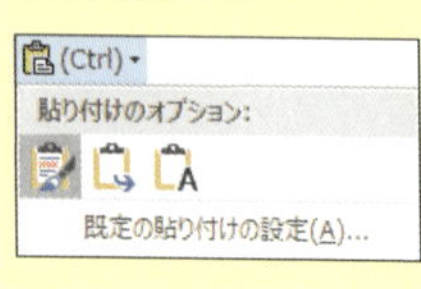

2 文字列を移動する

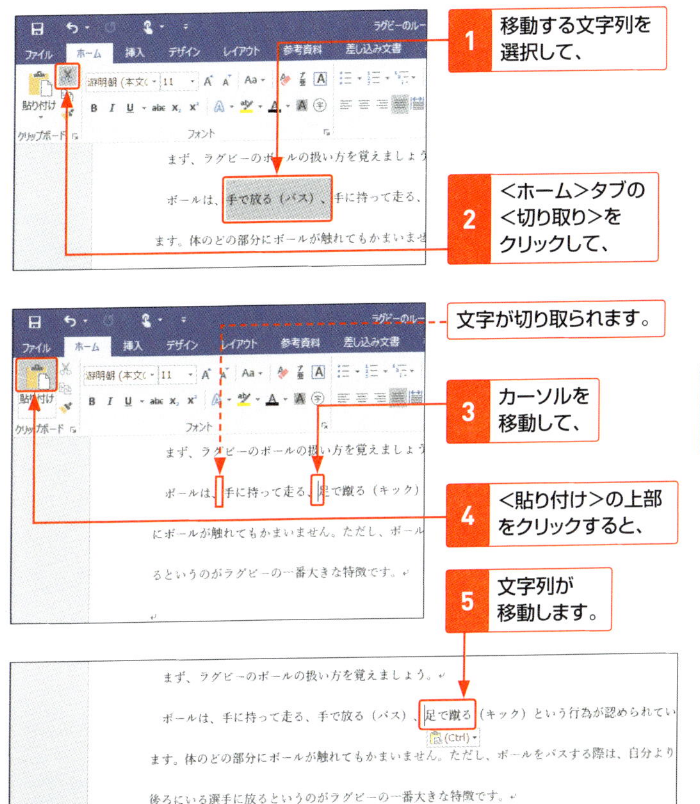

Hint

ショートカットキーを利用する

コピーの場合は、文字列を選択して Ctrl + C（コピー）を押し、コピー先で Ctrl + V（貼り付け）を押します。あるいは、Ctrl を押しながら文字列をドラッグ&ドロップします。
移動の場合は、文字列を選択して Ctrl + X（切り取り）を押し、移動先で Ctrl + V（貼り付け）を押します。あるいは、文字列をそのまま移動先にドラッグ&ドロップします。

18 書式をコピー・貼り付けする

自分で個別に設定した書式を、ほかの文字列や段落にも適用したい場合に、書式のコピー／貼り付け機能を利用すれば、毎回同じ設定をしなくてもすみます。コピーは連続して行うこともできます。

1 書式をほかの文字列に設定する

1 書式を設定した文字列を選択して、

2 <ホーム>タブの<書式のコピー／貼り付け>をクリックします。

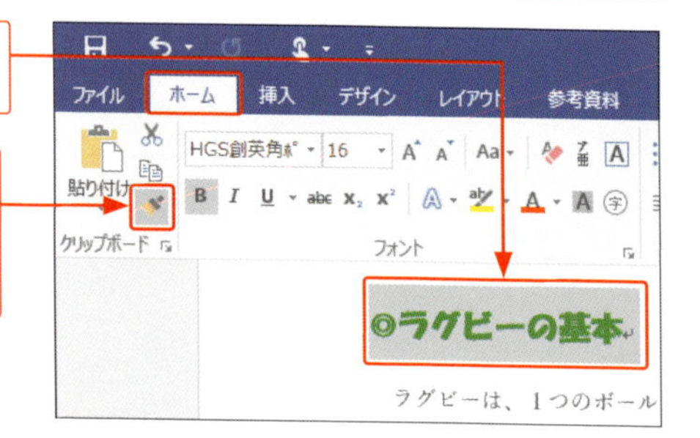

3 マウスポインターの形が の状態で、設定したい文字列をドラッグすると、

◎得点方法
ラグビーの得点には「トラ
種類、ゴールキックには3種

4 書式がコピーされます。

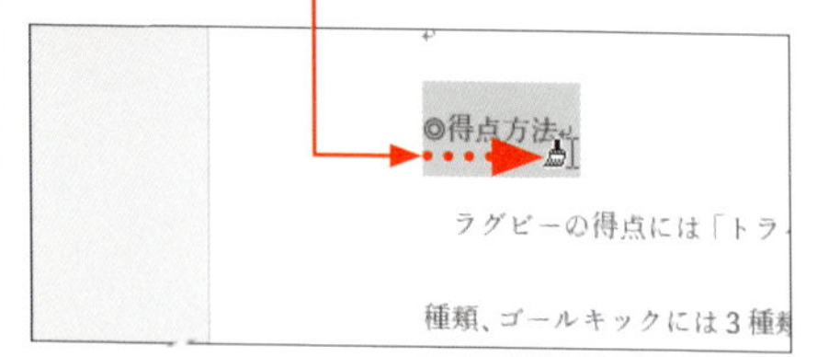

Keyword

書式のコピー／貼り付け

文字列に設定されている書式だけを別の文字列に設定する機能です。

Hint

書式を解除する

書式を設定した文字列を選択して、<ホーム>タブの<すべての書式をクリア>をクリックします。

2 書式を連続してほかの文字列に適用する

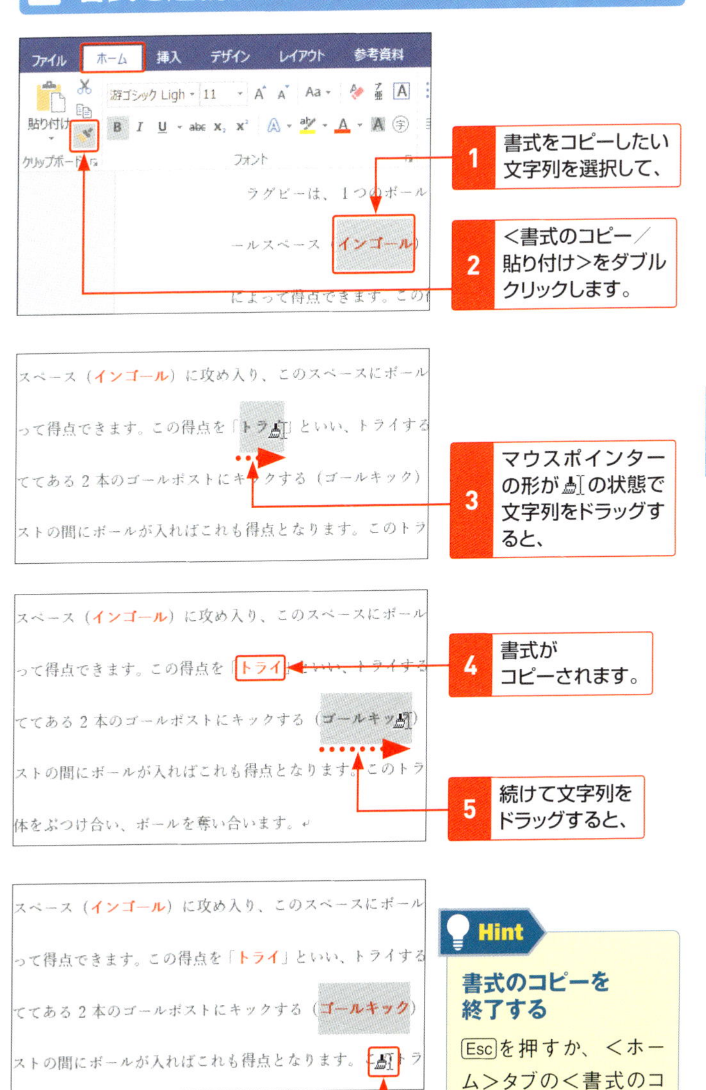

Hint

書式のコピーを終了する

Escを押すか、<ホーム>タブの<書式のコピー／貼り付け>をクリックします。

読みのわからない漢字を入力する

読みのわからない漢字は、IMEパッドを利用して検索し、入力します。IMEパッドには、文字を書いて探す手書き、総画数から探す総画数、部首から探す部首などがあります。

1 手書きで漢字を検索して入力する

Hint

IMEパッドを表示する

タスクバーの<入力モード>(「あ」や「A」と表示)を右クリックして、<IMEパッド>をクリックします。

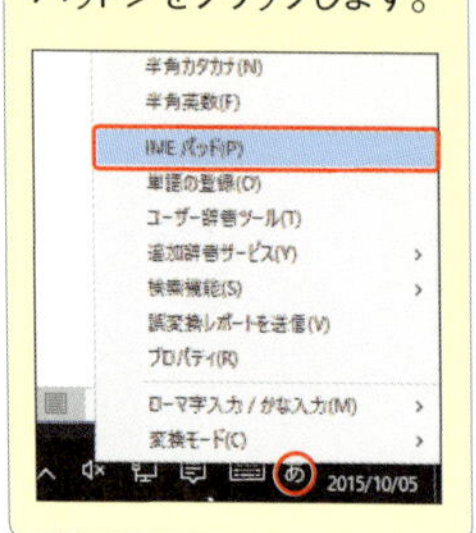

ここでは、「豈」を検索します。

1 入力位置にカーソルを置いて、IMEパッドを表示し(Hint参照)、

2 <手書き>をクリックします。

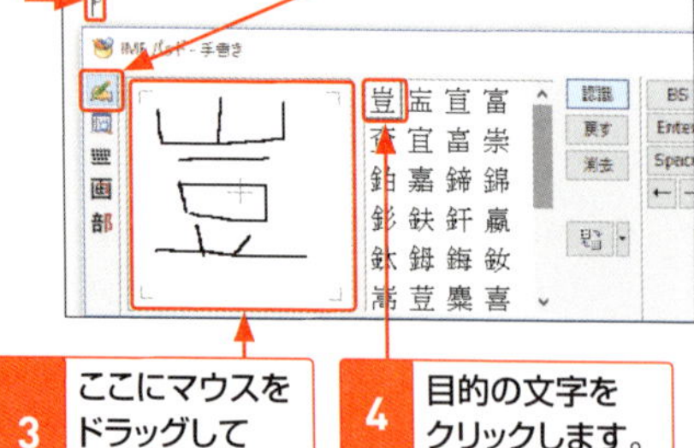

3 ここにマウスをドラッグして文字を書き、

4 目的の文字をクリックします。

5 文字が挿入されるので、Enterを押して確定します。

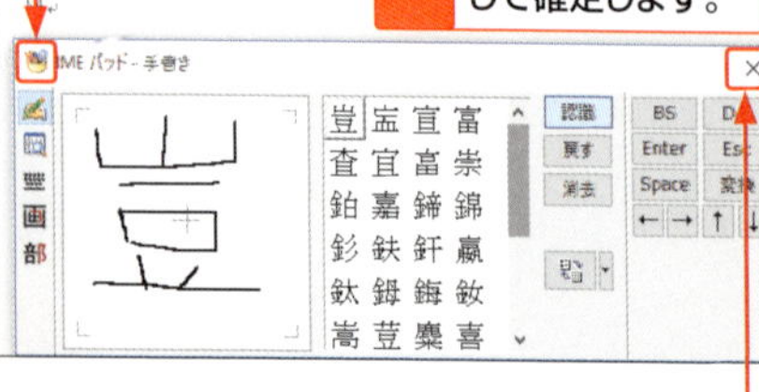

6 入力が終わったらここをクリックして閉じます。

Memo

書いた文字を消去する

直前の1画を取り消すにはIMEパッドの<戻す>、すべてを消去するには<消去>をクリックします。

2 総画数で検索して漢字を入力する

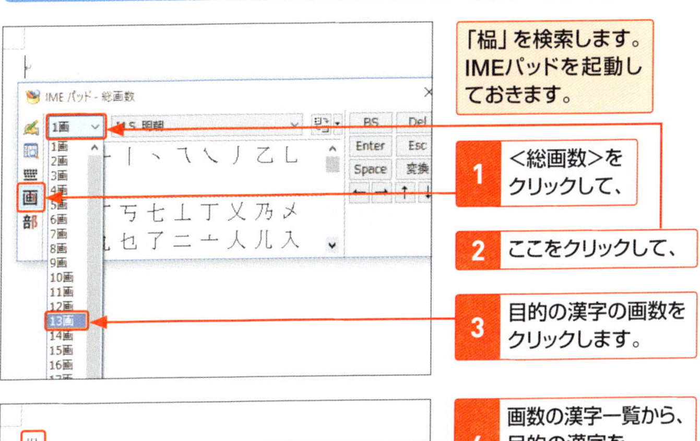

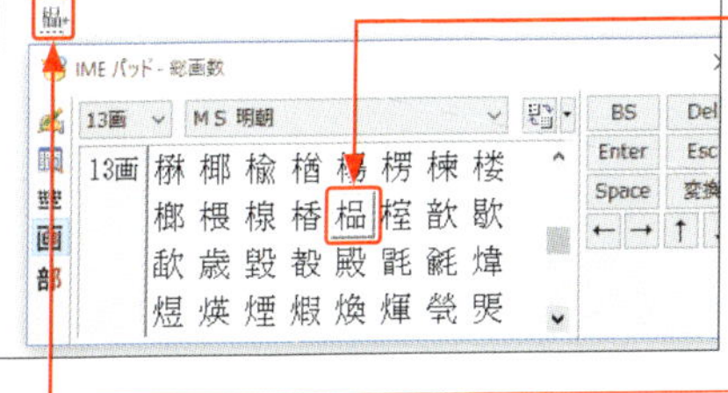

5 文字が挿入されるので、Enterを押して確定します。

6 入力が終わったら<×>をクリックして閉じます。

Hint

<部首>を利用する

<IMEパッド-部首>は、<部首>部をクリックすると表示されます。<総画数>と同様に、部首の画数と部首を選ぶと、該当する漢字一覧が表示されます。

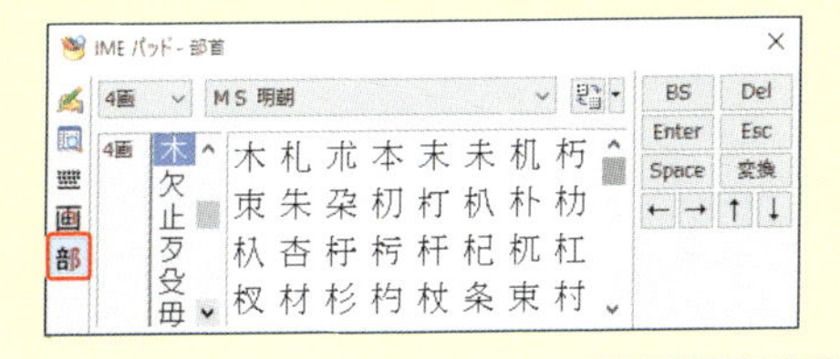

第2章 文字入力

記号や特殊文字を入力する

記号や特殊文字を入力する方法には、**記号の読みから変換**する、**＜記号と特殊文字＞ダイアログボックス**を利用する、**＜IMEパッド-文字一覧＞**を利用する3つの方法があります。

1 記号の読みから変換する

郵便記号の「〠」マークを入力します。

1 記号の読みを入力して（ここでは「ゆうびん」）、Space を2回押します。

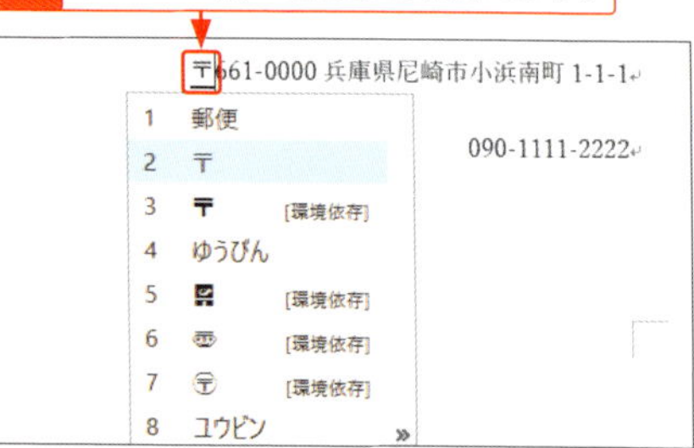

2 目的の記号を選択して Enter を押すと、

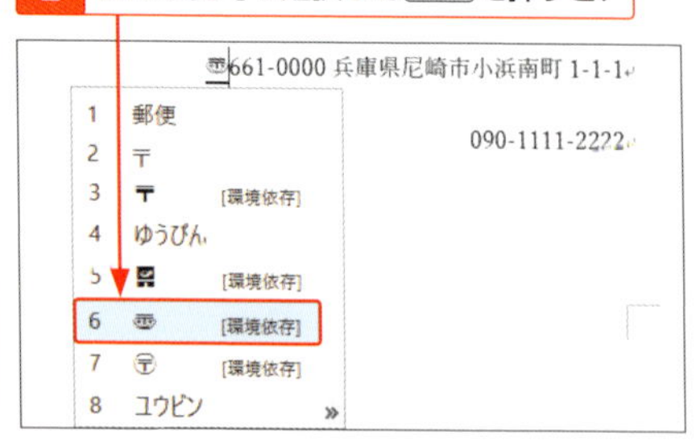

3 記号が挿入されるので、Enter を押して確定します。

〠661-0000 兵庫県尼崎市小浜南町 1-1-1

> **Hint**
> ### 読みから記号に変換する
> ●や◎（まる）、■や◆（しかく）、★や☆（ほし）などかんたんな記号は、読みを変換する要領で入力できます。また、「きごう」を変換しても一般的な記号が表示されます。

> **Keyword**
> ### 環境依存
> 特定の環境でなければ正しく表示されない文字のことで、Windows 10、8.1、7、Vista以外のパソコンとのデータのやり取りの際に文字化けする可能性があります。

2 <記号と特殊文字>ダイアログボックスを利用する

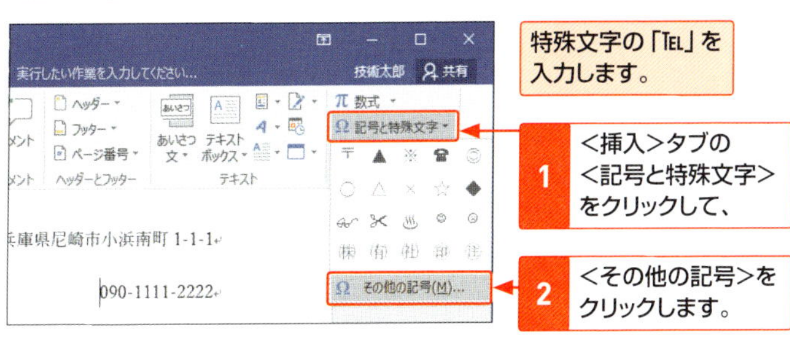

特殊文字の「℡」を入力します。

1 <挿入>タブの<記号と特殊文字>をクリックして、

2 <その他の記号>をクリックします。

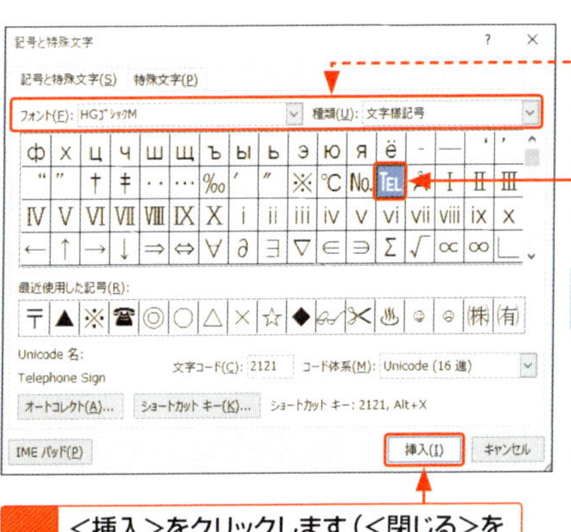

<フォント>や<種類>を選択します。

3 目的の文字をクリックして、

4 <挿入>をクリックします（<閉じる>をクリックして画面を閉じます）。

〒661-0000 兵庫県尼崎市小浜南町 1-1-1

℡090-1111-2222

5 特殊文字が挿入されます。

Hint

フォントの種類

<記号と特殊文字>ダイアログボックスに表示される記号や文字は、選択するフォントによっても異なります。

Hint

<IMEパッド-文字一覧>を利用する

IMEパッド（P.62参照）の<文字一覧>をクリックして、文字一覧から文字を探して入力することもできます。

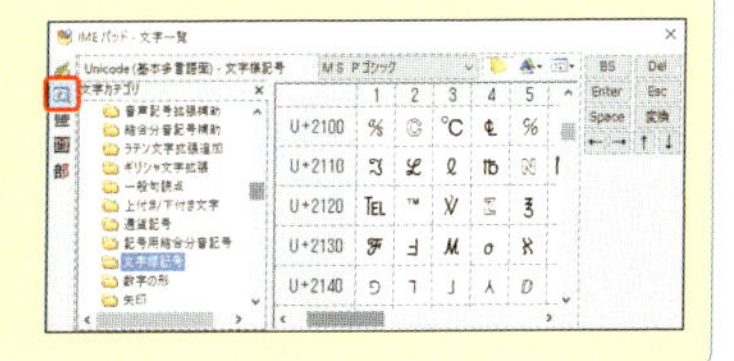

21 単語を登録・削除する

変換しづらい人名や長い会社名などは、短い読みや略称などで単語登録しておくと便利です。登録した単語は、Microsoft IMEユーザー辞書ツールによって管理され、変更や編集をすることができます。

1 よく使う単語を登録する

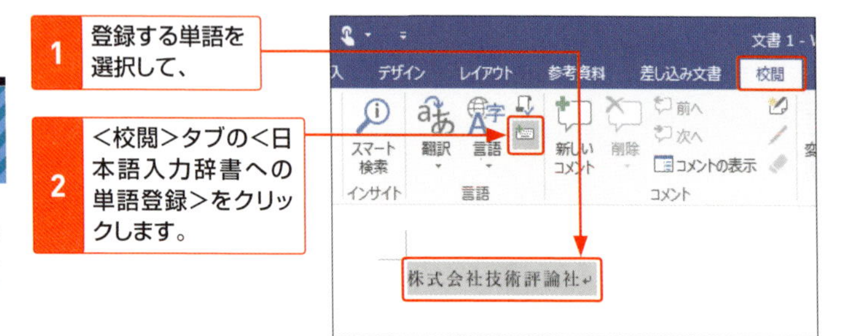

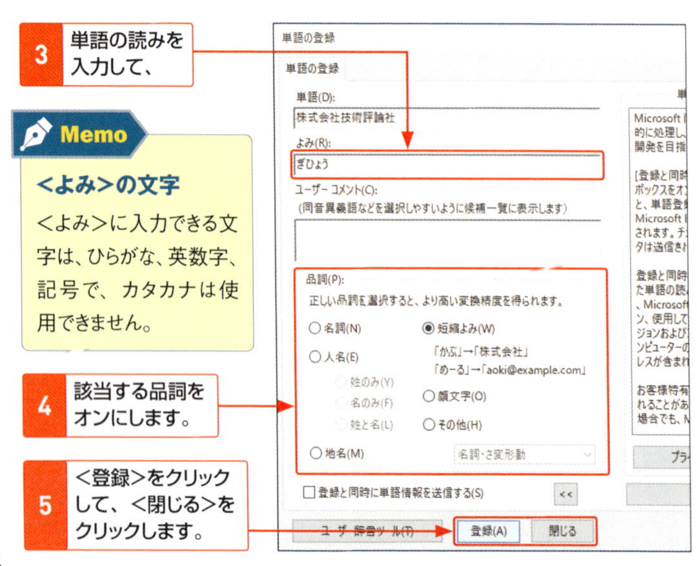

Memo

<よみ>の文字

<よみ>に入力できる文字は、ひらがな、英数字、記号で、カタカナは使用できません。

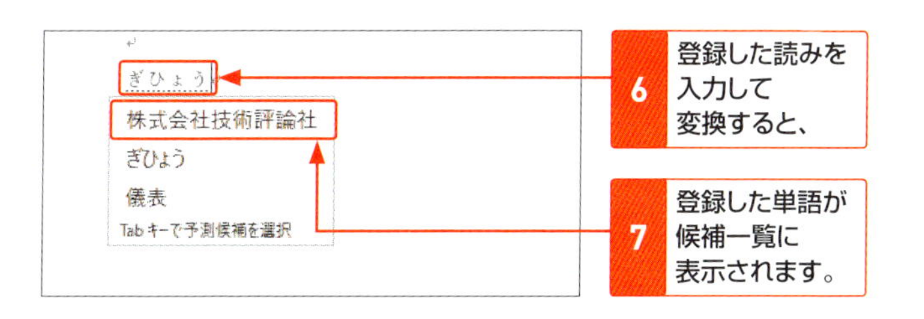

2 登録した単語を削除する

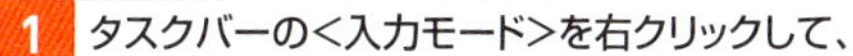

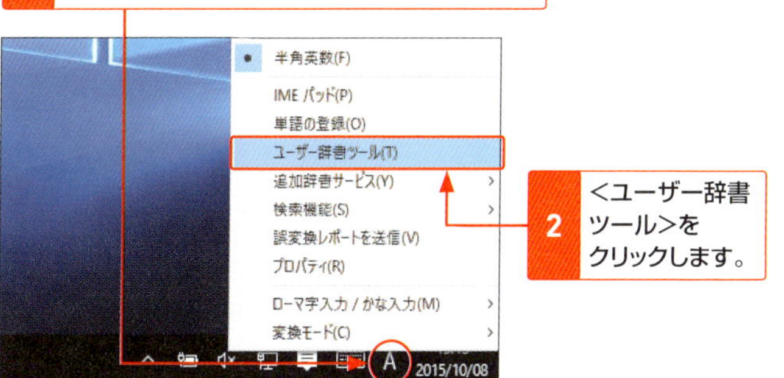

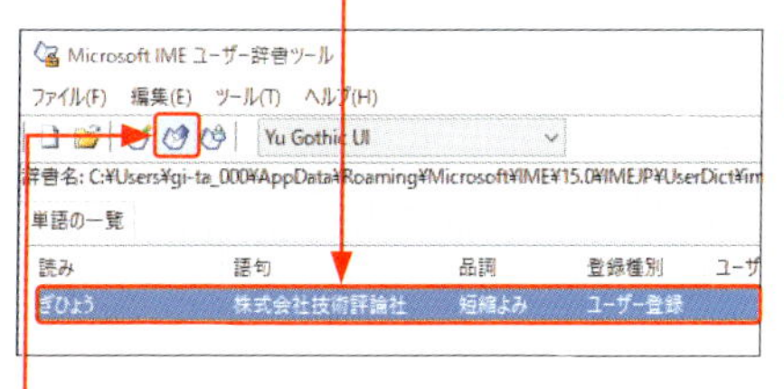

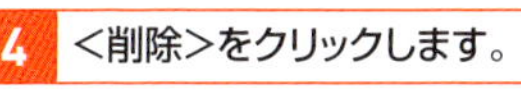

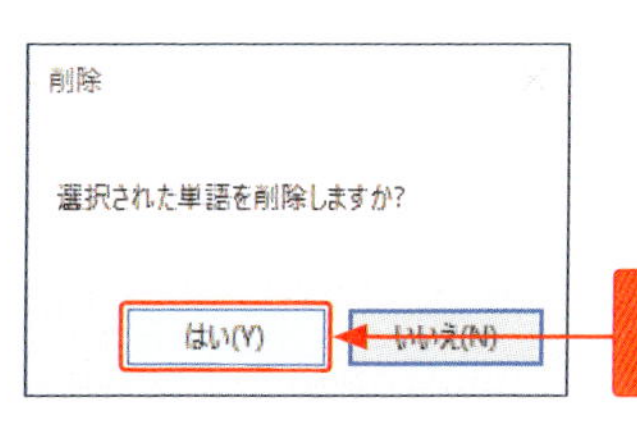

5 <はい>をクリックすると、登録した単語が削除されます。

Hint

登録した単語を変更する

手順 4 で<変更>をクリックし、<単語の変更>画面で登録内容を変更できます。

第2章 文字入力

22 文字列を検索・置換する

文書内の用語を探したり、ほかの文字に置き換えたい場合は、検索と置換機能を利用します。文字列の検索には<ナビゲーション>ウィンドウ、置換の場合は<検索と置換>ダイアログボックスを使います。

1 文字列を検索する

1 <ホーム>タブの<検索>の左側をクリックすると、

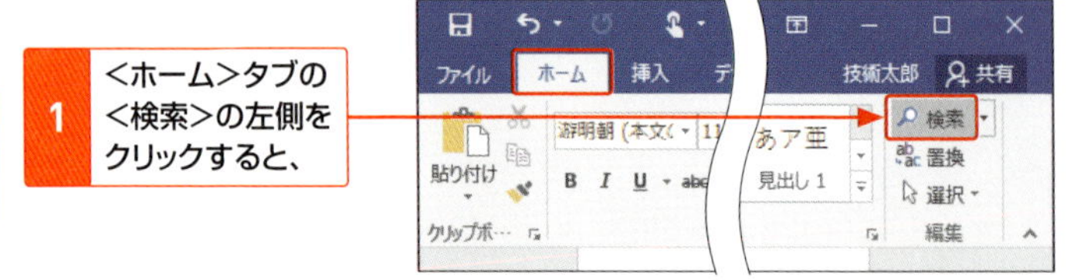

2 <ナビゲーション>ウィンドウが表示されます。

3 検索したい文字列を入力すると、

4 検索結果が表示されます。

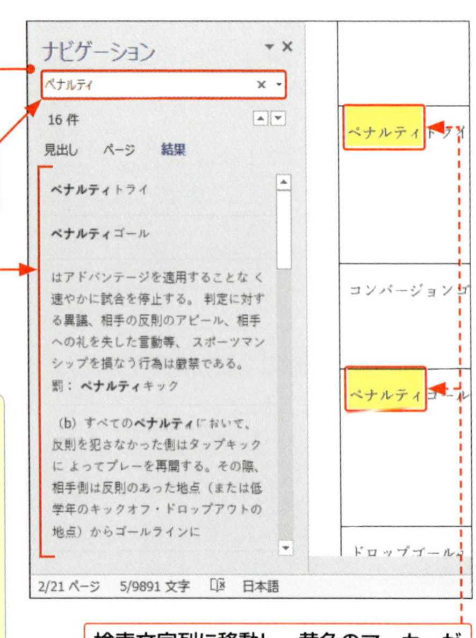

検索文字列に移動し、黄色のマーカーが引かれます。

Keyword

<ナビゲーション>ウィンドウ

文書内の文字列や見出しなどをすばやく表示する機能で、検索結果の文字列をクリックすると、そのページに移動します。

2 文字列を書式を付けた文字列に置換する

「トライ」を書式の付いた文字に置換します。

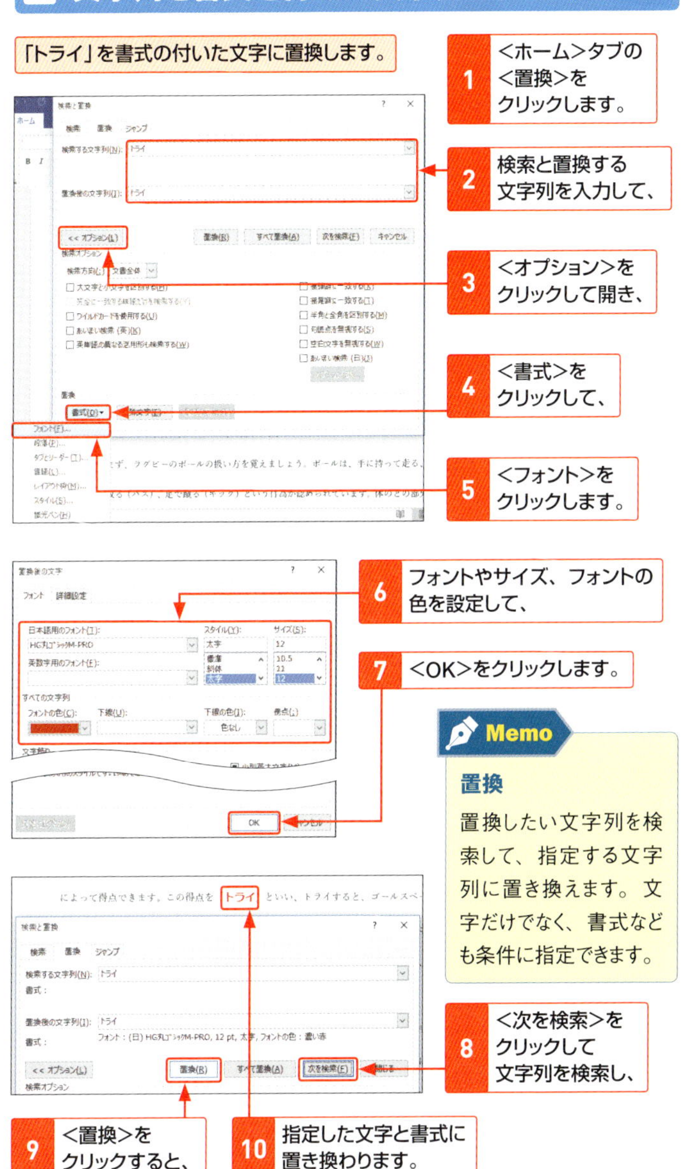

1 <ホーム>タブの<置換>をクリックします。

2 検索と置換する文字列を入力して、

3 <オプション>をクリックして開き、

4 <書式>をクリックして、

5 <フォント>をクリックします。

6 フォントやサイズ、フォントの色を設定して、

7 <OK>をクリックします。

8 <次を検索>をクリックして文字列を検索し、

9 <置換>をクリックすると、

10 指定した文字と書式に置き換わります。

Memo

置換

置換したい文字列を検索して、指定する文字列に置き換えます。文字だけでなく、書式なども条件に指定できます。

23 文字にふりがなを設定する

文字列にふりがな（ルビ）を付けたい場合は、＜ルビ＞ダイアログボックスを利用します。ふりがなの文字の変更、フォントや配置、親文字との間隔などを設定することができます。

1 文字列にふりがな（ルビ）を付ける

1 文字列（親文字）を選択して、

2 ＜ホーム＞タブの＜ルビ＞をクリックします。

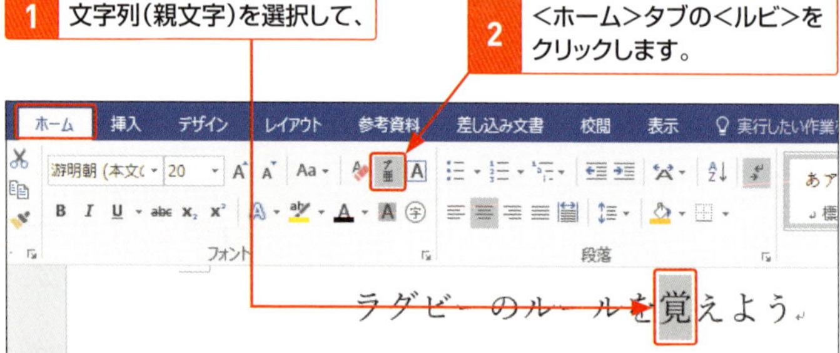

3 ＜ルビ＞の文字を確認して（間違っている場合は修正します）、

4 ＜OK＞をクリックすると、

5 ふりがなが付きます。

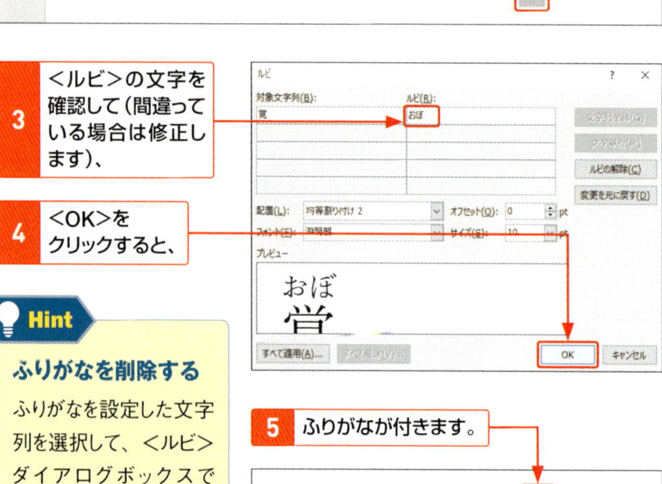

> **Hint**
> **ふりがなを削除する**
> ふりがなを設定した文字列を選択して、＜ルビ＞ダイアログボックスで＜ルビの解除＞をクリックします。

2 ふりがなの配置位置を変更する

分割されたふりがなを1つにして、配置を変更します。

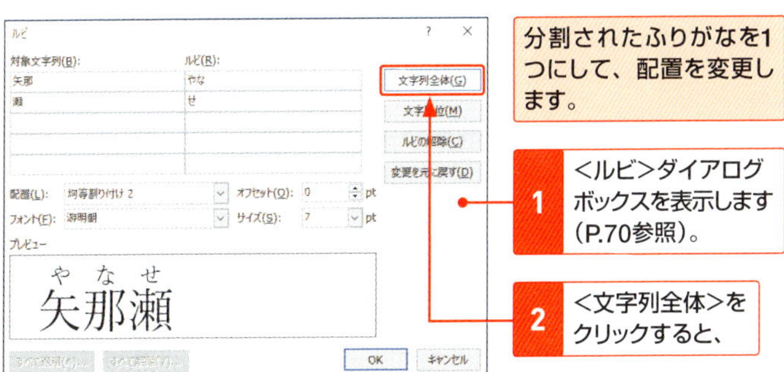

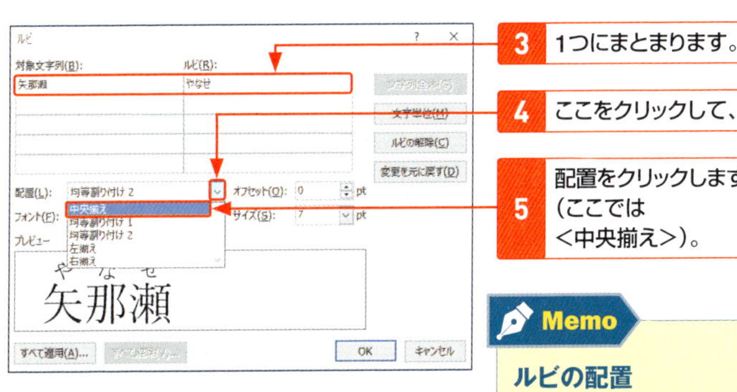

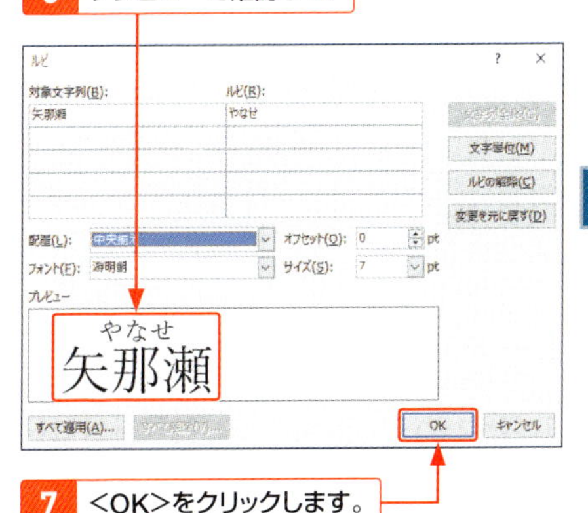

> **Memo**
>
> **ルビの配置**
>
> 対象文字列に対して、中央揃え、均等割り付け、左揃え、右揃えを設定できます。

> **Memo**
>
> **そのほかの設定**
>
> <ルビ>画面では、フォントやオフセット（対象文字列とふりがなとの間隔）、フォントサイズを設定できます。

囲い文字・組み文字を入力する

文書に○などで囲んだ㊙や特などは、囲い文字を利用して入力します。2桁の○付き数字も囲い文字で作成できます。また、㍿などのような組み文字を入力することもできます。

1 囲い文字を挿入する

ここでは「㊞」を入力します。

1 挿入する位置にカーソルを移動して、

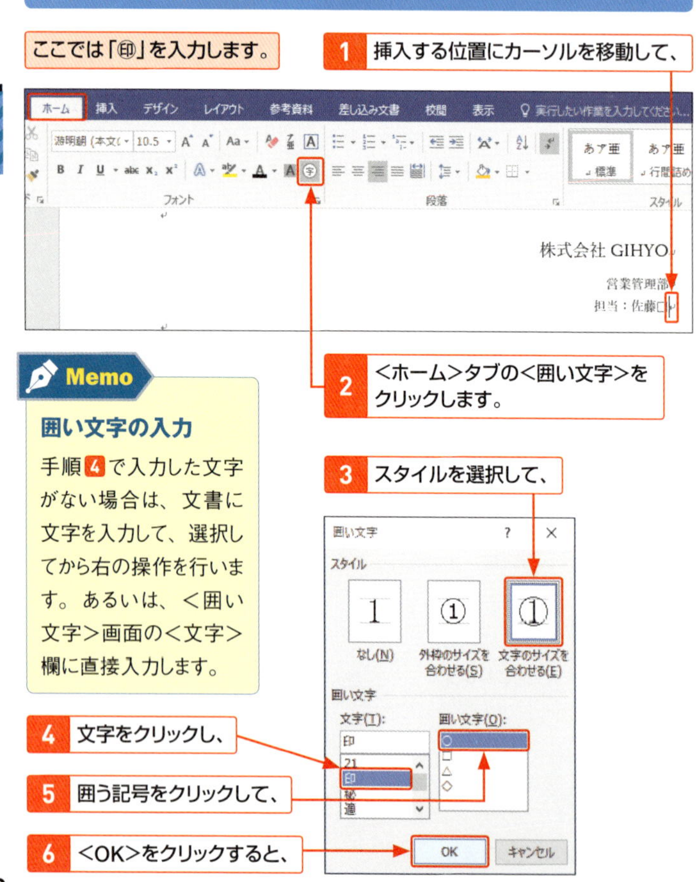

2 <ホーム>タブの<囲い文字>をクリックします。

3 スタイルを選択して、

4 文字をクリックし、

5 囲う記号をクリックして、

6 <OK>をクリックすると、

Memo

囲い文字の入力

手順4で入力した文字がない場合は、文書に文字を入力して、選択してから右の操作を行います。あるいは、<囲い文字>画面の<文字>欄に直接入力します。

7 囲い文字が挿入されます。

2 組み文字を設定する

1 設定する文字を選択して、

2 <ホーム>タブの<拡張書式>をクリックして、

3 <組み文字>をクリックします。

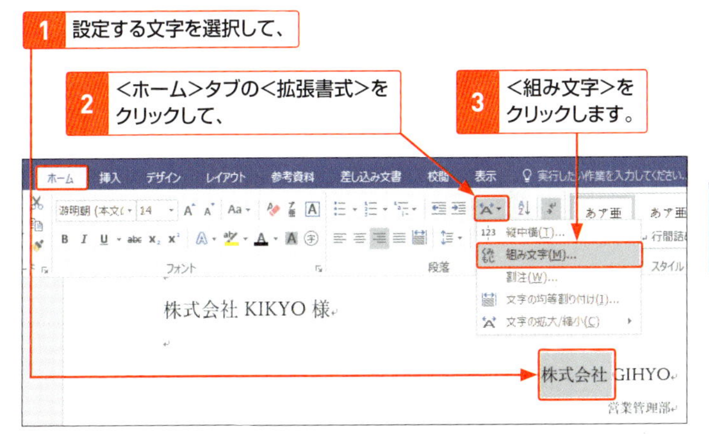

4 文字を確認して、

5 <OK>をクリックすると、

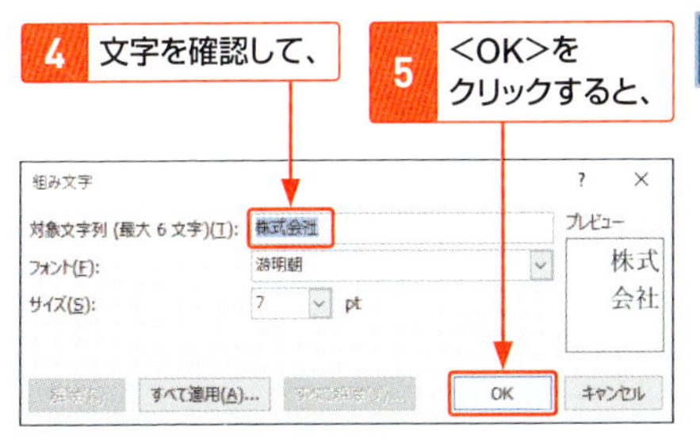

6 組み文字が設定されます。

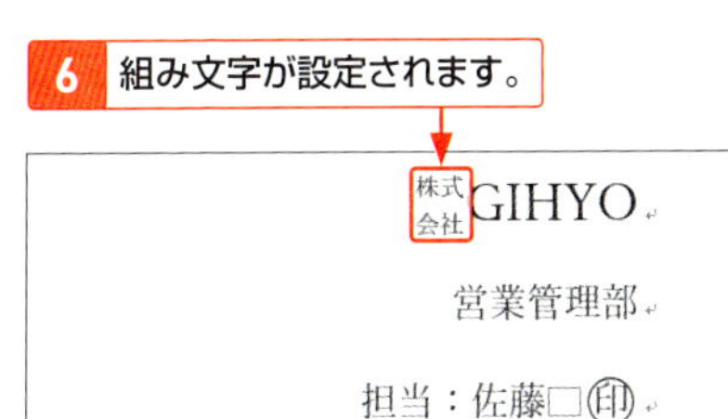

Memo

組み文字の入力

<組み文字>画面の<対象文字列>に直接入力してもかまいません。設定できる文字数は、最大6文字です。

Hint

設定を解除する

組み文字を選択して、<組み文字>画面の<解除>をクリックします。

25 今日の日付を入力する

<日付と時刻>では、日付の形式を設定したり、文書を開いた当日の日付に更新したりする機能があります。また、元号や西暦で今年の年を入力すると、今日の日付が入力できる機能もあります。

1 日付を入力する

StepUp

ポップアップを利用する

「平成28年」や「2016年」と入力して Enter を押すと、今日の日付がポップアップ表示されます。

平成28年1月15日 (Enter を押すと挿入します)
平成 28 年

2016年1月15日 (Enter を押すと挿入します)
2016 年

1 日付を挿入する位置にカーソルを移動して、

2 <挿入>タブの<日付と時刻>をクリックします。

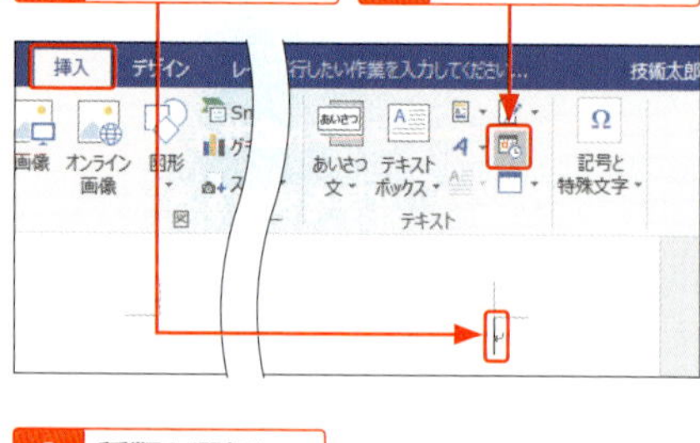

3 種類を選択し、

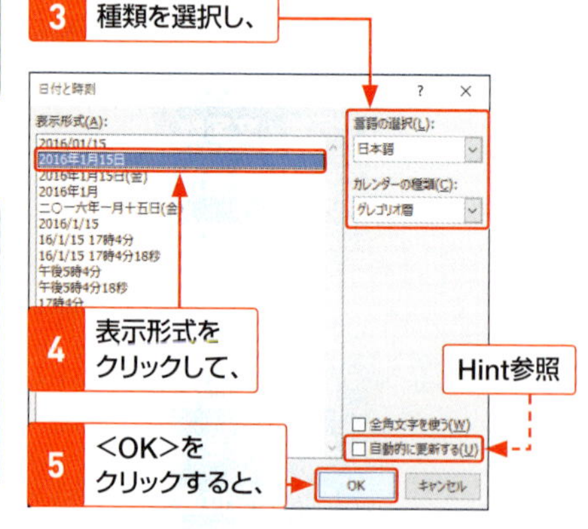

4 表示形式をクリックして、

Hint参照

5 <OK>をクリックすると、

6 入力当日の日付が入力されます。

2016 年 1 月 15 日

書類送付のご案内

Hint

日付の自動更新

<自動的に更新する>をオンにすると、文書を開いた日付に更新されます。

第3章

書式とレイアウトの設定

フォントのサイズや種類を変更する

フォントサイズを大きくしたり、フォントの種類を変更したりすると、文書のタイトルや重要な部分を目立たせることができます。変更するには、＜フォントサイズ＞と＜フォント＞のボックスを利用します。

1 フォントサイズを変更する

Keyword

フォント／フォントサイズ

フォントは文字の書体、フォントサイズは文字の大きさのことです。それぞれ、＜ホーム＞タブの＜フォント＞ボックスと＜フォントサイズ＞ボックスで設定できます。なお、フォントサイズの単位「pt（ポイント）」は表示上、省略されています。

1 フォントサイズを変更したい文字列をドラッグして選択し、

2 ＜ホーム＞タブの＜フォントサイズ＞の▾をクリックして、

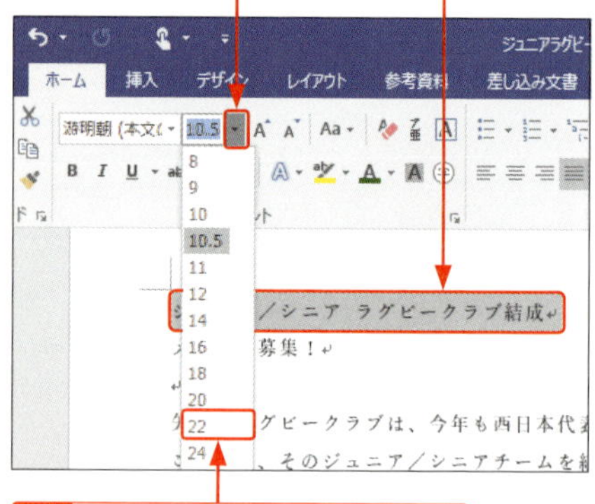

3 目的のサイズをクリックすると、

4 サイズが変更されます。

ジュニア／シニア ラグビークラブ結成

メンバー募集！

矢那瀬ラグビークラブは、今年も西日本代表として全国制覇を目指しています。

2 フォントを変更する

1 フォントを変更したい文字列をドラッグして選択し、

2 <ホーム>タブの<フォント>の ▾ をクリックして、

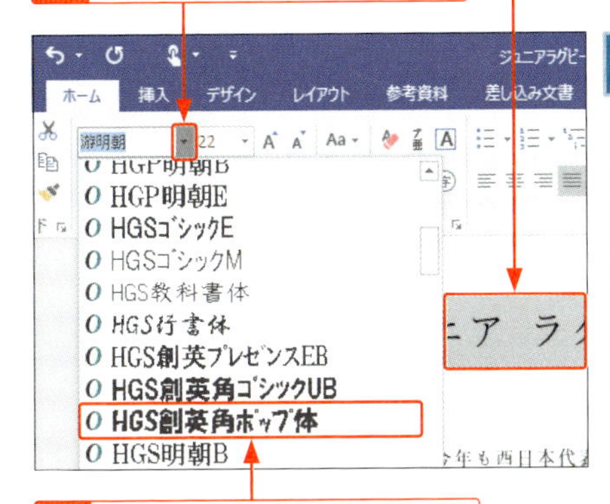

3 目的のフォントをクリックすると、

ジュニア／シニア ラグビークラブ結成

4 フォントが変更されます。

Hint

フォントのプレビュー表示

手順 3 で表示される一覧には、フォント名が実際の書体で表示されます。

Memo

ミニツールバーを利用する

文字列を選択すると表示されるミニツールバーでも、フォントサイズやフォントを変更できます。

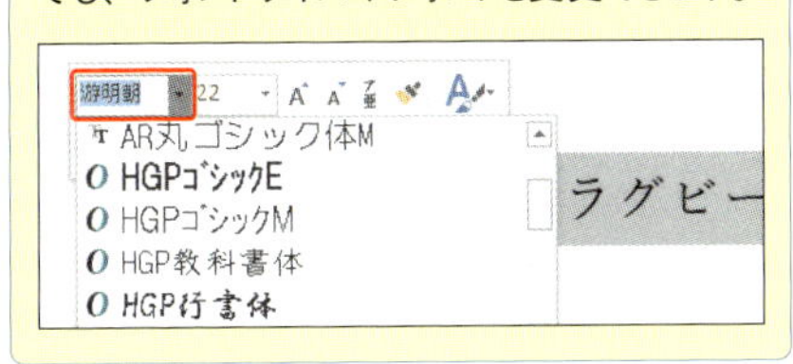

Memo

フォントの変更方法の違い

<フォント>ボックスで変更した場合は、選択した文字列だけが変更されます。一方、<フォント>ダイアログボックス（P.83参照）で変更した場合は、現在開いている文書の標準フォントとして設定されます。

27 文字を装飾する

文字を太字にしたり、文字に下線を付けて、下線の色を変えたりすることができます。文字に施す書式を文字書式といい、コマンドは＜ホーム＞タブの＜フォント＞グループに用意されています。

1 文字を太字にする

1 文字列を選択します。

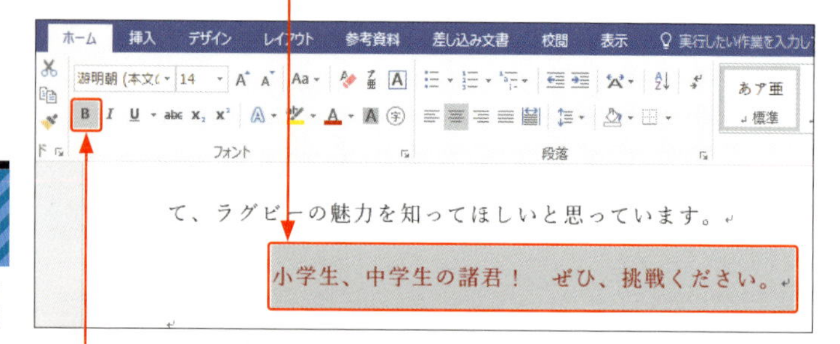

2 ＜ホーム＞タブの＜太字＞をクリックすると、

3 文字が太くなります。

て、ラグビーの魅力を知ってほしいと思っています。

小学生、中学生の諸君！　ぜひ、挑戦ください。

Hint

太字を解除する

太字にした文字列を選択し、＜太字＞ B をクリックします。

Keyword

文字書式

太字や斜体、色を付けるなど文字に対する書式を文字書式といいます。

2 文字に下線を引く

1 文字列を選択します。

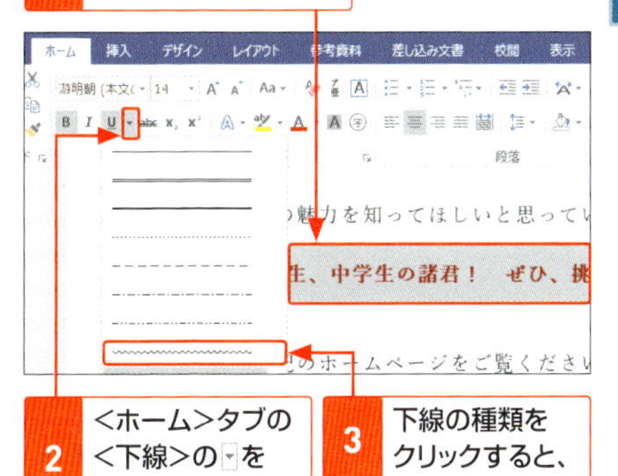

2 ＜ホーム＞タブの＜下線＞の ▾ をクリックして、

3 下線の種類をクリックすると、

小学生、中学生の諸君！　ぜひ、挑戦ください。

4 下線が引かれます。

> **Memo**
>
> **下線を引く**
>
> ＜ホーム＞タブの＜下線＞ U をクリックすると、設定されている線種で下線が引かれます。右の操作のように、下線の種類を選んで引くこともできます。下線の色は、文字と同じ色になります。

3 下線の色を変更する

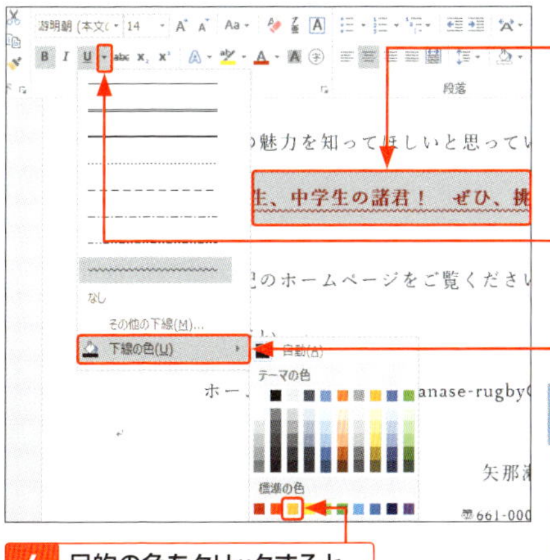

1 下線が引かれた文字列を選択します。

2 ＜ホーム＞タブの＜下線＞の ▾ をクリックして、

3 ＜下線の色＞をクリックし、

4 目的の色をクリックすると、

小学生、中学生の諸君！　ぜひ、挑戦ください。

5 下線の色が変更されます。

> **Hint**
>
> **同じ下線を繰り返す**
>
> 手順 5 以降は、文字列を選択して＜下線＞ U をクリックすると、ここで設定した書式が反映されます。

28 囲み線や背景色を設定する

文字列や段落を目立たせるには、囲み線や背景色を設定します。＜ホーム＞タブの＜囲み線＞や＜文字の網かけ＞は単色ですが、ページ罫線を利用すると線種や色を設定することができます。

1 段落に囲み線や網かけを設定する

1 段落にカーソルを移動して、

2 ＜罫線＞の ▾ をクリックし、

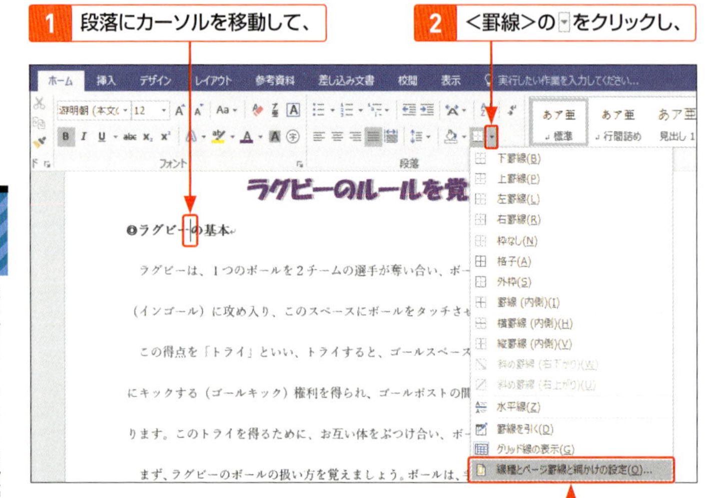

3 ここをクリックします。

Memo

囲み線と文字の網かけ

＜ホーム＞タブの＜囲み線＞ A や＜文字の網かけ＞ A は、文字列を選択してクリックすると設定できます。囲み線は1本の罫線で、網かけはグレイのみです。

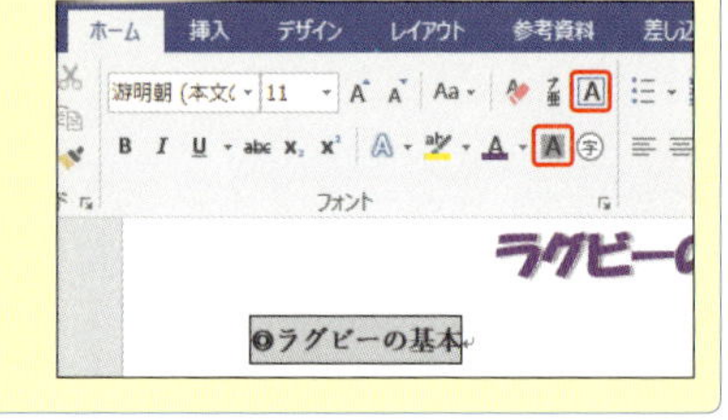

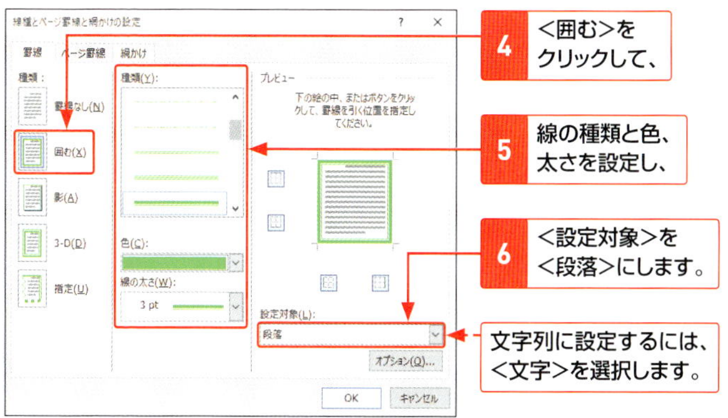

4 <囲む>をクリックして、

5 線の種類と色、太さを設定し、

6 <設定対象>を<段落>にします。

文字列に設定するには、<文字>を選択します。

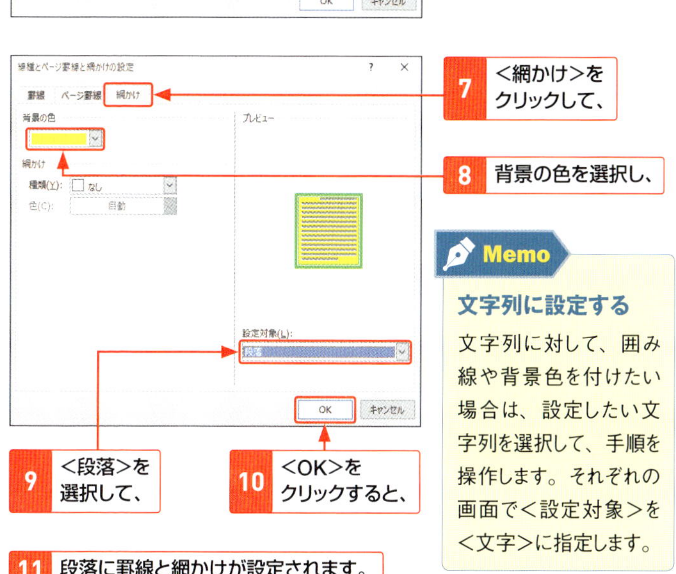

7 <網かけ>をクリックして、

8 背景の色を選択し、

9 <段落>を選択して、

10 <OK>をクリックすると、

11 段落に罫線と網かけが設定されます。

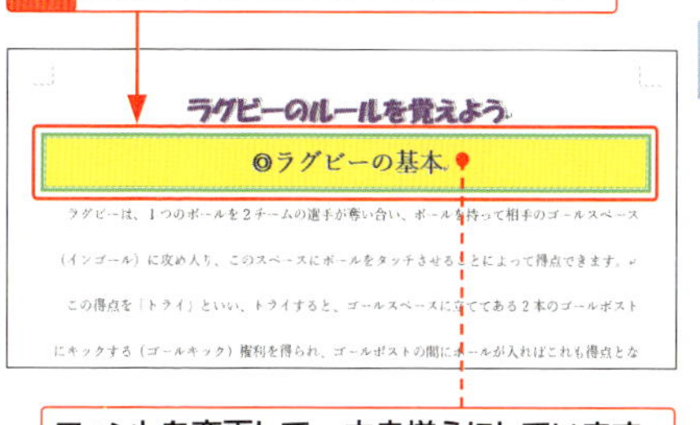

フォントを変更して、中央揃えにしています。

Memo

文字列に設定する

文字列に対して、囲み線や背景色を付けたい場合は、設定したい文字列を選択して、手順を操作します。それぞれの画面で<設定対象>を<文字>に指定します。

Hint

設定を解除する

設定した対象を選択して、囲み線は手順**4**で<罫線なし>、背景色は手順**8**で<色なし>にします。

Section 29 文字に特殊な効果を設定する

Wordでは、文字列を影や反射などの視覚効果を付けたり、色を付けるなどの文字飾りを設定することができます。コマンドは<ホーム>タブの<フォント>グループに用意されています。

1 文字列に効果を付ける

1 文字列をドラッグして選択し、

2 <文字の効果と体裁>をクリックして、

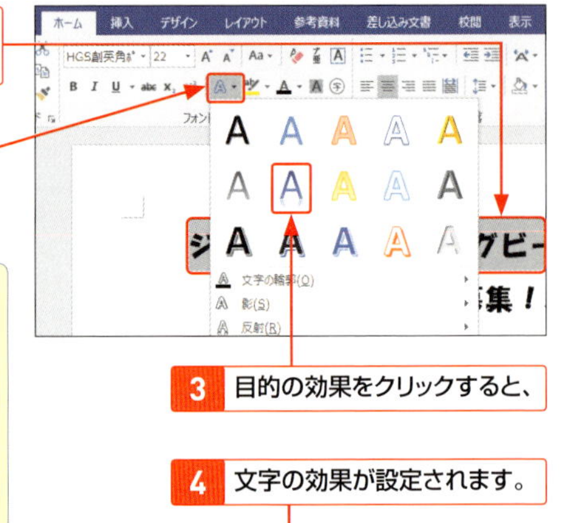

3 目的の効果をクリックすると、

4 文字の効果が設定されます。

ジュニア／シニア ラグビークラブ結成
メンバー募集！

Memo

効果を解除する

効果を付けた文字列を選択し、各効果の<なし>を選択します。操作の直後なら、クイックアクセスツールバーの<元に戻す>をクリックします。

StepUp

そのほかの効果を設定する

文字列を選択して、手順3で表示されるメニューの<文字の輪郭><影><反射><光彩>からそれぞれの効果を選択します。

2 文字に色を付ける

1 文字列をドラッグして選択します。

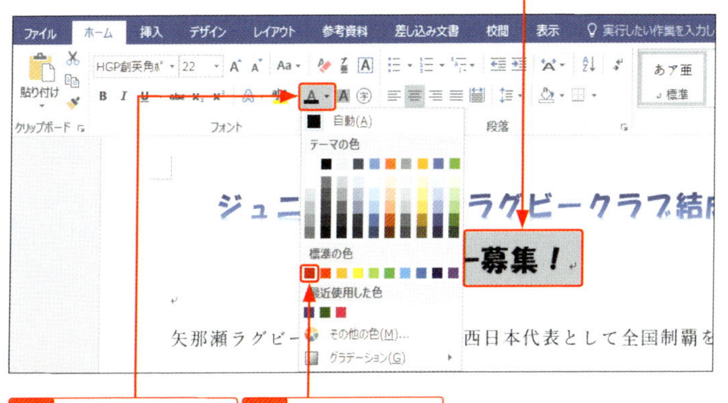

2 <フォントの色>の をクリックして、

3 目的の色をクリックすると、

4 文字の色が変わります。

ジュニア／シニア ラグビークラブ結成
メンバー募集！
瀬ラグビークラブは、今年も西日本代表として全国制覇を目指

同じ色を繰り返す

手順**4**以降は、文字を選択して<フォントの色> をクリックすると、ほかの色を指定するまでこの色が反映されます。

StepUp

タブにない文字飾りを設定する

<ホーム>タブの<フォント>グループの右下の をクリックすると表示される<フォント>ダイアログボックスの<フォント>タブで、傍点や二重取り消し線などのタブに用意されていないものや、下線のほかの種類などを設定することができます。

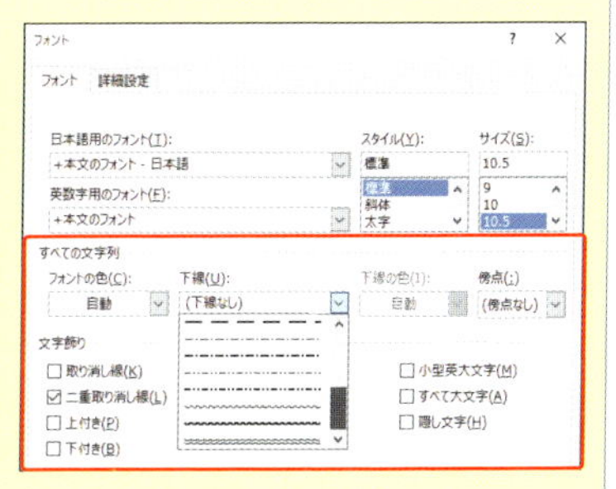

文字の左右寄せ

ビジネス文書では、日付は右に揃え、タイトルは中央に揃えるなどの書式が一般的で、右揃えや中央揃えなどの機能を利用します。なお、初期設定の配置は、両端揃えになっています。

1 文字列を右側に揃える

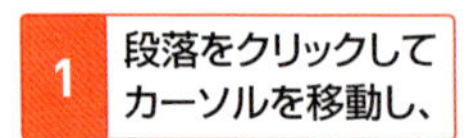
1 段落をクリックしてカーソルを移動し、

2 ＜ホーム＞タブの＜右揃え＞をクリックすると、

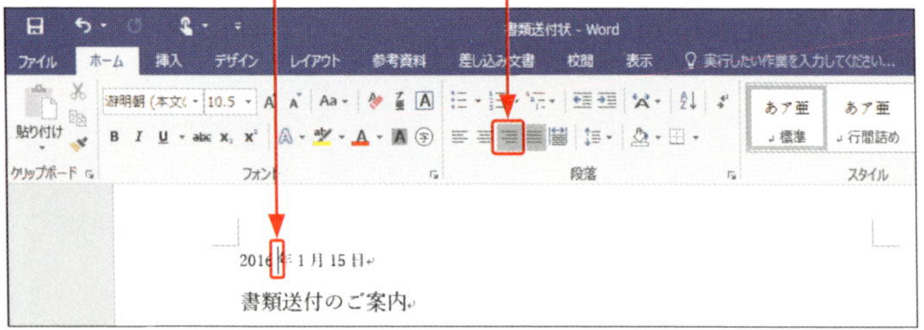

3 文字列が右に揃えられます。

Memo

段落の指定

設定する段落内にカーソルを移動すれば、その段落が設定の対象となります。

Memo

段落の配置

＜ホーム＞タブの＜段落＞グループにあるコマンドを利用して、段落ごとに配置位置を設定できます。初期設定では＜両端揃え＞で、＜左揃え＞、＜右揃え＞、＜中央揃え＞、＜均等割り付け＞（P.89参照）の5種類が用意されています。

2 文字列を中央に揃える

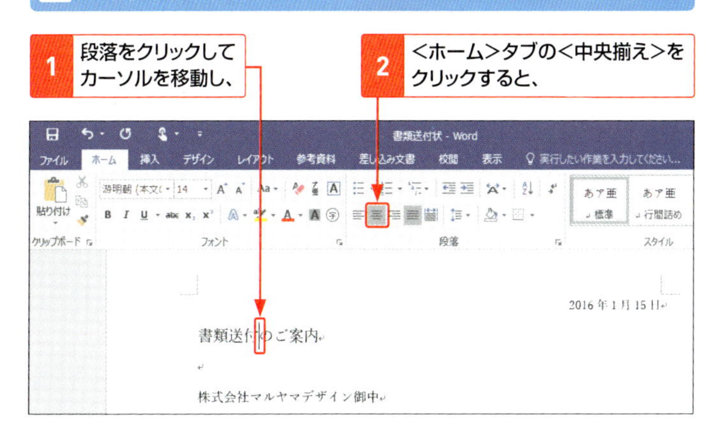

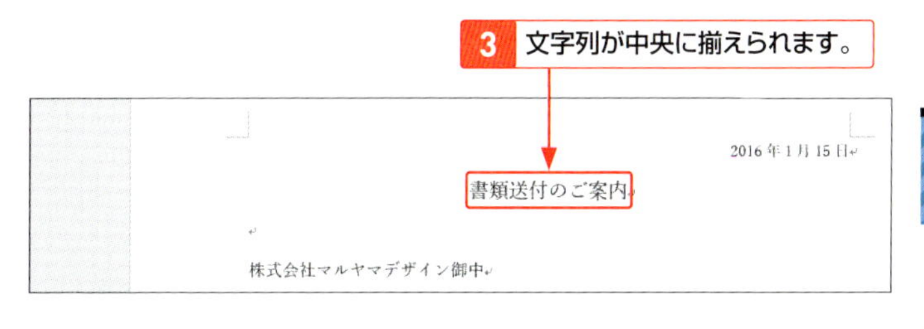

Memo

両端揃えと左揃えの違い

両端揃えでは段落の両端で揃えように文字間が調整されます。左揃えは左端に揃えるので、右側（文末）が文字幅に揃いません。

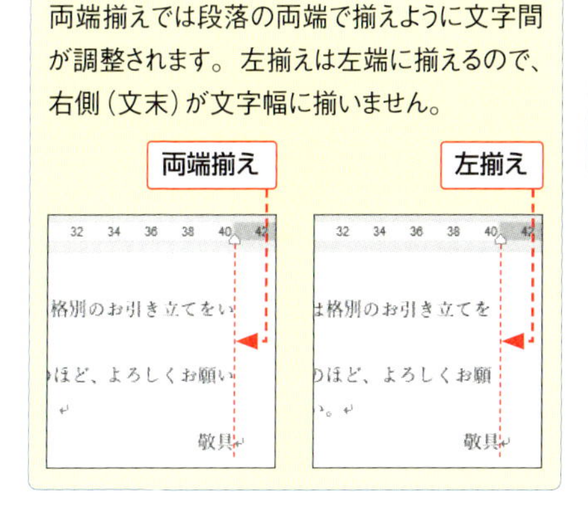

Hint

配置の解除

解除したい段落にカーソルを移動して、<ホーム>タブの<両端揃え>をクリックします。

第3章 書式とレイアウトの設定

タブ・均等割り付けで文字位置を調整する

箇条書きなどで、文字列の先頭や項目の文字幅が揃っていると見やすく、見栄えがよくなります。先頭文字を揃えたい場合は、**タブ**を使うと便利です。また、**均等に割り付け**で文字列の幅を揃えます。

1 タブを挿入する

水平ルーラーを表示しています（P.87のMemo参照）。

1 タブを挿入したい位置にカーソルを移動して、

2 Tab を押すと、

3 タブが挿入されます。

4 ほかの箇所もタブを挿入すると、文字列の先頭が揃います。

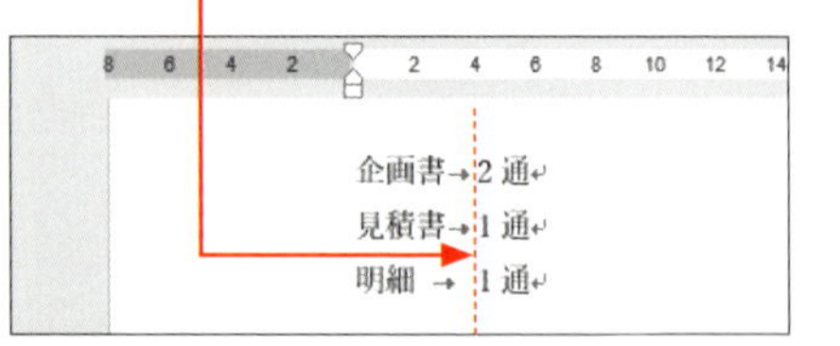

Keyword

タブ

「タブ」は特殊なスペース（空白）で、既定では4文字間隔で設定されます。左側の文字が4文字以上ある場合は、Tab を押すと8文字の位置に揃います。

Memo

タブ記号の表示

タブが挿入されると、編集記号のタブ記号→が表示されます。編集記号の表示については、P.49を参照してください。

2 タブ位置を設定して挿入する

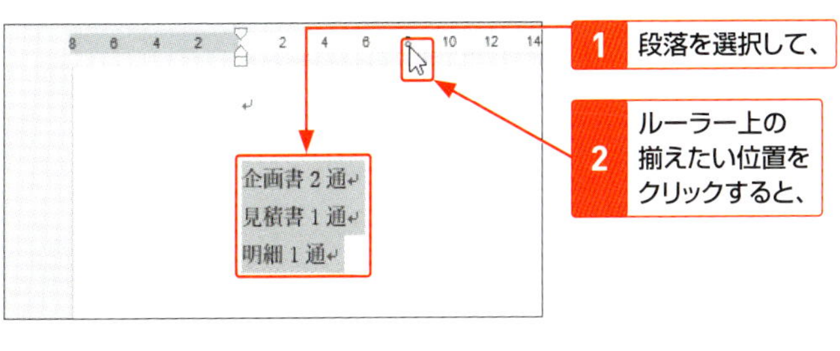

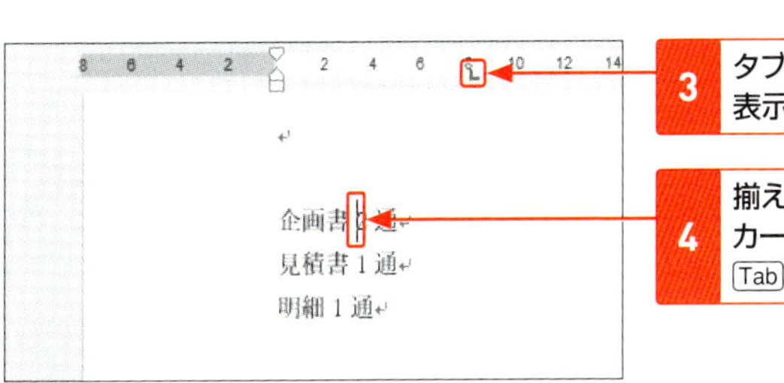

5 文字の先頭がタブ位置に揃います。

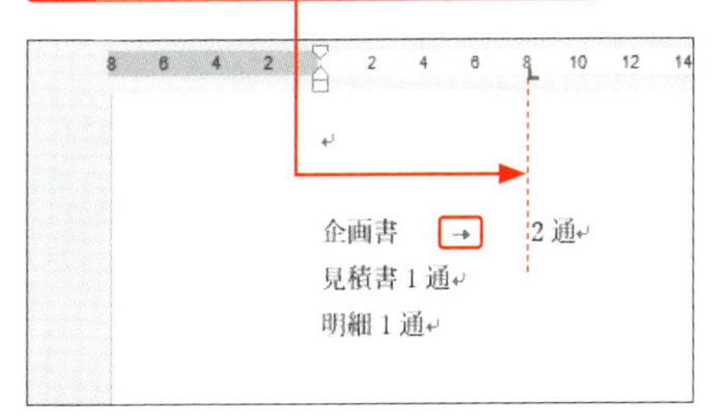

6 ほかの文字列も揃えます。

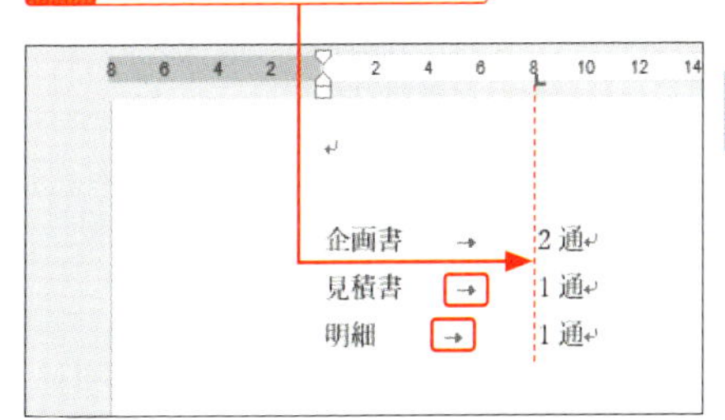

Memo

水平ルーラーの表示方法

＜表示＞タブの＜ルーラー＞をクリックしてオンにします。

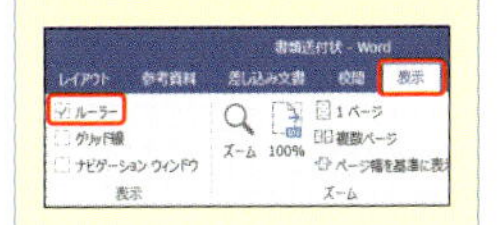

Hint

タブを削除する

タブの右にカーソルを移動して、BackSpace を押します。

3 タブ位置を変更する

Hint

タブ位置を解除する

タブマーカー L をルーラーの外にドラッグすると、消えます。また、<タブとリーダー>画面（StepUp参照）で、タブをクリアします。

1 段落を選択して、

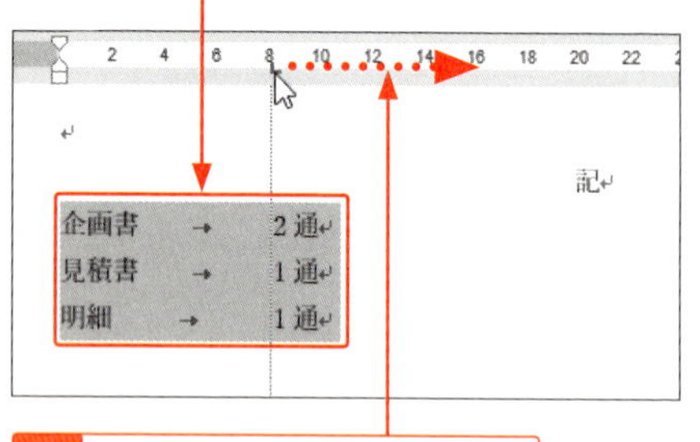

2 タブマーカーをドラッグすると、

3 変更したタブ位置に文字列が揃えられます。

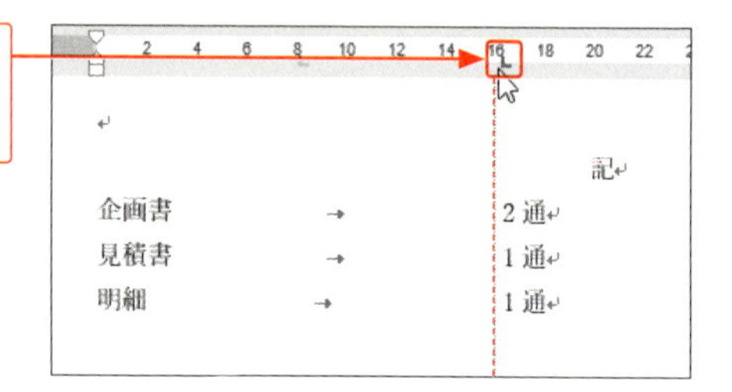

StepUp

タブの配置を数値で設定する

ルーラーをクリックすると、文字位置がずれる場合があります。タブの位置を詳細に設定するには、<タブとリーダー>画面を利用して、数値で指定するとよいでしょう。<タブとリーダー>画面は、タブマーカーをダブルクリックするか、<段落>ダイアログボックス（P.98参照）の<タブ設定>をクリックすると表示されます。
なお、タブの設定が異なる複数の段落を同時に選択した場合は、まとめて設定はできません。

4 均等割り付けを設定する

1 文字列を選択して、

2 ＜ホーム＞タブの＜均等割り付け＞をクリックします。

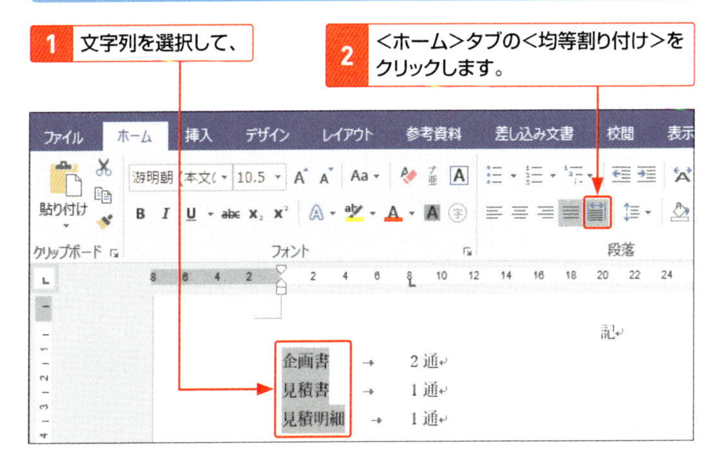

3 割り付ける幅を文字数で指定して、

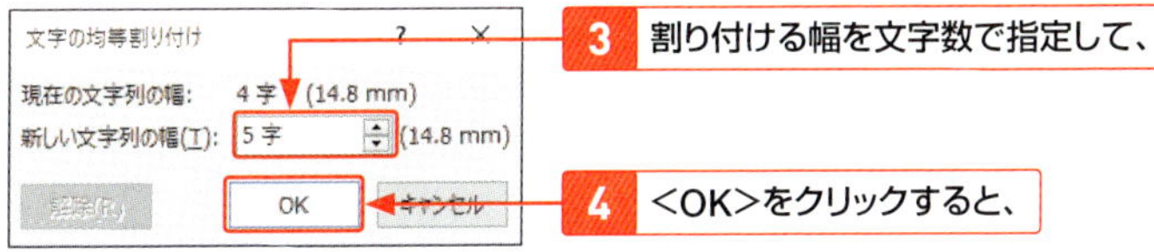

4 ＜OK＞をクリックすると、

5 指定した幅に文字列の両端が揃えられます。

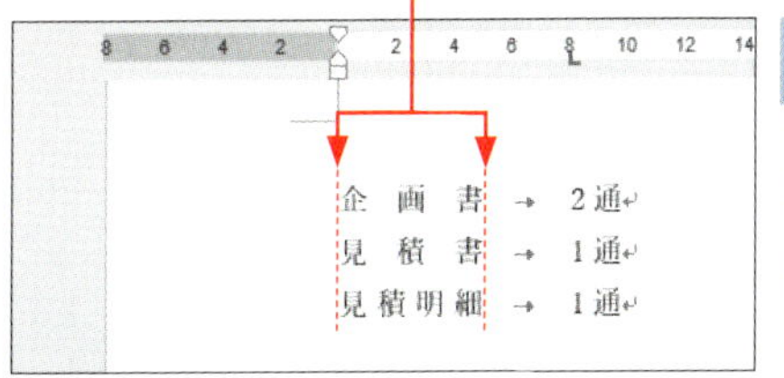

Memo

均等割り付けの解除

文字列を選択して、手順 3 で＜解除＞をクリックします。

Memo

段落の均等割り付け

段落を選択する場合、段落記号 ↵ を含むと正しく文字の均等割り付けができないため、文字列のみを選択します。また、段落を対象に均等割り付けをする場合は、＜ホーム＞タブの＜拡張書式＞ をクリックして、＜文字の均等割り付け＞をクリックして設定します。

32 インデントを指定する

段落を字下げするときは、インデントを設定します。インデントを利用すると、最初の行と2行目以降に別々の字下げを設定したり、段落全体をまとめて字下げしたりすることができます。

インデント

「インデント」とは段落の左端を下げる機能のことで、以下の3種類があります。このほかに、右端を字下げする「右インデント」も利用できます。

インデントマーカー

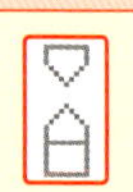

1行目のインデントマーカー

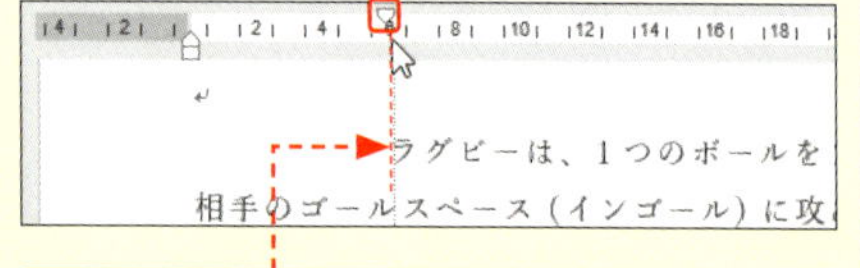

段落の1行目だけを下げます（字下げ）。

ぶら下げインデントマーカー

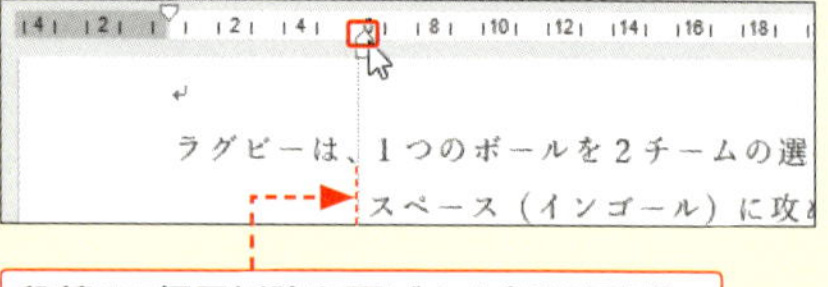

段落の2行目以降を下げます（ぶら下げ）。

左インデントマーカー

選択した段落のすべての左端を下げます。

1 段落の1行目を下げる

1 段落の中にカーソルを移動して、

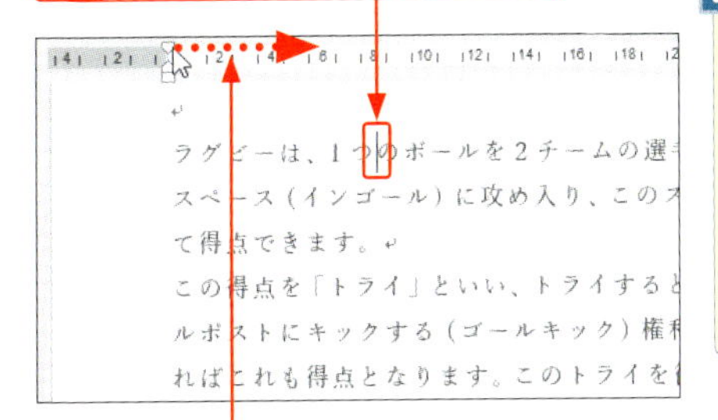

2 <1行目のインデント>マーカーをドラッグすると、

3 1行目の先頭が下がります。

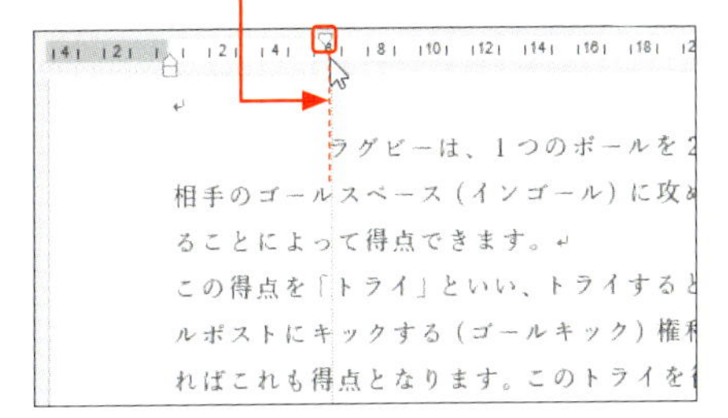

Memo

1行目のインデントマーカー

段落の1行目のみ字下げしたい場合は、<1行目のインデント>マーカーをドラッグします。

Hint

複数の段落の1行目を字下げする

複数の段落を選択して、手順2を操作すると、各段落の1行目のみ同時に字下げができます。

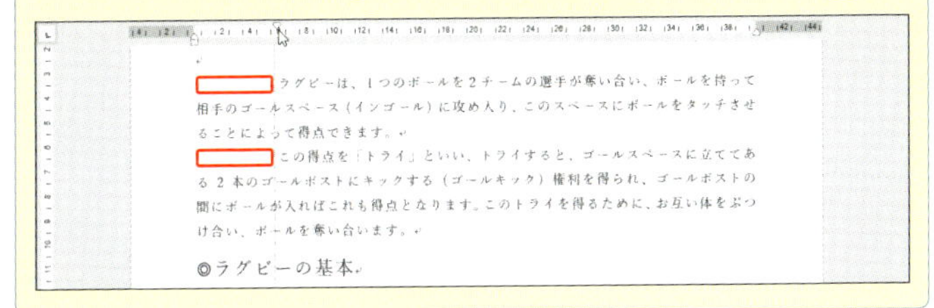

第3章 書式とレイアウトの設定

2 段落の2行目以降を下げる

Hint

インデントマーカーの微調整

Alt を押しながら各インデントマーカーをドラッグすると、微調整することができます。また、＜段落＞ダイアログボックスを利用すると詳細な数値を設定できます（P.98参照）。

1 段落の中にカーソルを移動して、

ラグビーは、1つのボールを2チームの選
スペース（インゴール）に攻め入り、この
て得点できます。
この得点を「トライ」といい、トライする

2 ＜ぶら下げインデント＞マーカーをドラッグすると、

ラグビーは、1つのボールを2チームの選
スペース（インゴール）に攻め
ることによって得点できます。
この得点を「トライ」といい、トライする

3 2行目以降が下がります。

Hint

1文字分ずつ段落を字下げする

＜ホーム＞タブの＜インデントを増やす＞ をクリックすると、段落全体が1文字分下がります。＜インデントを減らす＞ をクリックすると、段落全体のインデントが1文字分戻ります。

1 段落内にカーソルを移動して、＜ホーム＞タブの＜インデントを増やす＞をクリックすると、

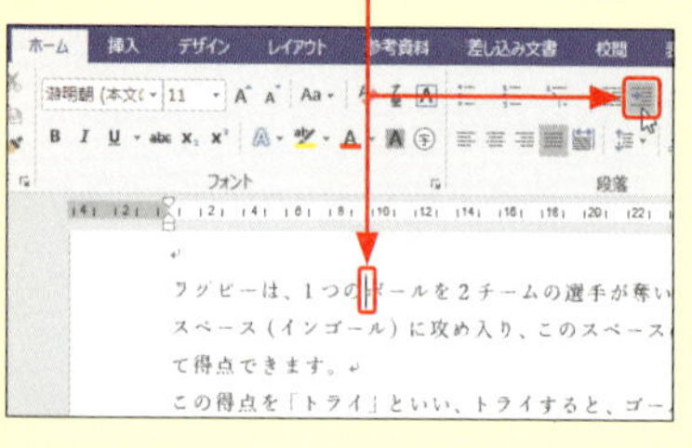

ラグビーは、1つのボールを2チームの選手が奪
いスペース（インゴール）に攻め入り、このスペ
よって得点できます。
この得点を「トライ」といい、トライすると、ゴー

2 段落全体が1文字分字下げします。

3 インデントマーカーで段落の左端を下げる

1 段落内にカーソルを移動して、

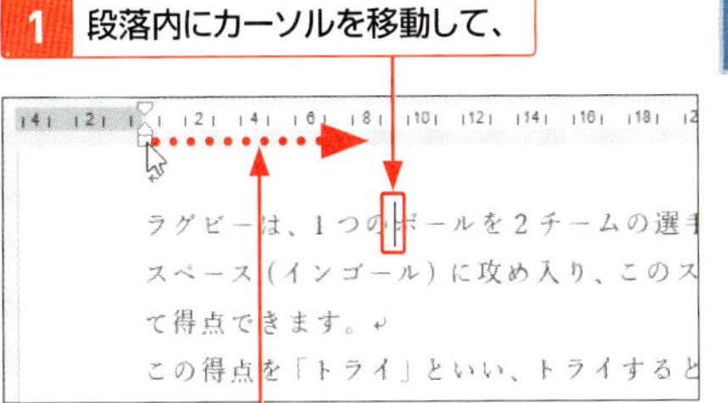

2 ＜左インデント＞マーカーをドラッグすると、

> **Hint**
>
> **インデントの解除**
>
> 設定した段落を選択してインデントマーカーをもとの位置にドラッグするか、段落の先頭にカーソルを移動して BackSpace を押します。

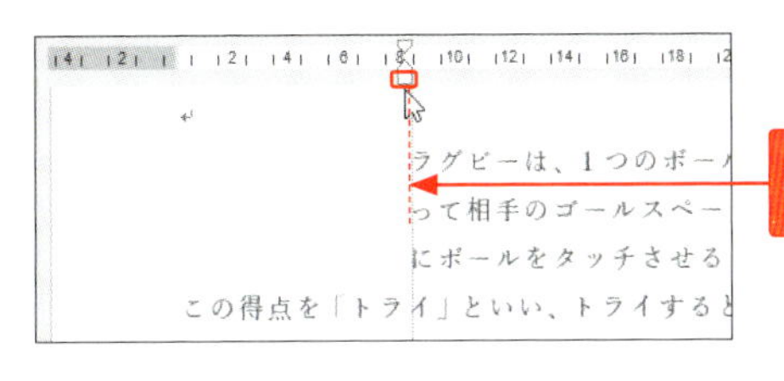

3 選択した段落の左端が下がります。

4 右端を下げる

1 段落を選択して、

2 ＜右インデント＞マーカーを左にドラッグすると、

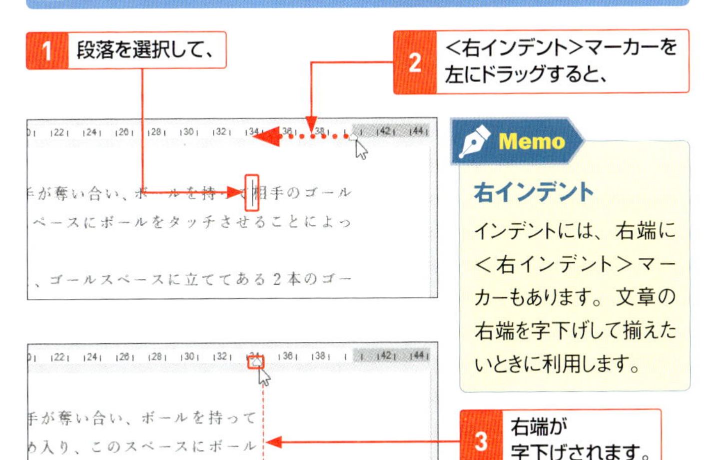

3 右端が字下げされます。

> **Memo**
>
> **右インデント**
>
> インデントには、右端に＜右インデント＞マーカーもあります。文章の右端を字下げして揃えたいときに利用します。

Section 33 行数・文字数・余白を設定する

文書を作成する前に、**用紙サイズや文字数、行数などのページ設定**をしておきましょう。ページ設定は、<レイアウト>タブから**<ページ設定>ダイアログボックス**を表示して行います。

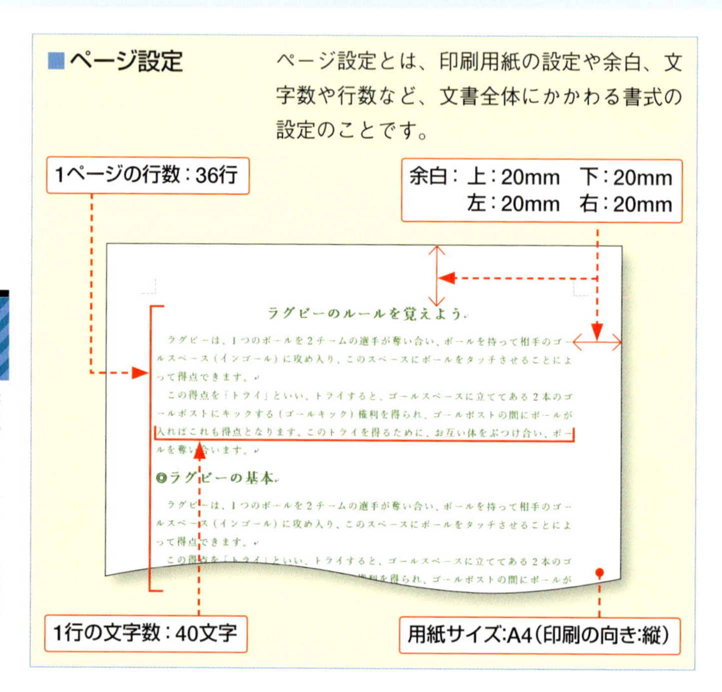

1 用紙サイズや余白を設定する

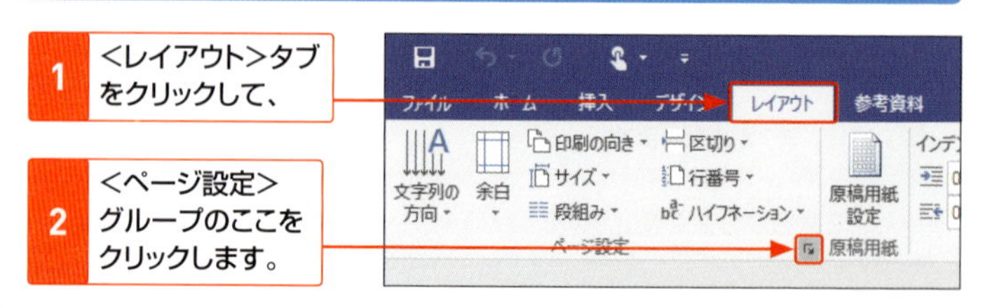

3 <用紙>をクリックして、

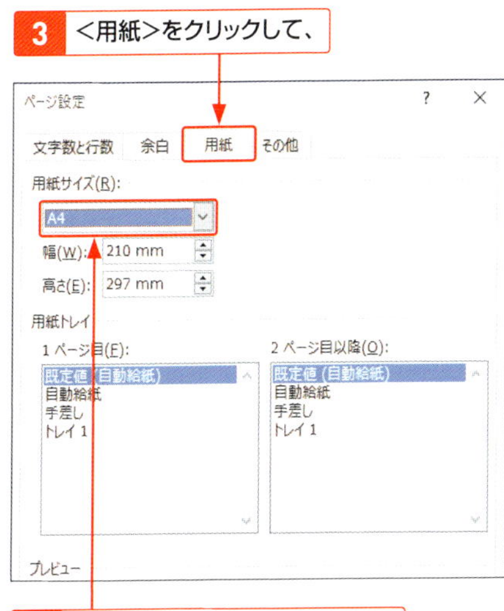

4 ここで用紙サイズを選択します。

5 <余白>をクリックして、

6 上下左右の余白を設定し、

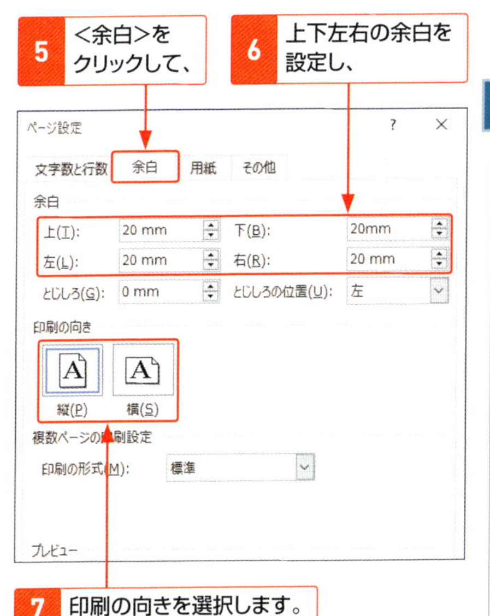

7 印刷の向きを選択します。

続いて、文字数や行数を設定します。

Memo

ページ設定は最初に

ページ設定を文書作成後に行うと、図表やイラストなどの配置がずれてレイアウトが崩れてしまうことがあります。作成途中でもページ設定を変更することはできますが、必ずレイアウトを確認して設定しましょう。

Memo

初期設定の書式

Word 2016の書式の初期設定は以下のとおりです。

書　式	設　定
フォント(本文)	游明朝
フォントサイズ	10.5pt(ポイント)
用紙サイズ	A4
1行の文字数	40文字
1ページの行数	36行

2 文字サイズや行数などを設定する

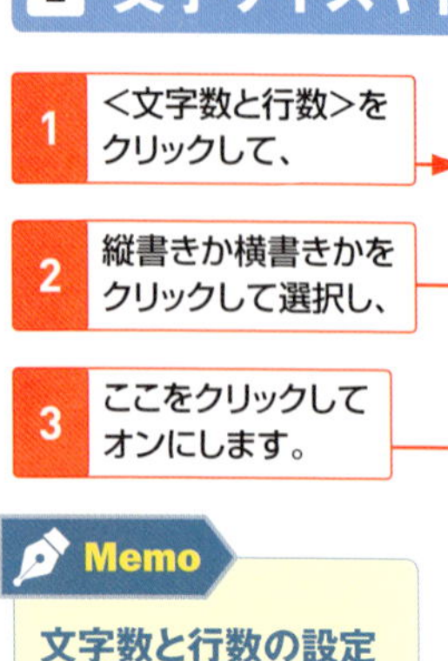

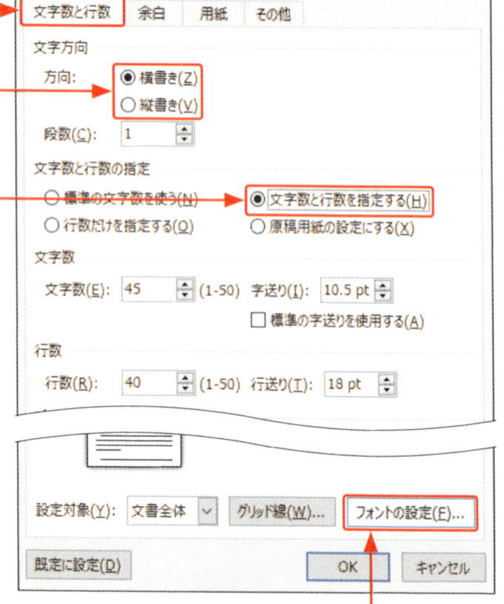

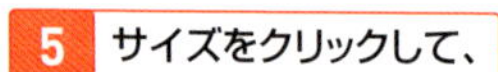

5 サイズをクリックして、

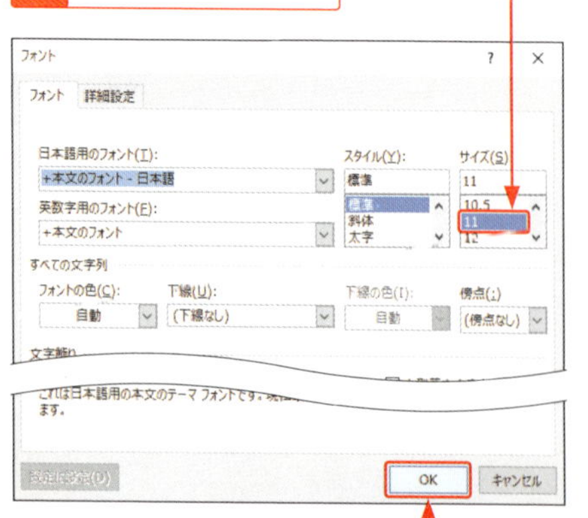

6 <OK>をクリックして、<ページ設定>ダイアログボックスに戻ります。

Memo

文字数と行数の設定

文字数や行数は、余白やフォントの設定によって自動的に最適値が設定されます。そのため、余白やフォントの設定を先に行います。

Hint

字送りと行送り

<字送り>とは文字の左端（縦書きの場合は上端）から次の文字の左端（上端）まで、<行送り>とは行の上端（縦書きの場合は右端）から次の行の上端（右端）までの長さのことです。

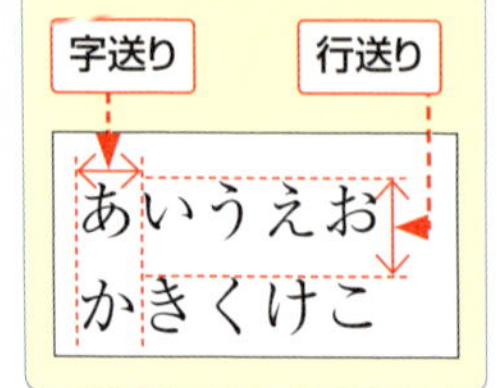

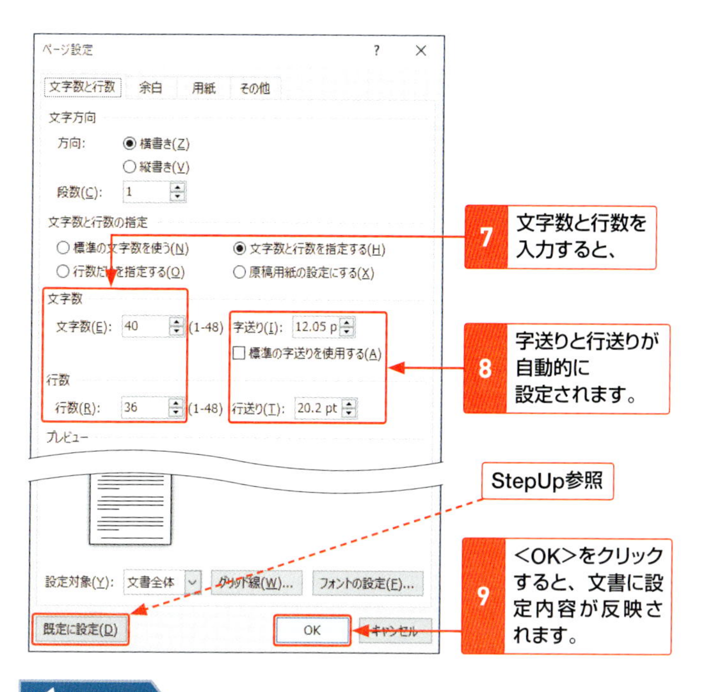

StepUp

ページ設定の内容を新規文書に適用する

<既定に設定>をクリックして表示される確認画面で<はい>をクリックすると、ページ設定の内容が保存され、次回から作成する新規文書にも適用されます。

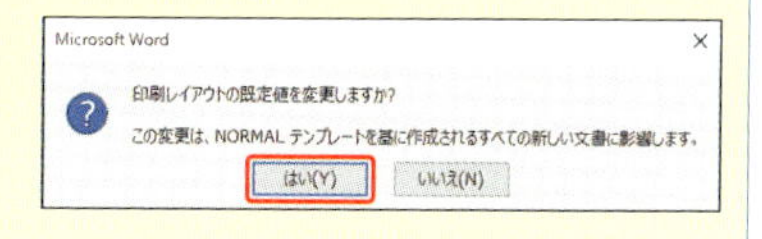

Hint

そのほかの設定方法

<レイアウト>タブの<ページ設定>グループにある<文字列の方向>や<余白>、<印刷の向き>、<サイズ>を利用しても設定できます。

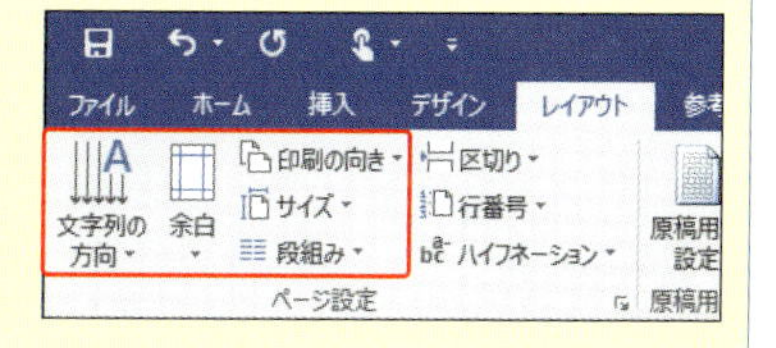

34 文字数を指定して字下げする

インデントマーカーをドラッグする字下げでは、文字数を正確に指定できない場合があります。**文字数を指定して字下げ**や**ぶら下げ**を行うには、＜段落＞ダイアログボックスで指定します。

1 ＜段落＞ダイアログボックスで字下げを設定する

1 字下げを設定する段落にカーソルを移動し、

2 ＜ホーム＞タブの＜段落＞グループのここをクリックします。

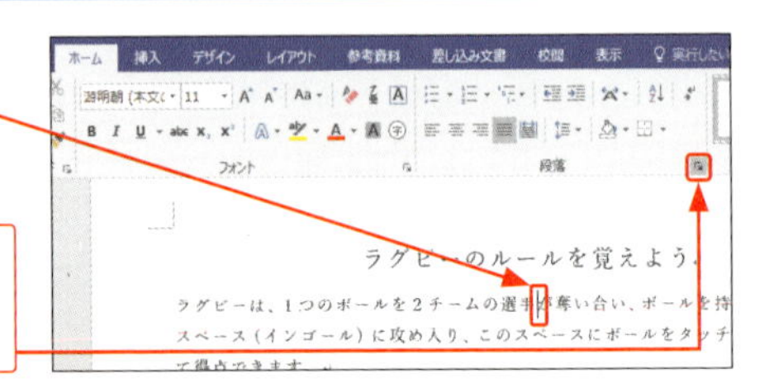

3 ＜段落＞ダイアログボックスが表示されるので、＜インデントと行間隔＞をクリックします。

4 ここをクリックして、

5 ＜字下げ＞を指定します。

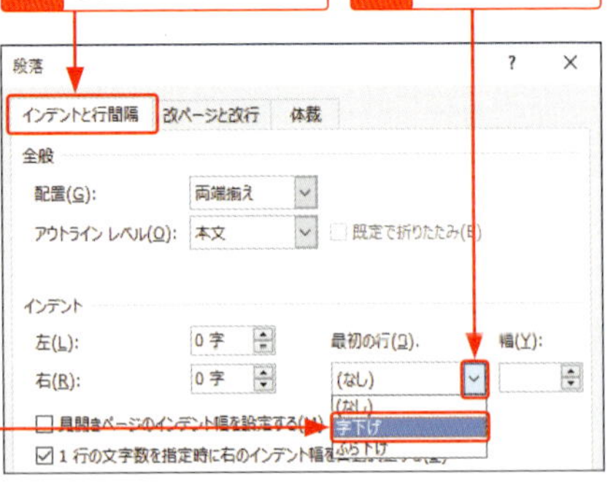

6 文字数を指定し、＜OK＞をクリックします。

> **Memo**
> **インデントを文字数で指定する**
> P.93ではインデントをドラッグで指定していますが、字下げ幅が文字に揃わない場合があります。きれいに揃えるためには、右のように数値で指定するとよいでしょう。

7 指定した文字数分字下げされます。

ラグビーのルールを

□□□ラグビーは、1つのボールを2チームの選手
ゴールスペース（インゴール）に攻め入り、このス
によって得点できます。
この得点を「トライ」といい、トライすると、ゴー
ルポストにキックする（ゴールキック）権利を得ら
ればこれも得点となります。このトライを得るため
を奪い合います。

Hint

段落全体の字下げ

<段落>ダイアログボックスの<インデントと行間隔>にある<インデント>の<左>と<右>では、段落全体の字下げを文字数で指定することができます。

2 <段落>ダイアログボックスでぶら下げを設定する

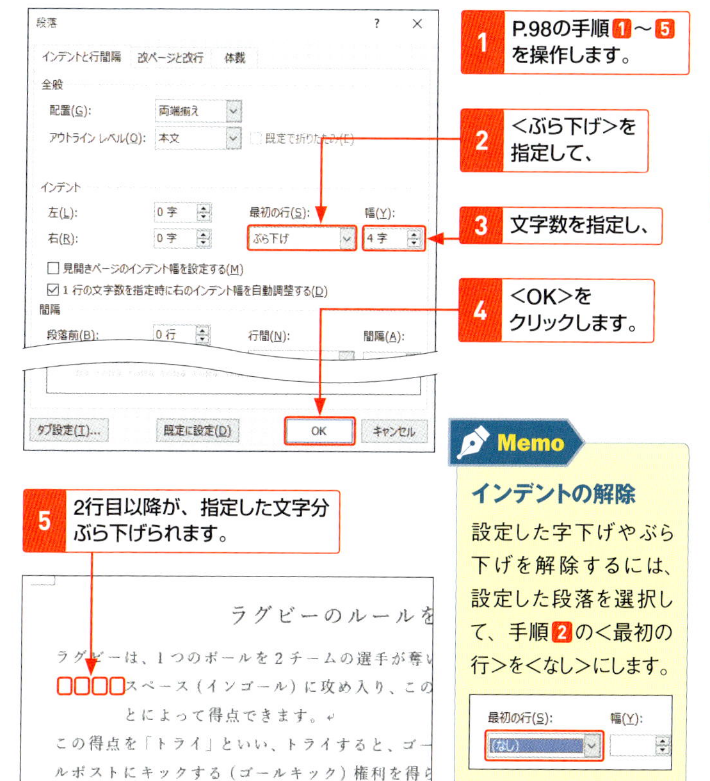

1 P.98の手順 1 ～ 5 を操作します。

2 <ぶら下げ>を指定して、

3 文字数を指定し、

4 <OK>をクリックします。

5 2行目以降が、指定した文字分ぶら下げられます。

Memo

インデントの解除

設定した字下げやぶら下げを解除するには、設定した段落を選択して、手順 2 の<最初の行>を<なし>にします。

最初の行(S):　(なし)　幅(Y):

35 段組みを設定する

Wordでは、文書全体、あるいは一部の範囲に段組みを設定することができます。さらに、段幅や段の間隔を変更したり、段間に境界線を入れて読みやすくすることも可能です。

1 文書全体に段組みを設定する

1 段組みにする範囲を選択して、

2 <レイアウト>タブの<段組み>をクリックし、

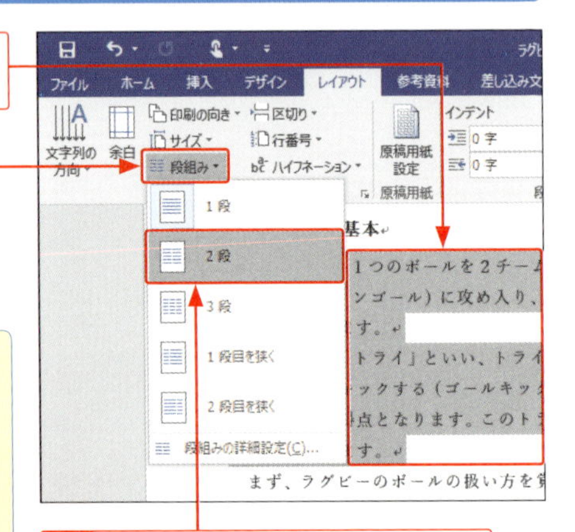

3 設定したい段数（ここでは<2段>）をクリックすると、

4 指定した段数で段組みが設定されます。

> **Memo**
>
> **段組みの設定**
>
> 1行が長すぎて読みにくい場合など、段組みを利用すると便利です。最初に範囲を選択しなければ、文書すべてを段組みにします。

●ラグビーの基本

ラグビーは、1つのボールを2チームの選手が奪い合い、ボールを持って相手のゴールスペース（インゴール）に攻め入り、このスペースにボールをタッチさせることによって得点できます。

この得点を「トライ」といい、トライすると、ゴールスペースに立ててある2本のゴールポストにキックする（ゴールキック）権利を得られ、ゴールポストの間にボールが入ればこれも得点となります。このトライを得るために、お互い体をぶつけ合い、ボールを奪い合います。

まず、ラグビーのボールの扱い方を覚えましょう。ボールは、手に持って走る、手で放る（パス）、足で蹴る（キック）という行為が認められています。体のどの部分にボ

2 段の幅を調整して段組みを設定する

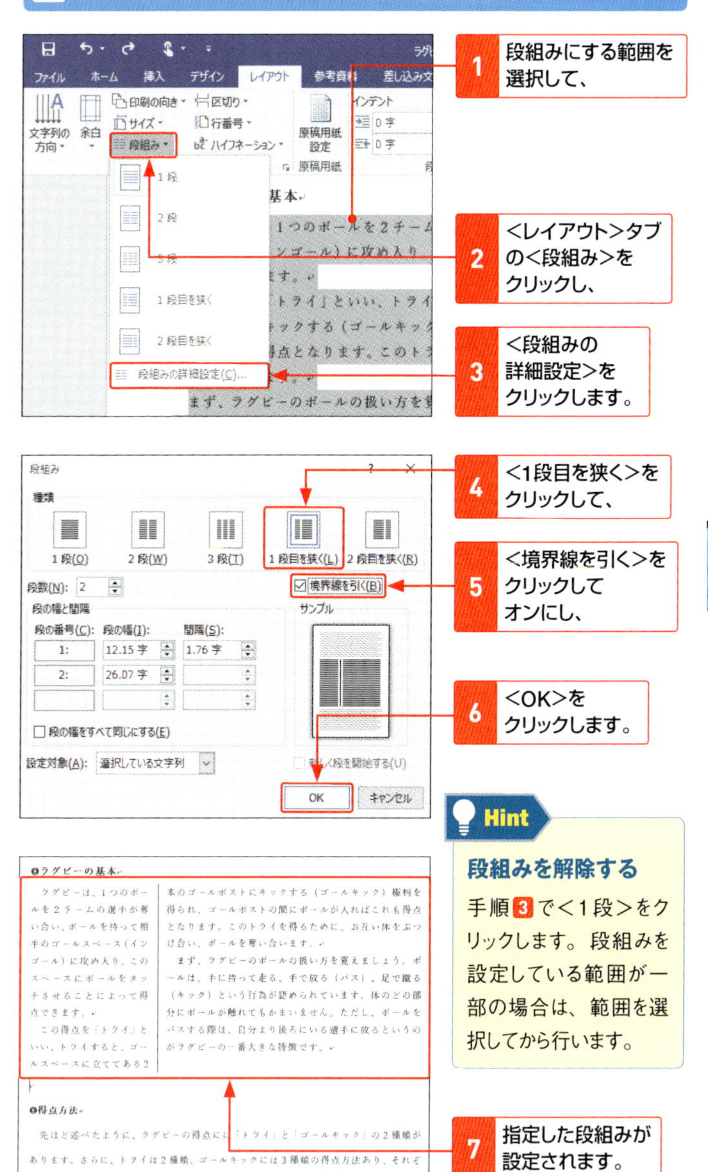

第3章 書式とレイアウトの設定

Section 36 行間隔を設定する

行の間隔を設定すると、１ページにおさまる行数を増やしたり、見出しと本文の行間を調整して、文書を読みやすくすることができます。また、**段落の間隔**も変更できます。

1 段落の行間隔を広げる

1行の間隔を「1.5」倍に広げます。

1 段落内にカーソルを移動して、

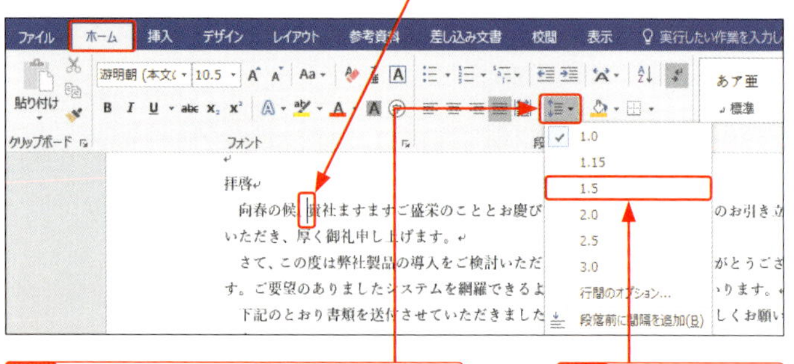

2 <ホーム>タブの<行と段落の間隔>をクリックして、

3 <1.5>をクリックします。

4 段落の行間が1.5倍になります。

拝啓
向春の候、貴社ますますご盛栄のこととお慶び申し上げます。平
いただき、厚く御礼申し上げます。
さて、この度は弊社製品の導入をご検討いただけるとのことで、
す。ご要望のありましたシステムを網羅できるよう、製品開発を
下記のとおり書類を送付させていただきましたので、ご査収の

Memo 段落の選択

段落内にカーソルを移動します。複数の段落の場合は、段落をドラッグして選択します（P.51参照）。

Hint 行間をもとに戻す

設定した段落を選択して、手順3で<1.0>をクリックします。

2 段落の前後の間隔を広げる

1 段落にカーソルを移動して、

2 <ホーム>タブの<行と段落の間隔>をクリックし、

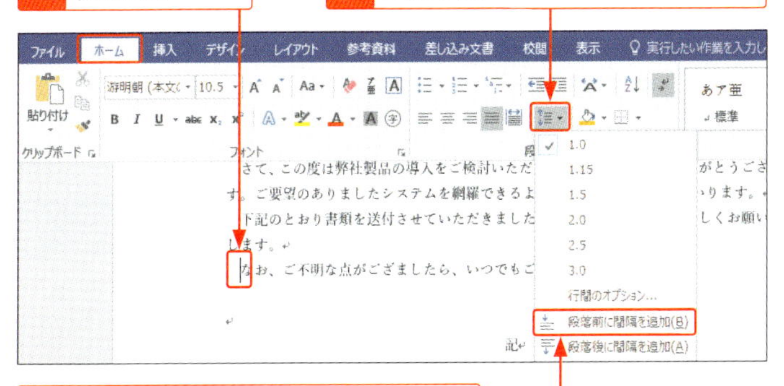

3 <段落前に間隔を追加>をクリックします。

4 段落前に空きができます。

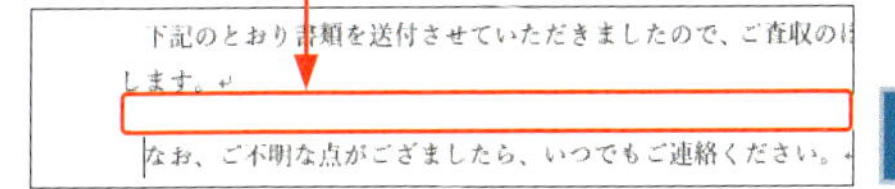

広げた間隔を解除する

段落を選択して、同様の手順から<段落前の間隔を削除>あるいは<段落後の間隔を削除>を選択します。

Memo

段落の間隔

<段落前に間隔を追加>(<段落後に間隔を追加>)では、段落の前(後)に12pt分の空きが挿入されます。

StepUp

<段落>ダイアログボックスで指定する

行間の設定や段落前後の空きは、<段落>ダイアログボックス(P.98参照)の<インデントと行間隔>を利用すると、数値で指定することができます。

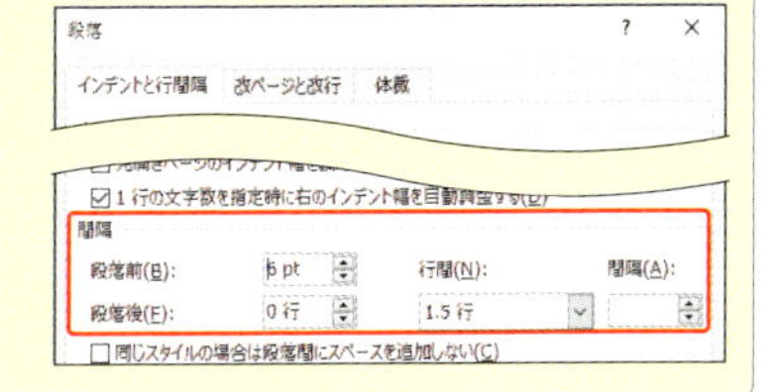

第3章 書式とレイアウトの設定

37 縦書きの文書を作成する

文書の初期設定は横書きですが、縦書きにもできます。すでに作成された文書を縦書きに変更したり、1つの文書の中で縦書きと横書きを混在させたりすることも可能です。

1 横書き文書を縦書き文書に変更する

Memo

新規文書を縦書きにする

新規文書で、右の手順を操作するか、<ページ設定>ダイアログボックス(P.95参照)で<縦書き>を指定します。

1 <レイアウト>タブをクリックして、

2 <文字列の方向>をクリックし、

3 <縦書き>をクリックすると、

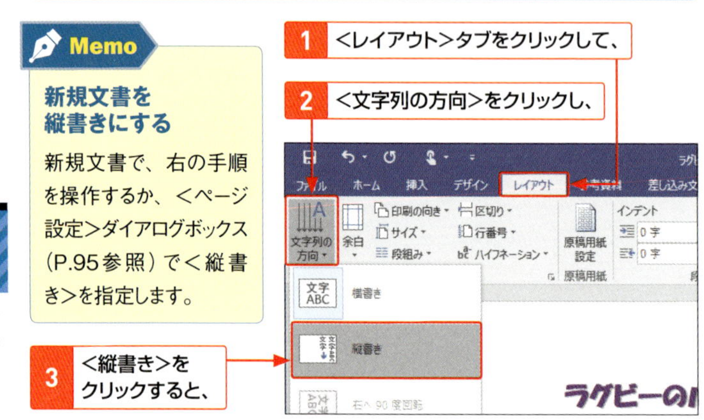

4 文書が縦書きに変更されます。

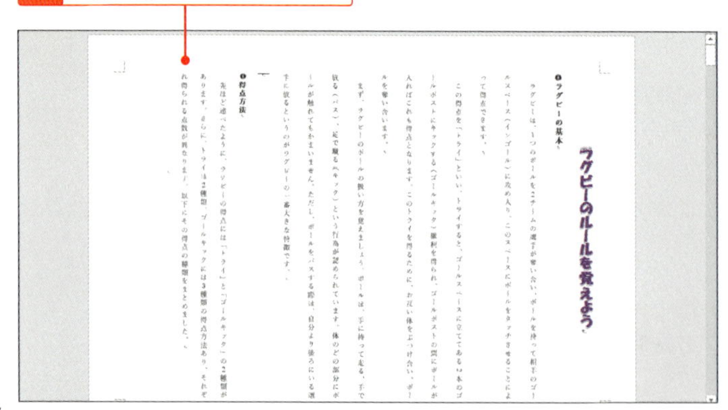

2 文書の途中から横書きにする

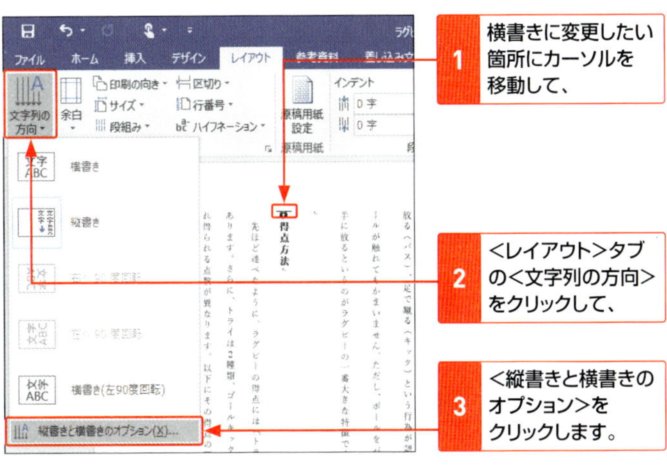

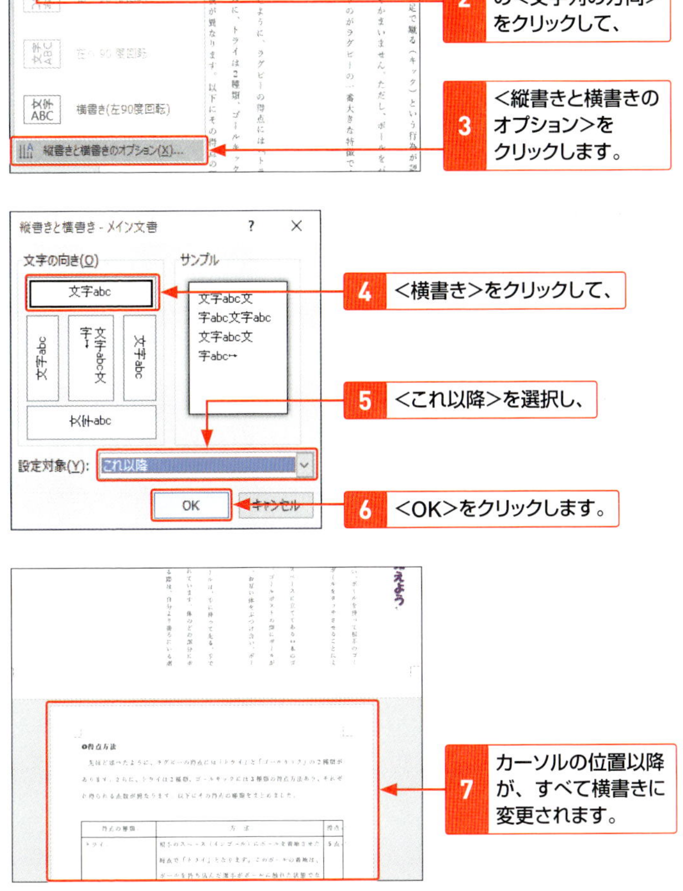

38 箇条書きにする

Wordには、自動的に箇条書きを作成する入力オートフォーマット機能があり、先頭に行頭文字を入力して箇条書きの形式になります。また、文字列に対して箇条書きを設定することもできます。

1 箇条書きを作成する

1 「・」を入力して Enter を押し、

2 続けて Space を押します。

3 文字を入力して、最後に Enter を押すと、

<オートコレクトのオプション>が表示されます(P.108のHint)。

・→企画書□2 通

4 次の行に「・」が自動的に入力されます。

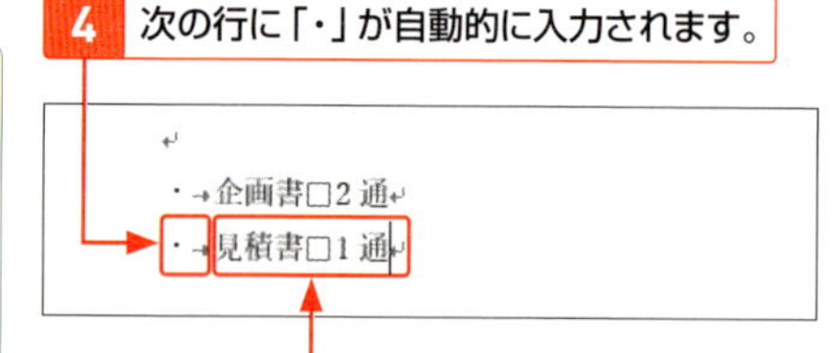

5 文字を入力して、最後に Enter を押すと、

6 同様に箇条書きが入力されます。

・→企画書□2 通
・→見積書□1 通
・→見積明細□1 通

Hint

行頭文字を付ける

先頭に入力する「・」を「行頭文字」といいます。●や■などでも同じように箇条書きが作成されます。なお、行頭文字の記号は変更することができます(P.109参照)。

箇条書きの終了は、P.108を参照ください。

2 あとから箇条書きに設定する

1 項目を入力した範囲を選択して、

2 <ホーム>タブの<箇条書き>をクリックすると、

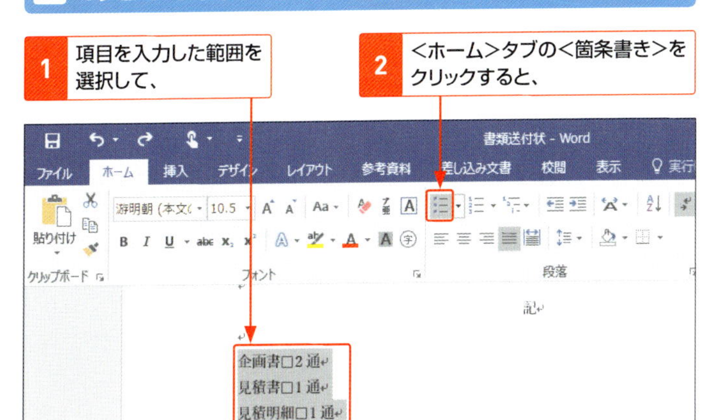

3 箇条書きに設定されます。

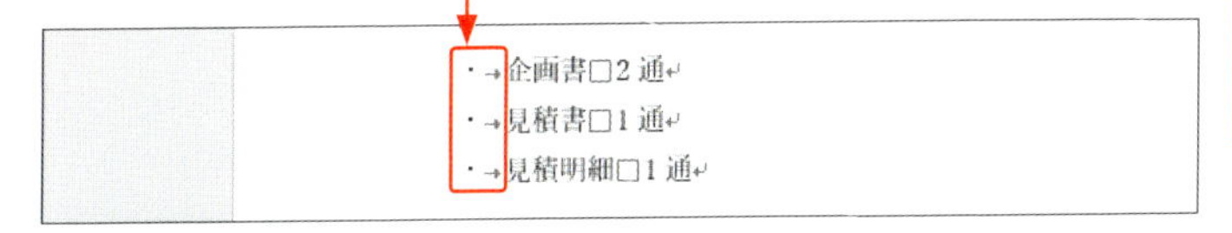

StepUp

箇条書きが設定されない場合

箇条書きは、入力オートフォーマット機能によって自動的に設定されるようになっています。設定されない場合は、この機能がオフになっていると考えられます。<ファイル>タブの<オプション>をクリックして、<Wordのオプション>の<文章校正>で<オートコレクトのオプション>をクリックします。<入力オートフォーマット>で<箇条書き(行頭文字)>をオンにします。

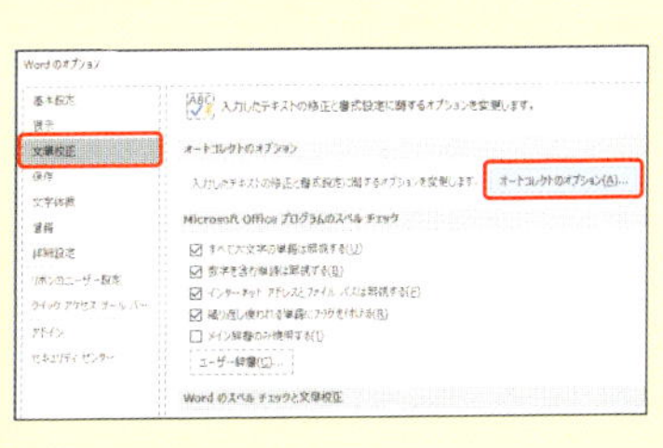

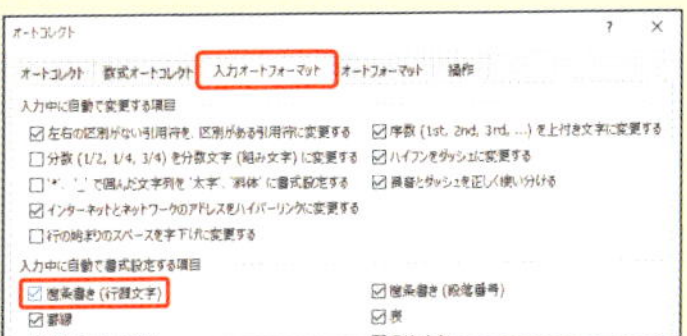

3 箇条書きの設定を終了する

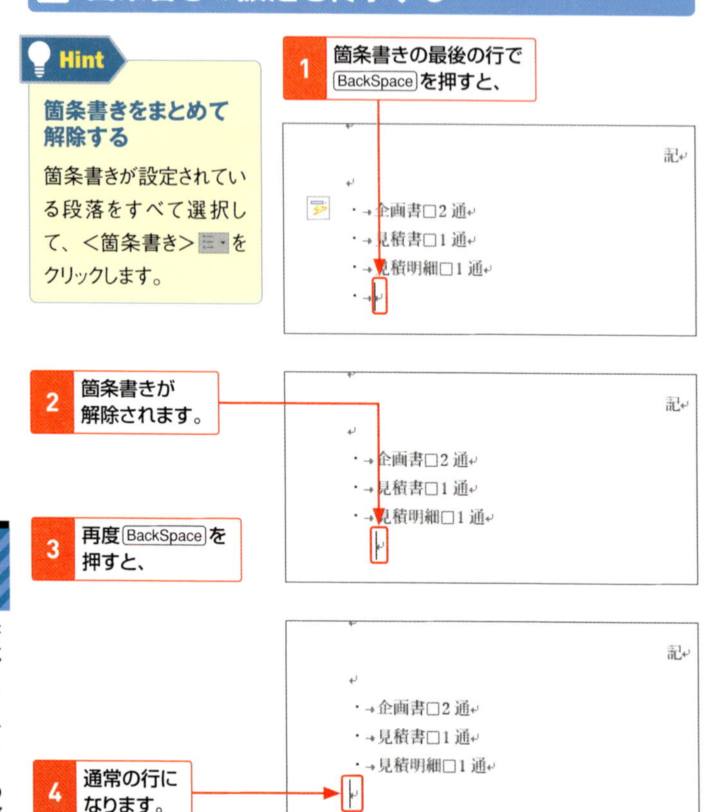

Hint

箇条書きをまとめて解除する

箇条書きが設定されている段落をすべて選択して、<箇条書き>をクリックします。

Hint

勝手に箇条書きにしたくない

「・」などの記号を入力すると自動的に箇条書きになりますが、箇条書きにしたくない場合は、この機能をオフにすることができます（P.107のStepUp参照）。あるいは、<オートコレクトのオプション>をクリックして、<箇条書きを自動的に作成しない>をクリックします。

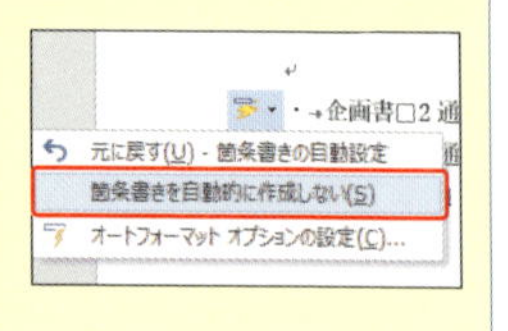

4 行頭文字の記号を変更する

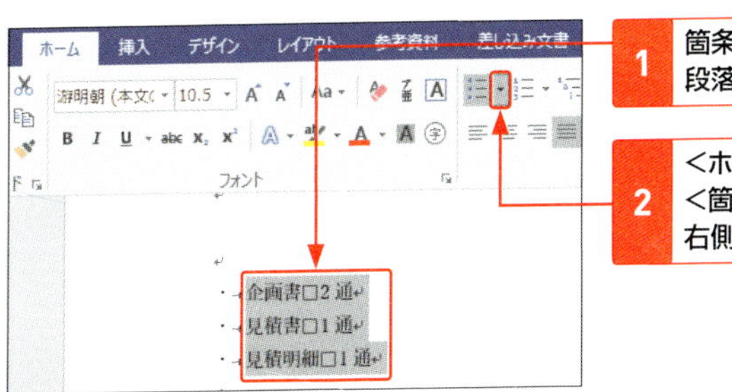

1 箇条書きを設定した段落を選択して、

2 ＜ホーム＞タブの＜箇条書き＞の右側をクリックし、

3 行頭文字ライブラリから選択します。

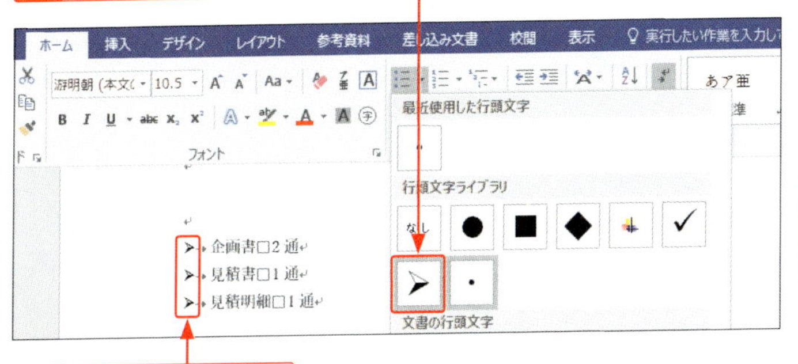

4 記号が変更されます。

StepUp

新しい行頭文字を設定する

手順**3**のメニューで＜新しい行頭文字の定義＞をクリックして、表示される＜新しい行頭文字の定義＞画面で、新しい行頭文字を設定することができます。＜記号＞をクリックすると、＜記号と特殊文字＞ダイアログボックス（P.65参照）が表示され、文字や記号を選択します。＜図＞をクリックすると、＜画像の挿入＞画面が表示され、画像や図を検索して、挿入することができます。

新しい行頭文字の定義 ? ×
行頭の文字
記号(S)... 図(P)... 文字書式(F)...
配置(M):
左揃え
プレビュー
OK キャンセル

Section 39 段落番号を利用する

段落番号を設定すると、段落の先頭に連続した番号を振ることができます。段落番号は、追加や削除を行っても自動的に連続番号に振り直されます。また、途中で新たに振り直すこともできます。

1 段落に連続した番号を振る

1 段落をドラッグして選択し、

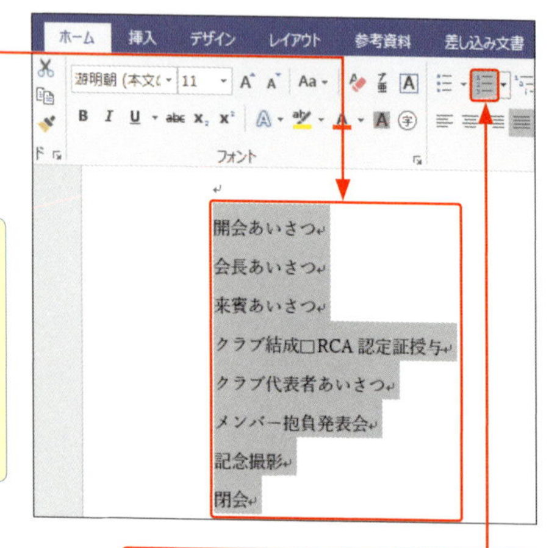

2 ＜ホーム＞タブの＜段落番号＞をクリックします。

3 連続した番号が振られます。

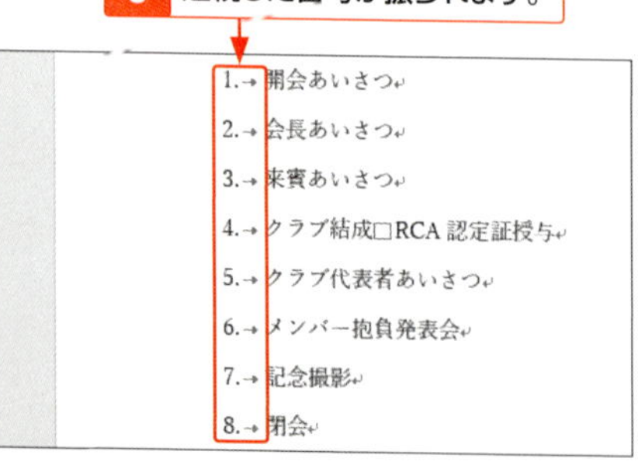

Keyword

段落番号

「段落番号」は、箇条書きで段落の先頭に付けられる「1.」「2.」などの数字のことです。

Hint

段落番号を削除する

削除したい段落のすべてを選択し、有効になっている＜段落番号＞をクリックします。または、段落番号をクリックして選択し、BackSpace を押すと、1つずつ削除できます。

2 段落番号の種類を変更する

1 段落番号の上でクリックすると、段落番号がすべて選択されます。

2 <ホーム>タブの<段落番号>のここをクリックして、

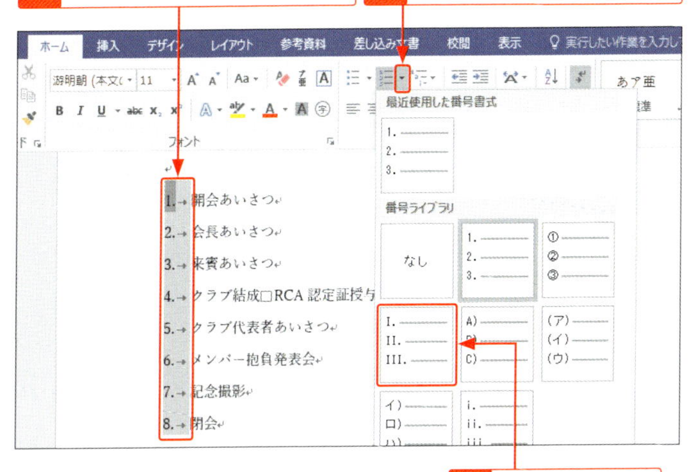

3 変更したい段落番号の種類をクリックします。

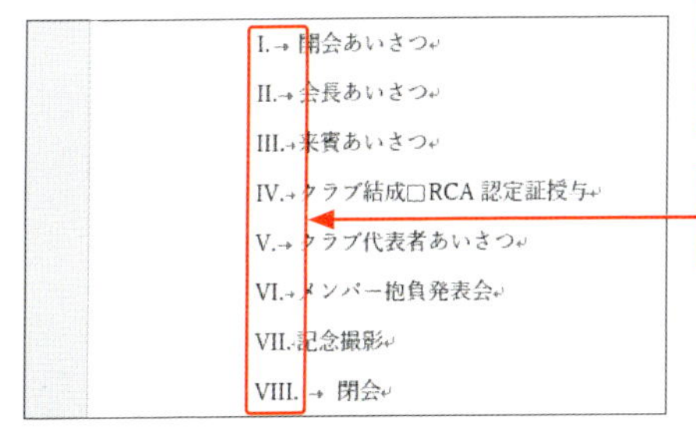

4 段落番号が変更されます。

第3章 書式とレイアウトの設定

Hint

そのほかの段落番号の種類を選ぶ

手順**3**のメニューのいちばん下にある<新しい番号書式の定義>をクリックして、表示される<新しい番号書式の定義>画面で<番号の種類>から選ぶことができます。

新しい番号書式の定義
番号書式
番号の種類(N):
I, II, III, …
フォント(F)...
イ, ロ, ハ …
①, ②, ③ …
I, II, III, …
i, ii, iii, …
A, B, C, …
a, b, c, …
1st, 2nd, 3rd …
プレビュー

3 段落番号の書式を変更する

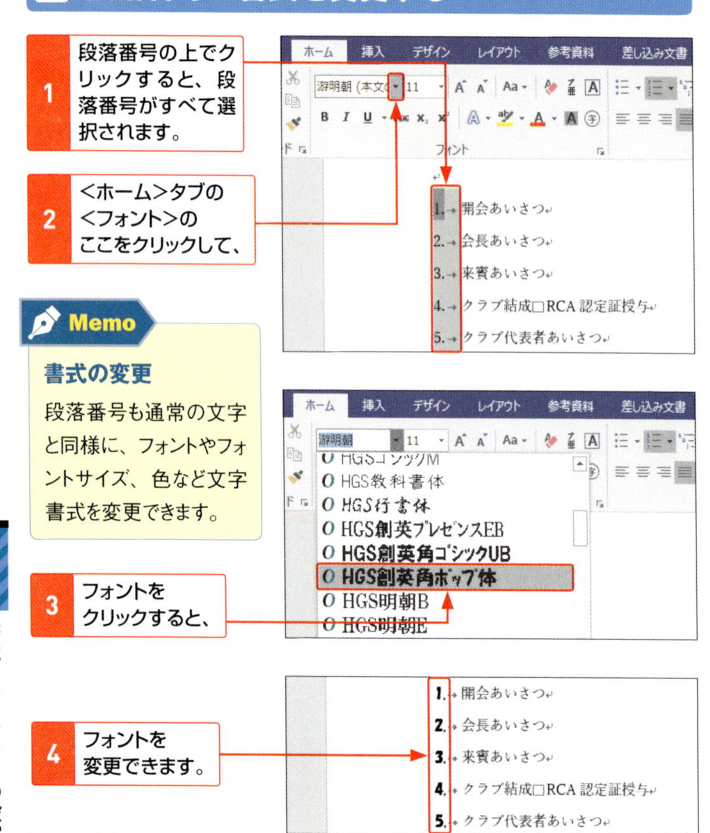

Memo

書式の変更

段落番号も通常の文字と同様に、フォントやフォントサイズ、色など文字書式を変更できます。

Hint

途中の段落番号を解除する

連続した段落番号の途中を通常の段落（行）にしたい場合は、前の段落末でEnterを押します。新しい段落番号の行が挿入されたら、再度Enterを押すと、段落番号が解除されます。

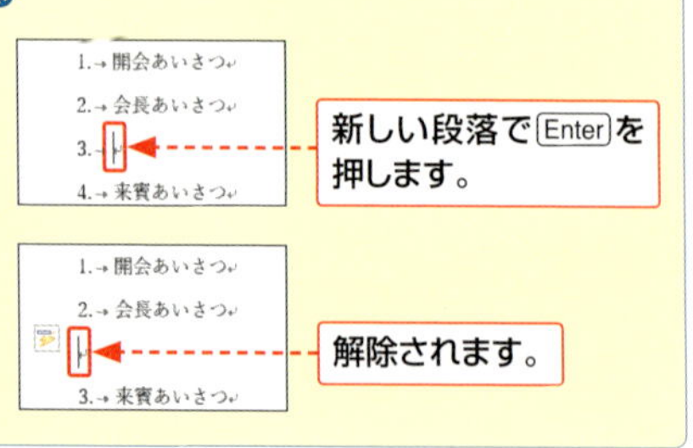

第3章 書式とレイアウトの設定

4 段落番号を途中から振り直す

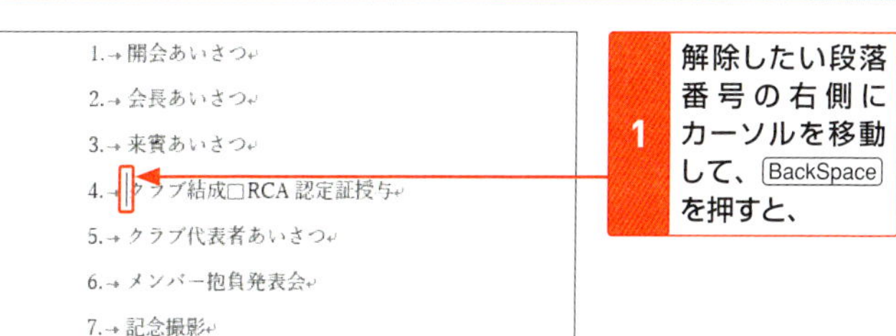

1 解除したい段落番号の右側にカーソルを移動して、BackSpaceを押すと、

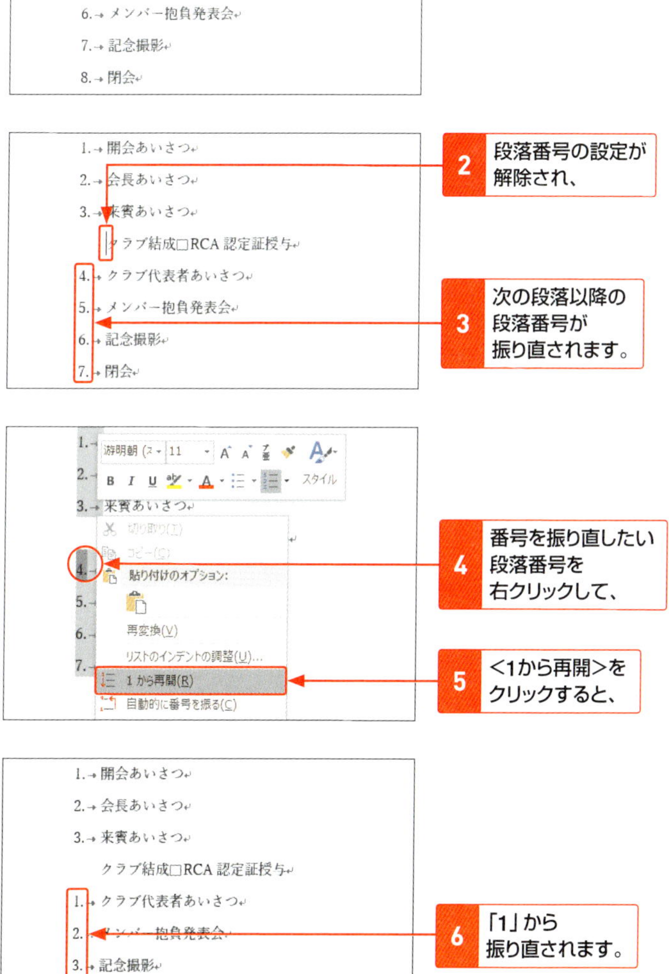

2 段落番号の設定が解除され、

3 次の段落以降の段落番号が振り直されます。

4 番号を振り直したい段落番号を右クリックして、

5 <1から再開>をクリックすると、

6 「1」から振り直されます。

40 改ページ位置を設定する

ページが切り替わる位置を手動で変えたい場合は、改ページ位置を設定します。また、改ページ位置の自動修正機能を利用すると、指定した条件に従ってページを区切ることもできます。

1 改ページ位置を手動で設定する

Keyword

改ページ

文章を別のページに分けることを「改ページ」、その位置を「改ページ位置」といいます。

Hint

そのほかの方法

<レイアウト>タブの<区切り>の▾をクリックして、<改ページ>をクリックします。

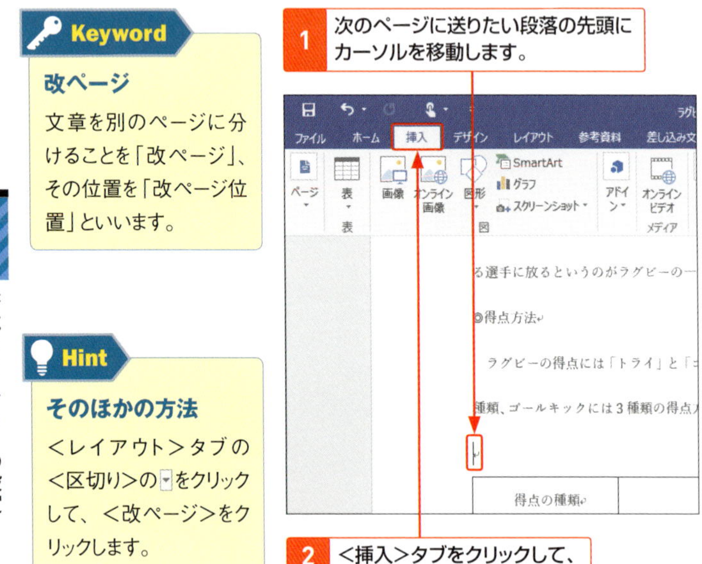

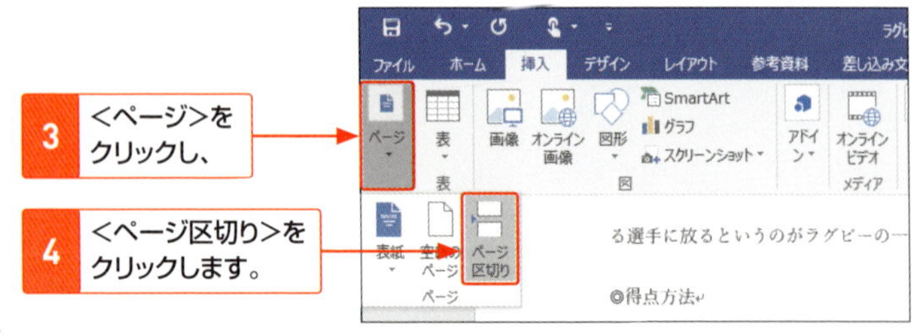

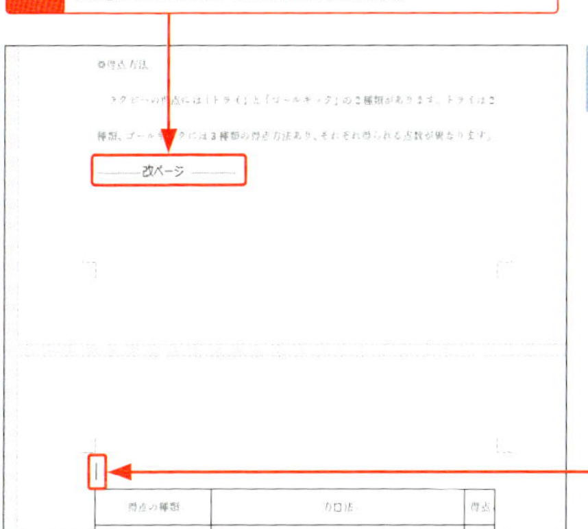

Memo

改ページの記号

改ページの記号が表示されない場合は、編集記号を表示します（P.49参照）。

6 カーソル以降の段落が、次のページに送られます。

2 改ページ位置の設定を解除する

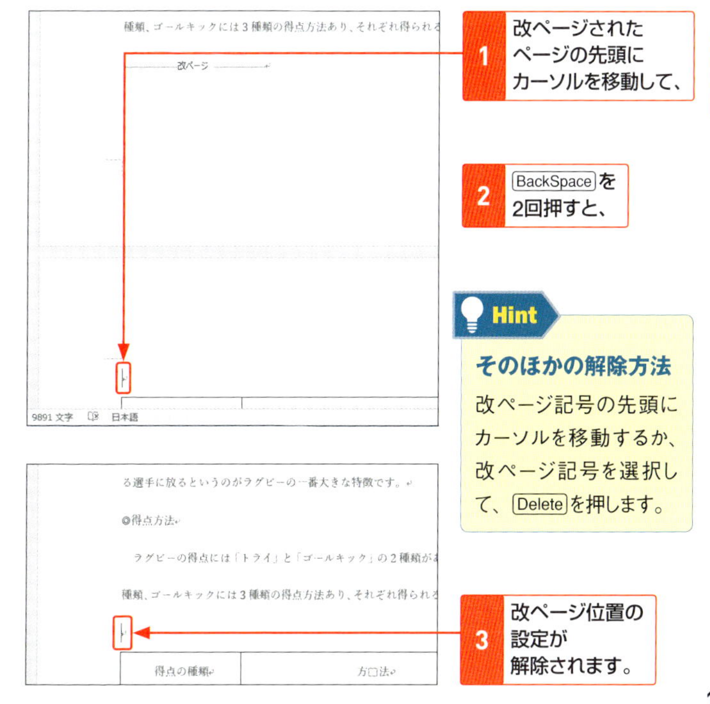

Hint

そのほかの解除方法

改ページ記号の先頭にカーソルを移動するか、改ページ記号を選択して、Delete を押します。

Section 41 ページ番号を挿入する

ページの上下の余白部分には、本文とは別に日付やタイトル、ページ番号などを挿入することができます。上の部分をヘッダー、下の部分をフッターといい、配置しやすいデザインも用意されています。

1 フッターにページ番号を挿入する

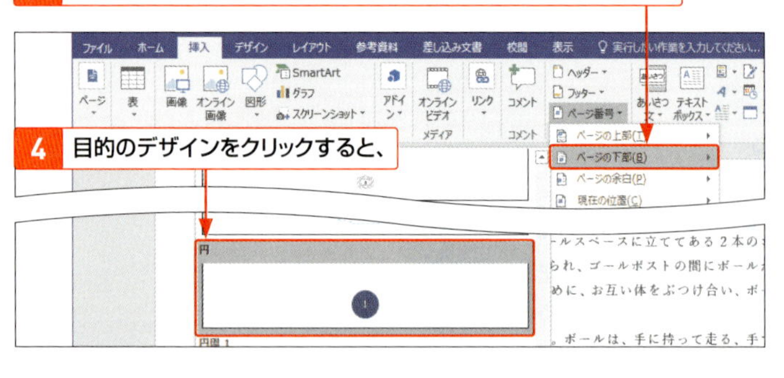

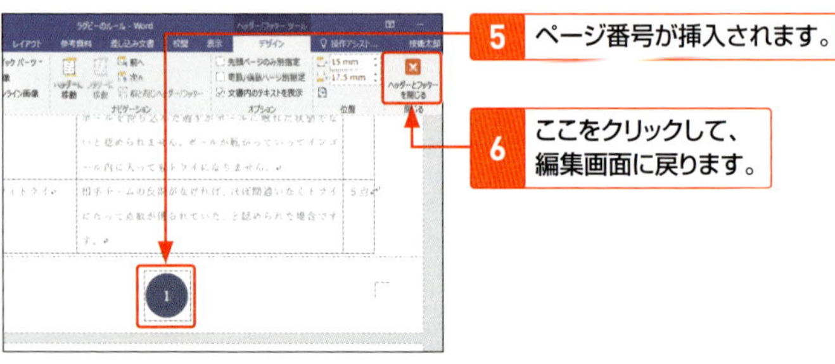

第4章

図形・画像の利用と文書の印刷

Section 42　イラストを挿入する
Section 43　文章内にイラストを配置する
Section 44　画像を挿入する
Section 45　画像に効果やスタイルを設定する
Section 46　図形を描く
Section 47　図形の色や太さを変更する
Section 48　ワードアートを作成する
Section 49　表を作成する
Section 50　文書を印刷する
Section 51　余白や向きを指定して印刷する

イラストを挿入する

文書内にイラストを挿入するには、Bingイメージ検索を利用して、インターネット上でイラストを探します。このため、パソコンをインターネットに接続しておく必要があります。

1 イラストを検索して挿入する

1 イラストを挿入したい位置にカーソルを移動して、

2 <挿入>タブの<オンライン画像>をクリックします。

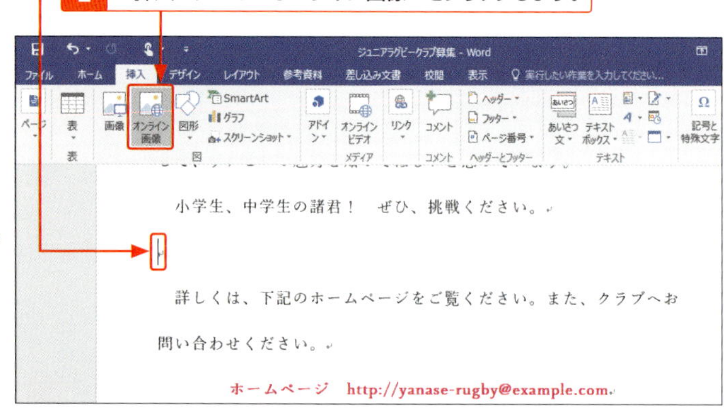

3 <Bingイメージ検索>にキーワードを入力して、Enterを押します。

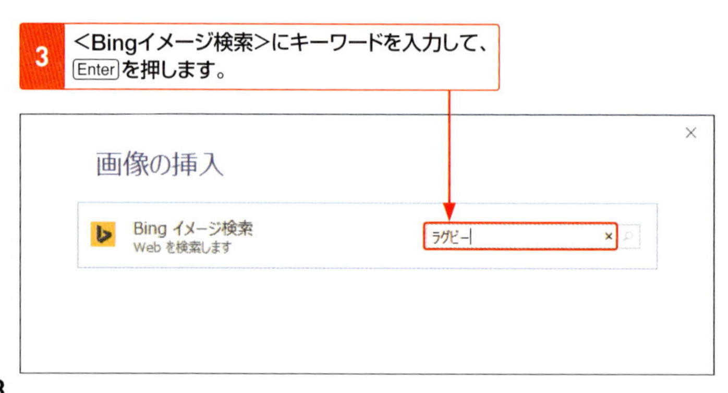

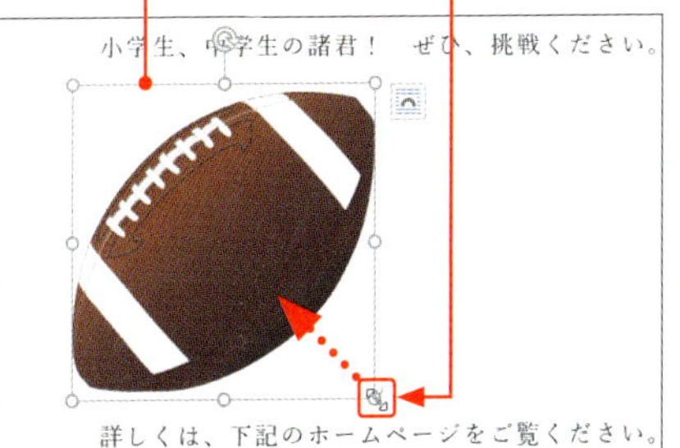

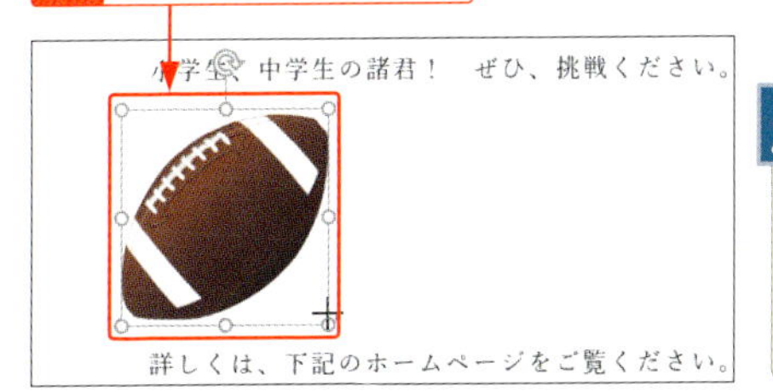

Hint

ライセンスの注意

インターネット上に公開されているイラストを利用する場合は、著作権に注意します。イラストをクリックすると、左下に出どころのリンクが表示されるので、クリックして著作権を確認します。自由に使ってよいものを選びましょう。

Memo

イラストの削除

イラストをクリックして、Delete を押します。

43 文章内にイラストを配置する

挿入したイラストは、自由に移動したり、文章をイラストの周りに配置したりできるように文字列の折り返しを指定します。イラストの近くに表示されるレイアウトオプションを利用します。

1 文字列の折り返しを設定する

Hint

そのほかの指定方法

<書式>タブの<文字列の折り返し>をクリックして、折り返しを指定します。

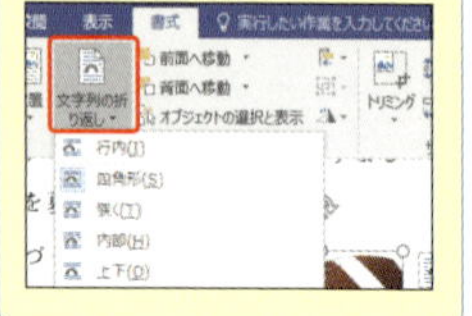

Keyword

文字列の折り返し

イラストを挿入した場合、文書内に固定されて配置されます。移動したり、オブジェクトの周りに文章を配置させたりする場合は、<文字列の折り返し>を<行内>以外に設定します。

1 イラストをクリックして選択します。

2 <レイアウトオプション>をクリックし、

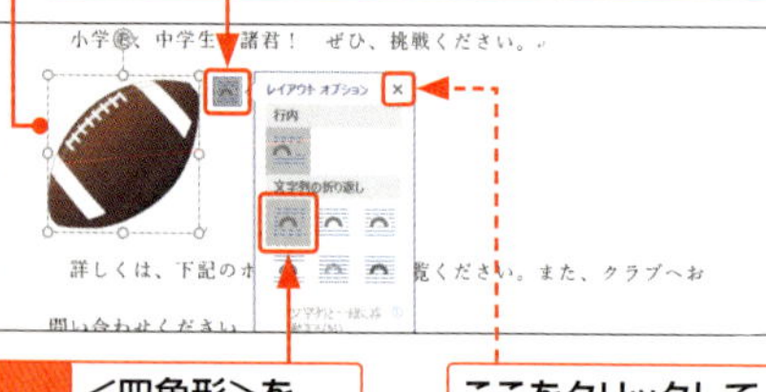

3 <四角形>をクリックすると、

ここをクリックして閉じます。

4 イラストの周りに文章が配置されます。

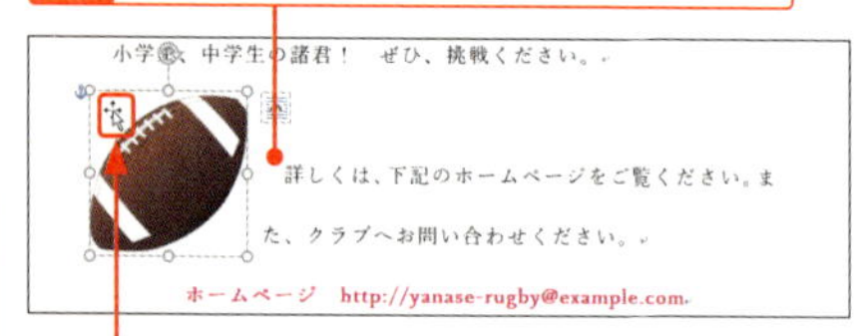

5 イラストにマウスポインターを合わせ、形が✥に変わった状態で、

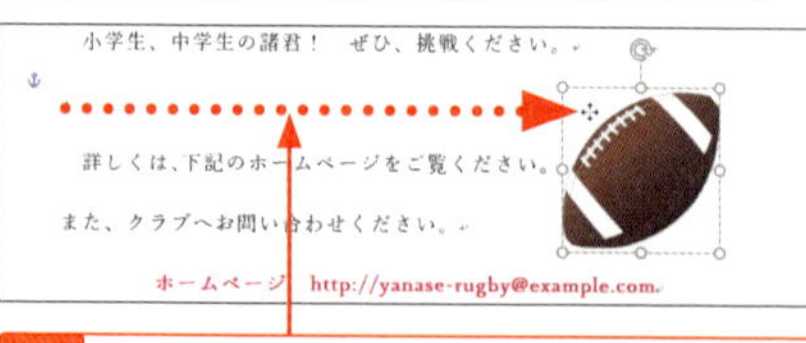

6 ドラッグすると、イラストを移動できます。

StepUp

文字列の折り返しの種類

挿入したイラストやテキストボックス、図、画像などのオブジェクトを、文章内でどのように配置するかを設定することができます。これを「文字列の折り返し」といい、オブジェクトを選択すると表示される＜レイアウトオプション＞、または＜書式＞タブの＜文字列の折り返し＞から設定します。

行内

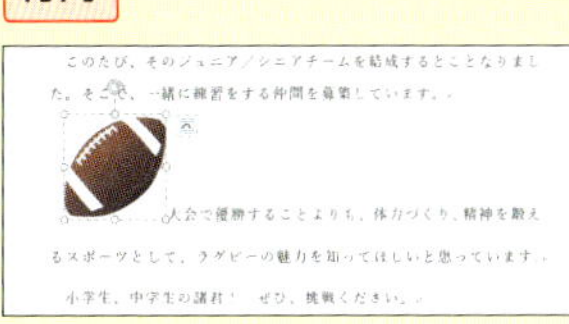

イラスト全体が1つの文字として文章中に挿入されます。

四角形

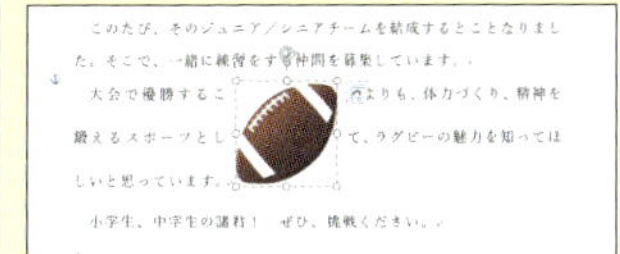

イラストの周囲に、四角形の枠に沿って文字列が折り返されます。

狭く

イラストの枠に沿って文字列が折り返されます。

内部

イラストの中の透明な部分にも文字列が配置されます。

上下

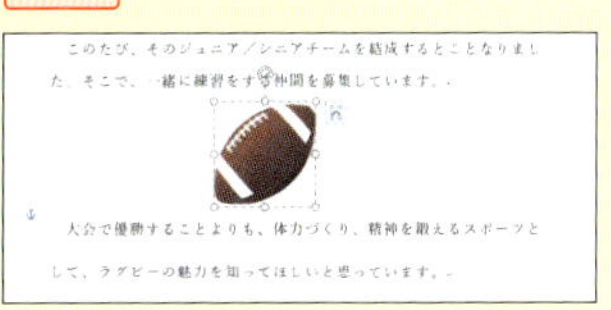

文字列がイラストの上下に配置されます。

背面

イラストを文字列の背面に配置します。文字列は折り返されません。

前面

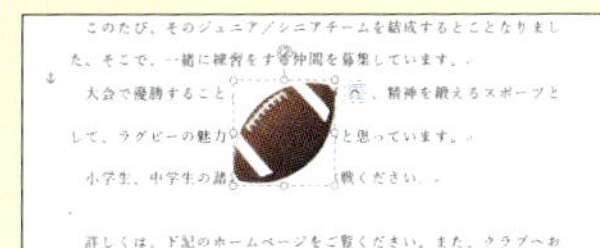

イラストを文字列の前面に配置します。文字列は折り返されません。

画像を挿入する

Wordでは、文書に画像（写真）を挿入することができます。自分で撮った写真や入手した画像データは、パソコン内に保存してから利用するとよいでしょう。

1 文書に画像を挿入する

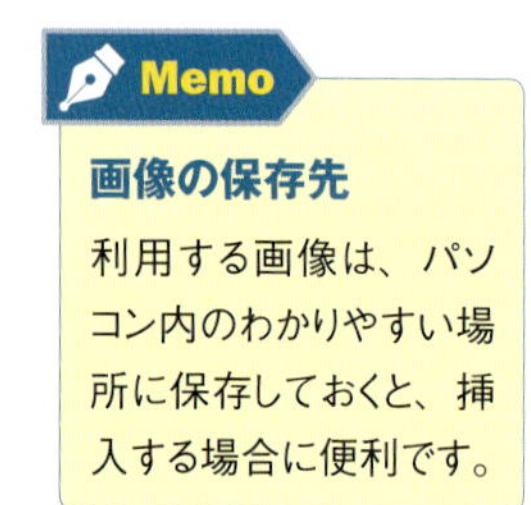

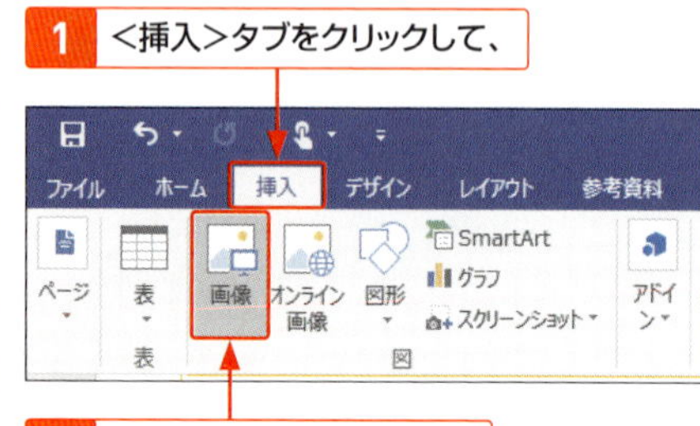

4 <挿入>をクリックします。

5 画像が挿入されます。

6 ハンドルにマウスポインターを合わせ、⤡の形に変わった状態でドラッグして、

> **Memo**
>
> **挿入した画像（写真）のサイズ**
>
> 写真によっては大きなサイズで挿入される場合があります。ここでは、操作しやすいように、サイズを調整しています。

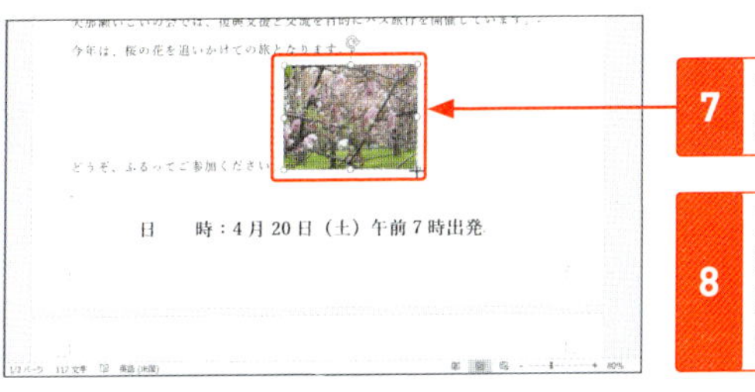

7 サイズを調整します。

8 文字列の折り返しを設定して（P.121参照）、文書内に配置します。

2 挿入した画像を削除する

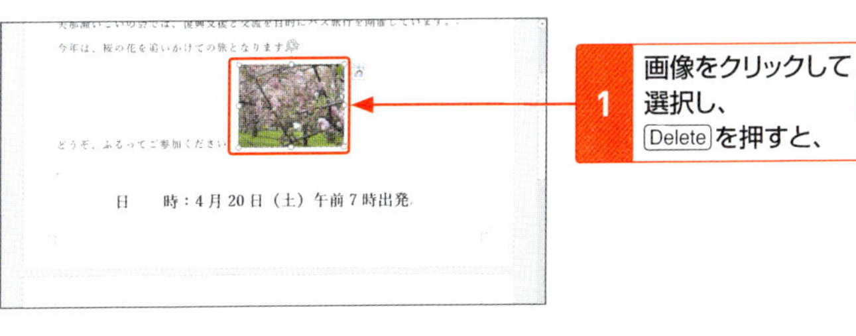

1 画像をクリックして選択し、Delete を押すと、

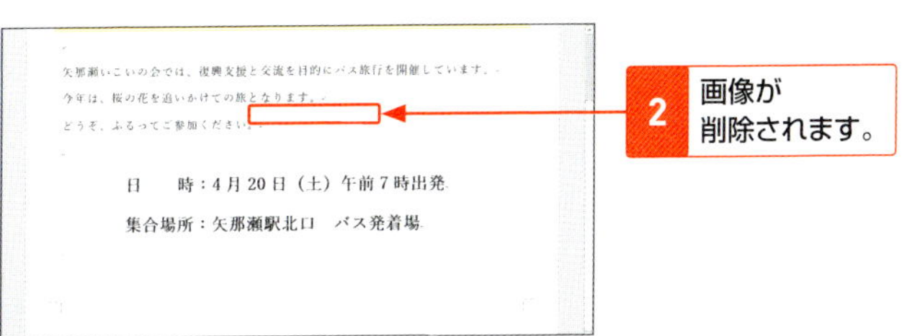

2 画像が削除されます。

画像に効果やスタイルを設定する

挿入した画像は、額縁のような枠や周りをぼかすなどのスタイルを設定することができます。また、パステル調などのアート効果を付けたり、画像の背景を削除したりすることもできます。

1 画像にスタイルを設定する

1 画像をクリックして選択します。

2 <書式>タブの<その他>をクリックします。

3 スタイルをポイントすると、プレビュー表示されます。

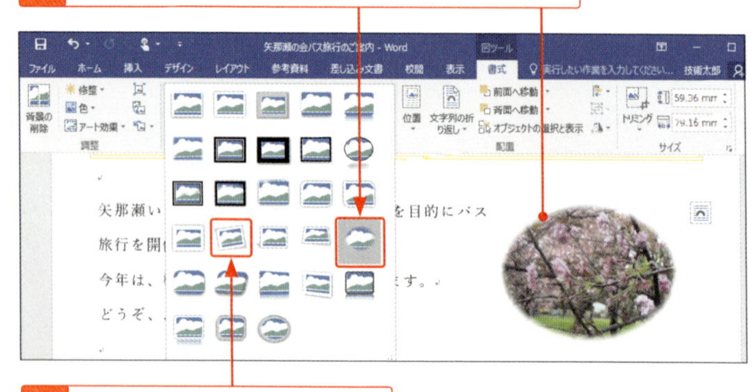

4 目的のスタイルをクリックすると、

5 スタイルが設定されます。

頭の会　バス旅行のご案内

復興支援と交流を目的にバ

。

けての旅となります。

ください。

Hint

スタイルの解除

画像を選択して、＜書式＞タブの＜図のリセット＞ をクリックします。

StepUp

画像にアート効果を設定する

Wordには、画像にアート効果を施す機能が用意されています。画像を選択して、＜書式＞タブの＜アート効果＞をクリックして、目的の効果をクリックします。効果を解除するには、＜アート効果＞をクリックして左上の＜なし＞を選択するか、＜書式＞タブの＜図のリセット＞ をクリックします。

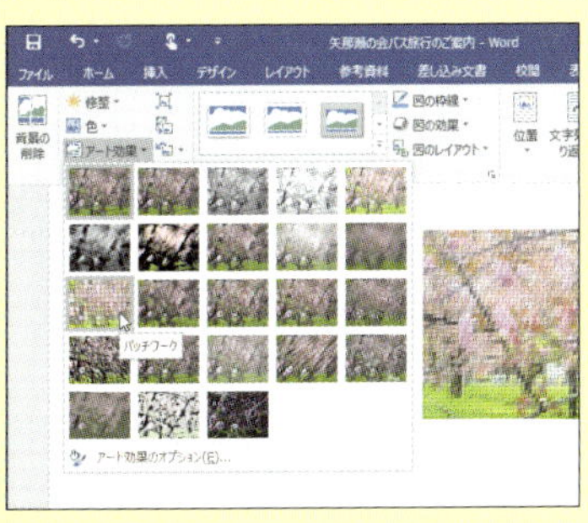

2 画像の明るさを修整する

1 画像を選択して、

2 ＜書式＞タブの＜修整＞をクリックします。

3 画像の修整候補が表示されます。

現在の画像

Memo

明るさの修整

写真を印刷すると暗くなる場合、あるいは白くなる場合は、<明るさ／コントラスト>から選んで、画像の修整するとよいでしょう。

4 <明るさ／コントラスト>から明るさのちょうどよいものをクリックします。

3 画像の背景を削除する

1 画像をクリックして選択し、

見やすいように背景に色を付けています。

2 <書式>タブの<背景の削除>をクリックします。

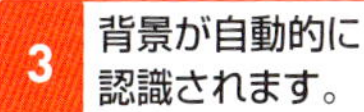

3 背景が自動的に認識されます。

4 ＜変更を保持＞をクリックすると、

5 画像の背景が削除されます。

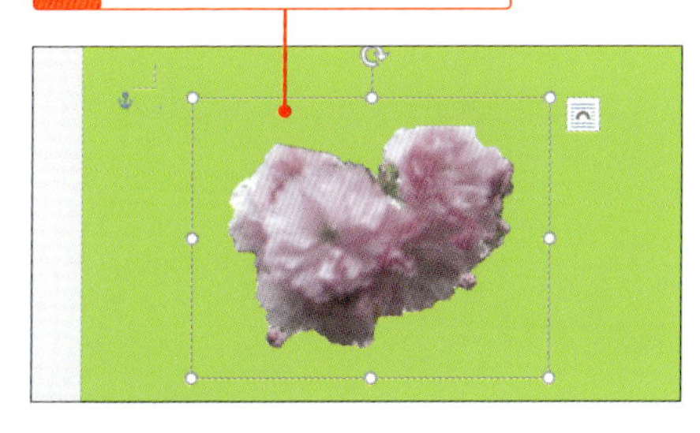

StepUp

削除部分を修正する

手順**3**で削除したい部分が残っていたら、＜背景の削除＞タブの＜削除する領域としてマーク＞をクリックして、その部分をクリックします。反対に、削除したくない部分が削除の対象範囲に含まれていたら、＜背景の削除＞タブの＜保持する領域としてマーク＞をクリックして、その部分をクリックします。

Memo

背景の削除

Wordには、画像の背景を削除する機能が用意されています。不要な背景を消したいときに利用します。ただし、写真によっては背景を認識できない場合があります。

Hint

削除する領域を調整する

周りのハンドル○をドラッグして、削除する範囲を調整できます。

Hint

背景の削除を取り消す

＜背景の削除＞タブの＜すべての変更を破棄＞をクリックします。＜変更を保持＞をクリックしたあとなら、＜書式＞タブの＜図のリセット＞をクリックします。

46 図形を描く

四角形や直線などの単純な図形は、<挿入>タブの<図形>から選んでドラッグするだけで、かんたんに描くことができます。描いた図形のサイズを、正確な数値にすることもできます。

1 四角形を描く

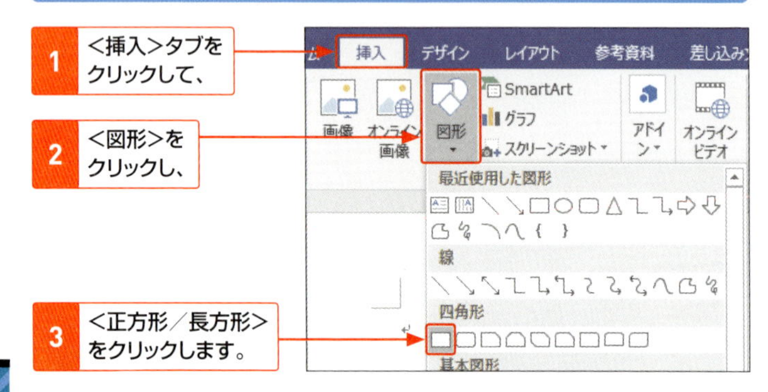

1 <挿入>タブをクリックして、

2 <図形>をクリックし、

3 <正方形/長方形>をクリックします。

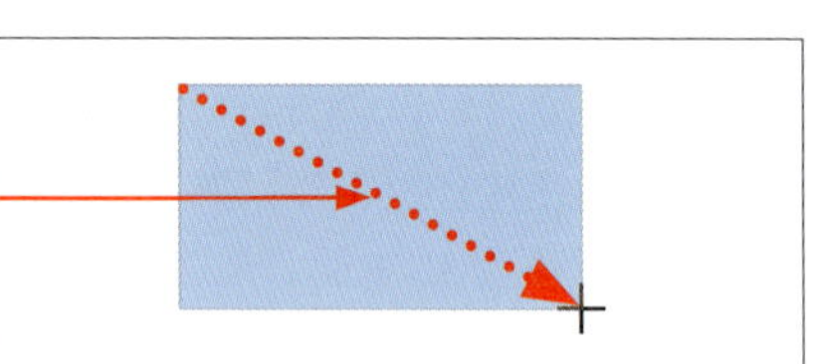

4 マウスポインターが+になった状態で、作成したいサイズをドラッグすると、

5 四角形が描かれます。

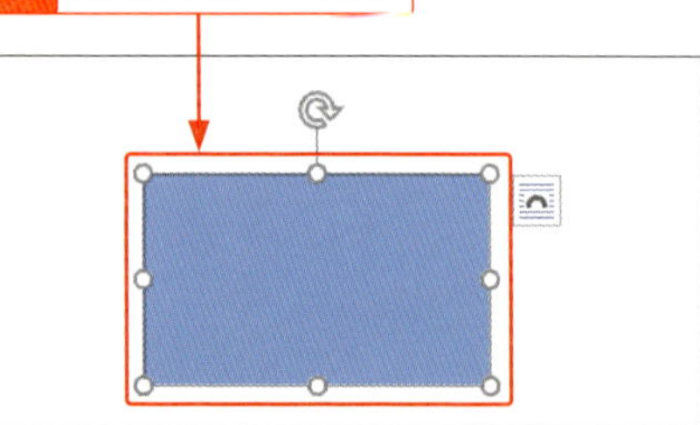

Hint

正方形を描く

手順5で、Shiftを押しながらドラッグします。あるいは、手順4でドラッグせずに、クリックするだけで各辺が同じ図形を作成できます。

2 図形のサイズを調整する

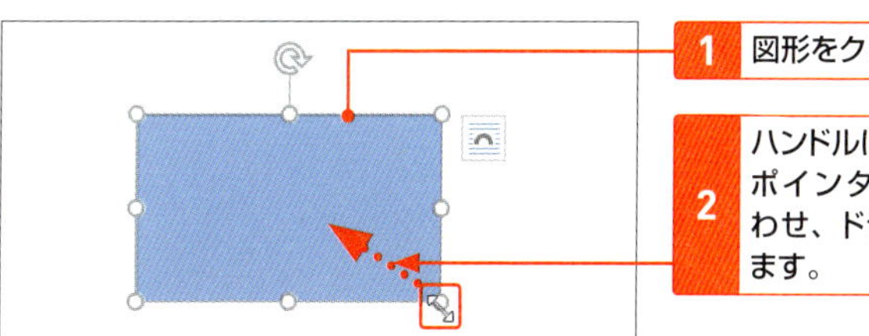

1 図形をクリックして、

2 ハンドルにマウスポインターを合わせ、ドラッグします。

3 図形のサイズが変更できます。

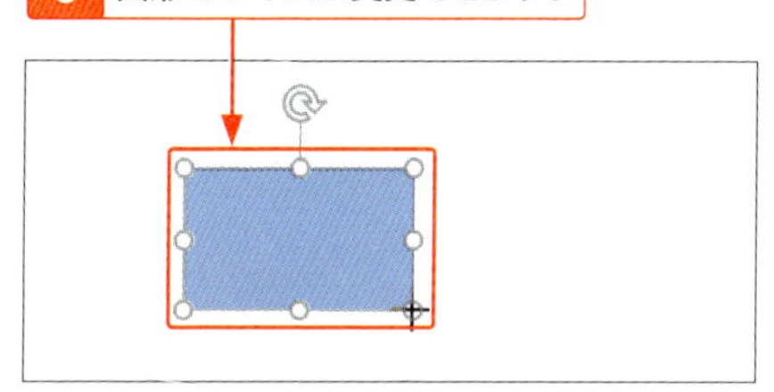

Hint

縦横比を維持する

手順 **2** で Shift を押しながらドラッグすると、もとの図形の縦横比を維持してサイズを変更できます。

Hint

サイズを数値で指定する

部屋のレイアウト図など縮小サイズで作成する場合、正確な数値でサイズを指定する必要があります。図形をクリックして、＜書式＞タブの＜サイズ＞で＜高さ＞と＜幅＞ボックスに数値を入力します。

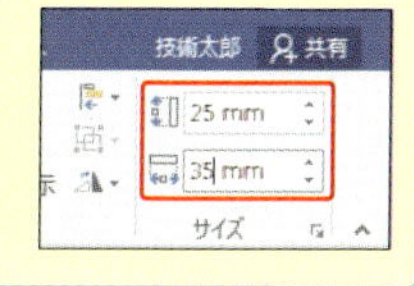

StepUp

描画キャンバスを利用する

地図など複数の図形をまとめて扱う場合は、描画キャンバスの中に図を作成するとよいでしょう。描画キャンバスを作成するには、＜挿入＞タブの＜図形＞をクリックして、いちばん下の＜新しい描画キャンバス＞をクリックします。

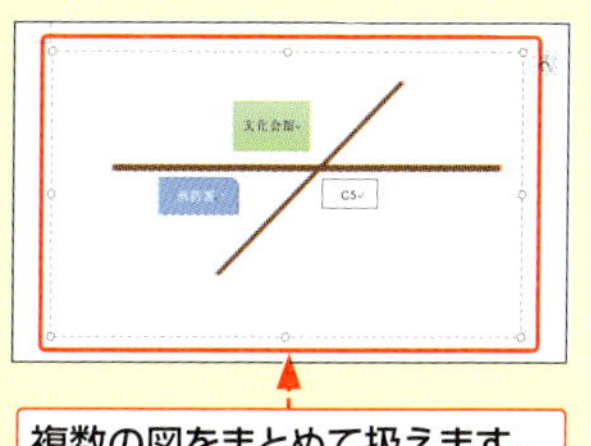

複数の図をまとめて扱えます。

3 直線を引く

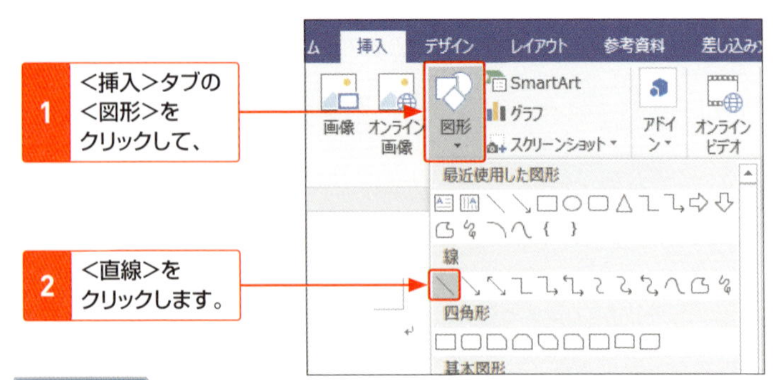

1 <挿入>タブの<図形>をクリックして、

2 <直線>をクリックします。

3 マウスポインターの形が+になった状態でドラッグすると、

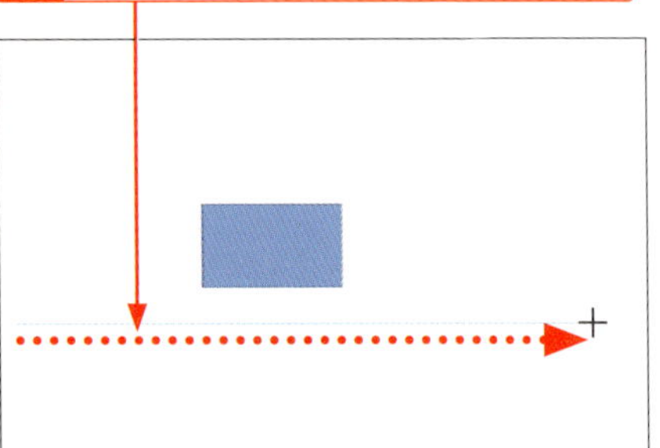

4 直線が引かれます。

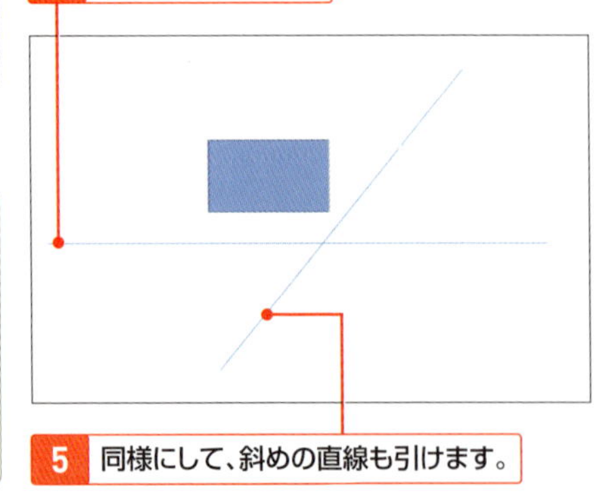

5 同様にして、斜めの直線も引けます。

Memo

<図形>コマンド

図を選択している場合は、<書式>タブの<図形>からも図形を選択できます。

Hint

水平に直線を引く

手順3で Shift を押しながらドラッグすると、線を水平に引くことができます。

Memo

点線を引く

点線は、枠線の種類を変更することで描くことができます(P.133のHint参照)。

4 吹き出しを描く

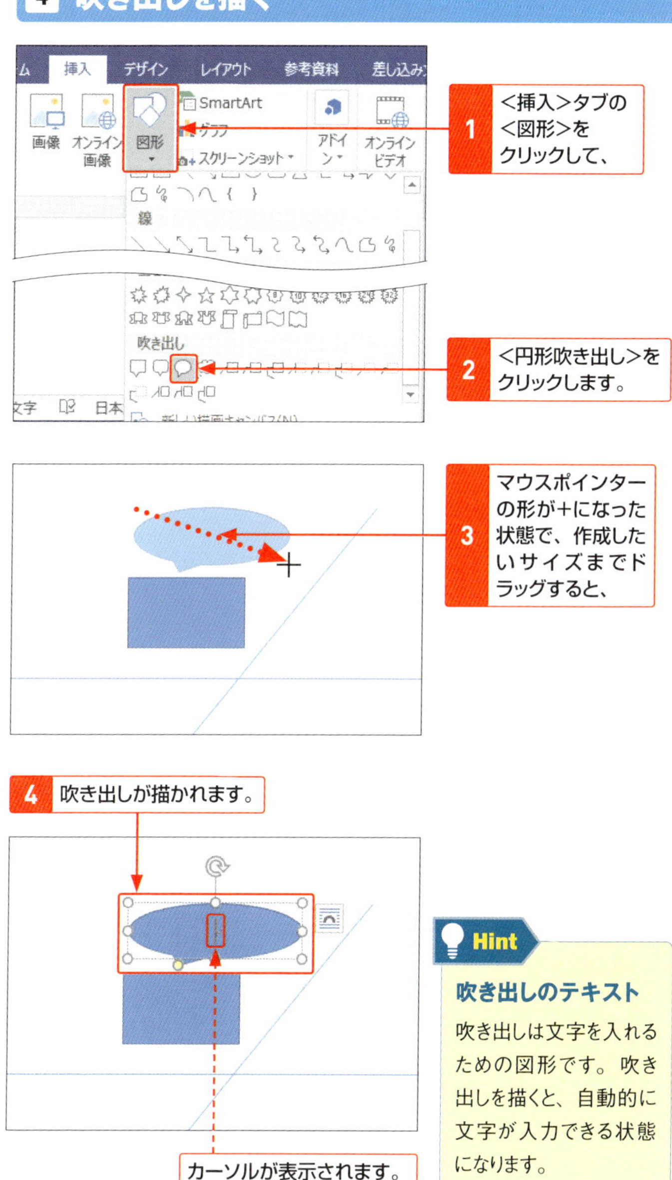

Hint

吹き出しのテキスト

吹き出しは文字を入れるための図形です。吹き出しを描くと、自動的に文字が入力できる状態になります。

図形の色や太さを変更する

図形の塗りつぶしの色を変更するには、<書式>タブの<図形の塗りつぶし>から選択します。図形の枠線の太さや色を変更するには、<書式>タブの<図形の枠線>から選択します。

1 図形の塗りつぶしの色を変更する

Memo

枠線の変更

図形は、図の中と枠線に色が付いています。色を変更するには、図の中だけでなく、枠線も変更する必要があります。また、枠線が不要な場合は、<図形の枠線>の右側をクリックして、<線なし>をクリックします。

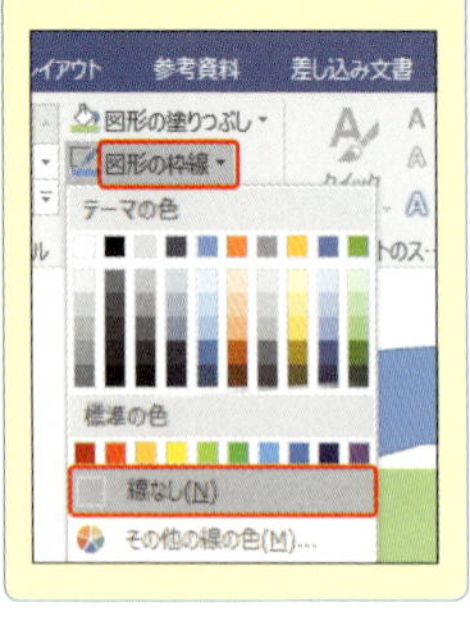

1 図形をクリックして選択し、

2 <書式>タブの<図形の塗りつぶし>の右側をクリックして、

3 目的の色をクリックすると、

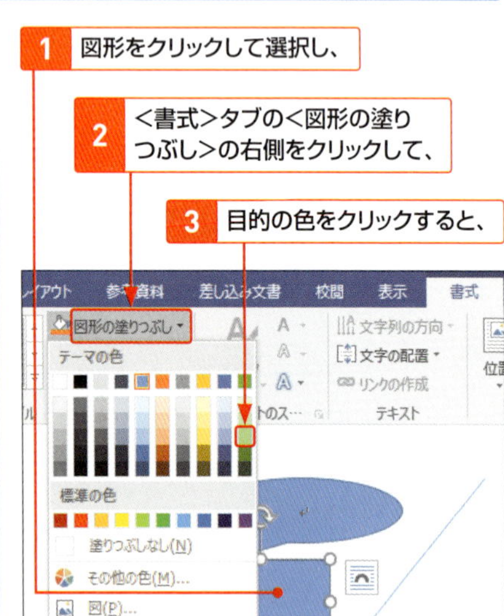

4 塗りつぶしの色が変更されます。

Memo参照

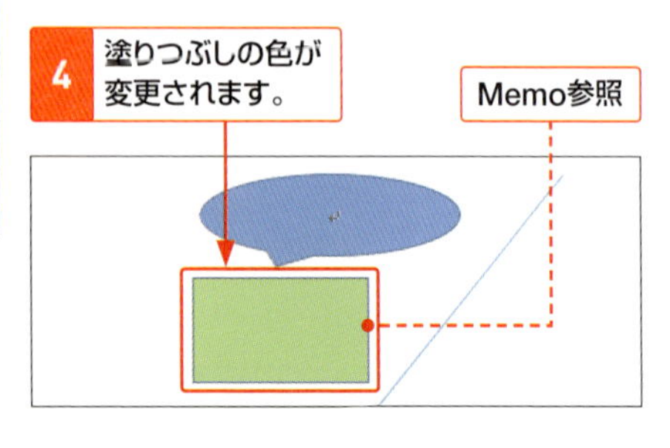

2 線の太さと色を変更する

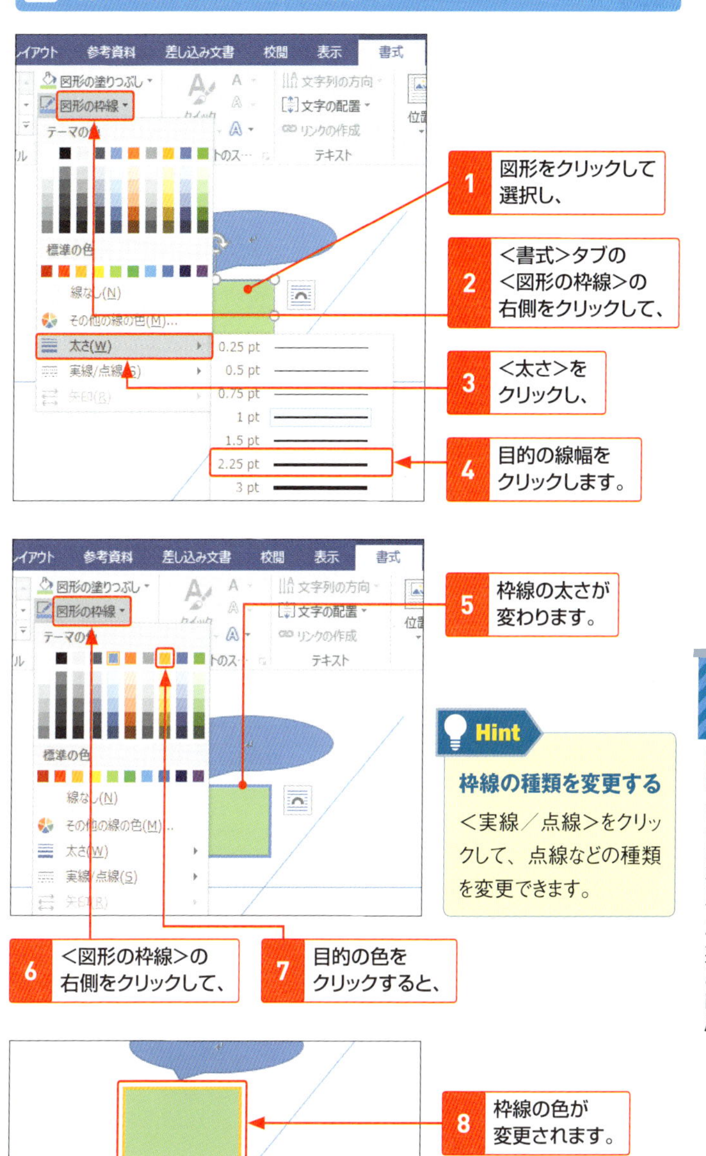

Hint

枠線の種類を変更する

<実線／点線>をクリックして、点線などの種類を変更できます。

48 ワードアートを作成する

Wordには、デザイン効果を加えた文字をオブジェクトとして作成できるワードアート機能が用意されています。デザインの中から選択するだけで、効果的な文字を作成することができます。

1 ワードアートを挿入する

1 文字列を選択します。

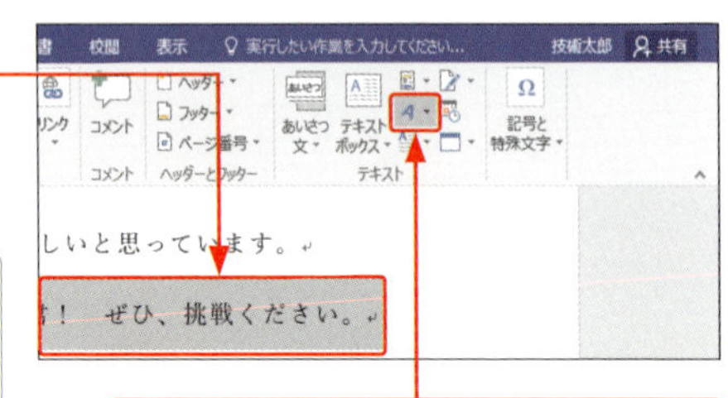

2 <挿入>タブの<ワードアートの挿入>をクリックし、

3 デザインをクリックします。

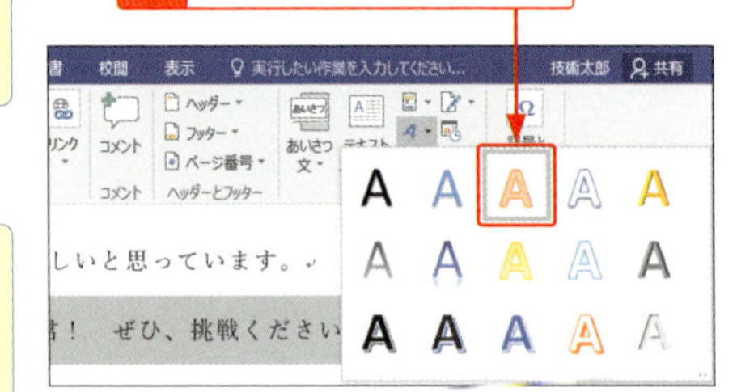

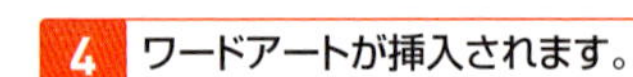

4 ワードアートが挿入されます。

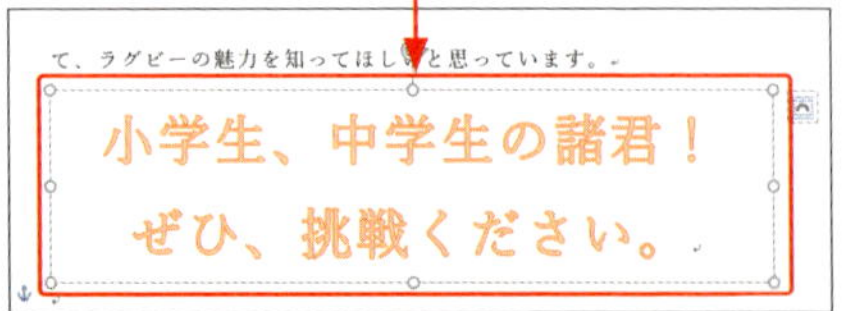

Keyword

ワードアート

デザインされた文字を作成する機能、または、ワードアートの文字そのもののことです。ワードアートは図と同様に扱うことができます。

Hint

あとから文字を入力する

文字を選択せずに、ワードアートを挿入してから、文字を入力することもできます。

2 ワードアートを移動する

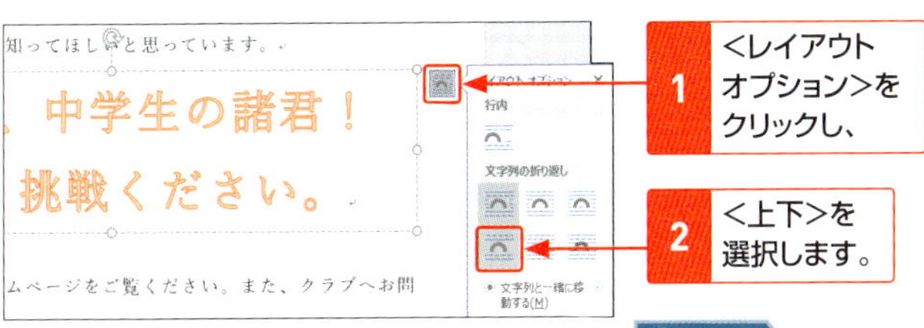

3 枠線上にマウスポインターを合わせ、形が に変わった状態で、

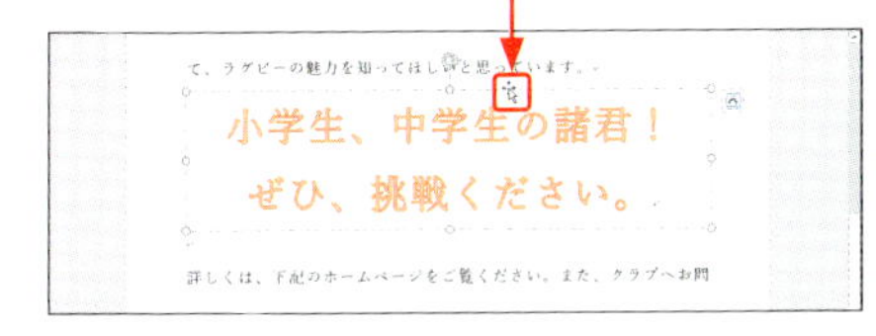

4 ドラッグすると、移動できます。

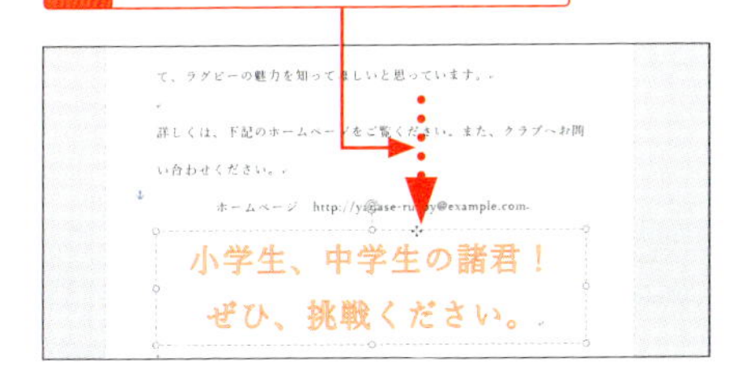

Hint

文字列の折り返し

ワードアートを移動するには、文字列の折り返し（P.121参照）を変更する必要があります。

Memo

ワードアートの編集

通常の文字と同様に、フォントやフォントサイズ、色などの変更や、図形と同様にサイズの変更ができます。

StepUp

ワードアートに効果を付ける

<書式>タブの<文字の効果> には、形状を変形したり、効果を付けたりする機能が用意されています。

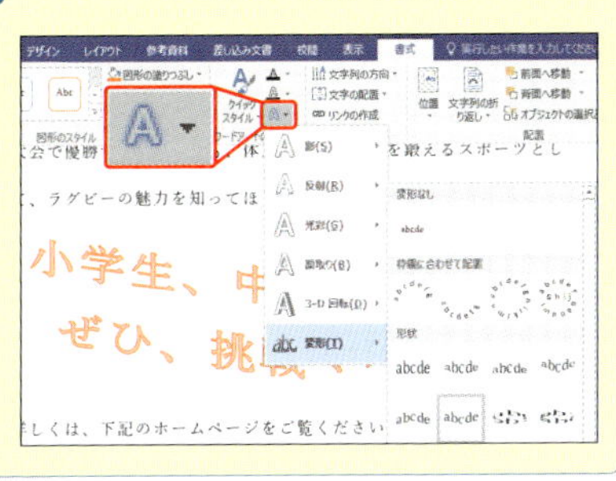

49 表を作成する

表のデータ数がわかっているときには、**行と列の数を指定**して、**表の枠組みを作成**してからデータを入力します。また、ドラッグして罫線を1本ずつ引いて作成することもできます。

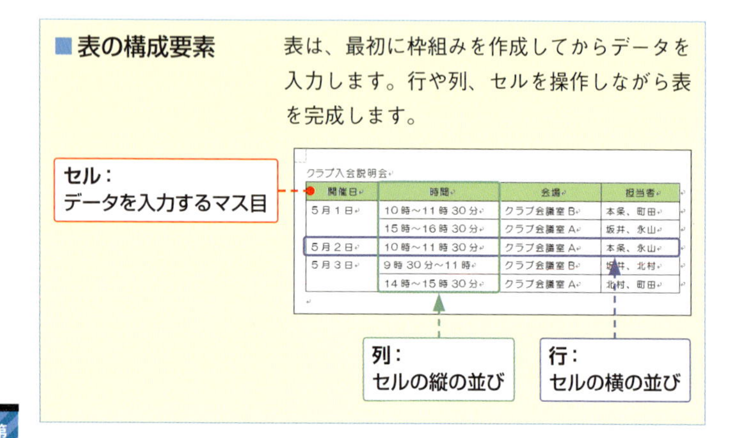

開催日	時間	会場	担当者
5月1日	10時～11時30分	クラブ会議室B	本条、町田
	15時～16時30分	クラブ会議室A	坂井、永山
5月2日	10時～11時30分	クラブ会議室A	本条、永山
5月3日	9時30分～11時	クラブ会議室B	坂井、北村
	14時～15時30分	クラブ会議室A	北村、町田

1 行と列の数を指定して表を作成する

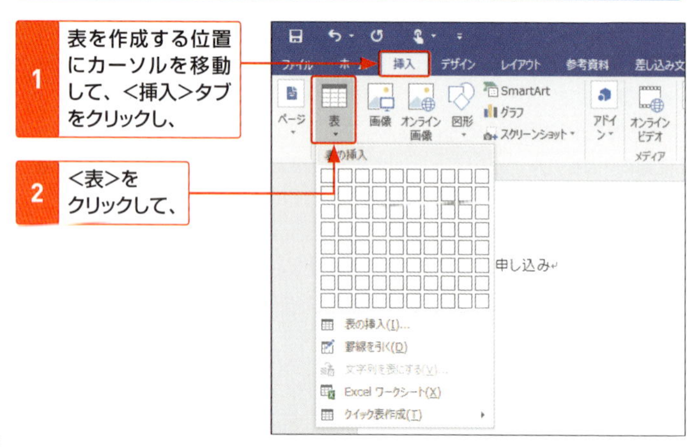

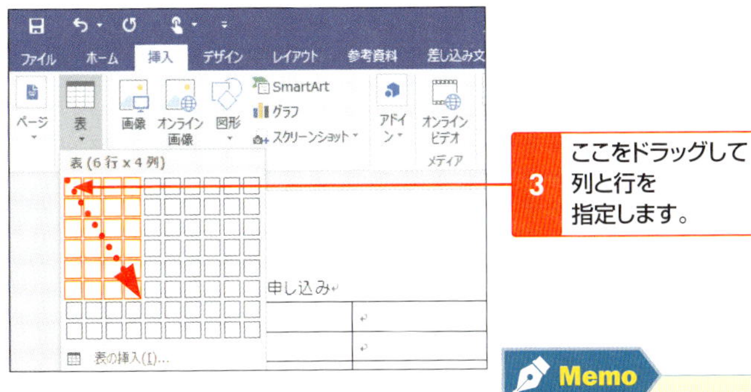

3 ここをドラッグして列と行を指定します。

4 指定した行列数で表が作成されます。

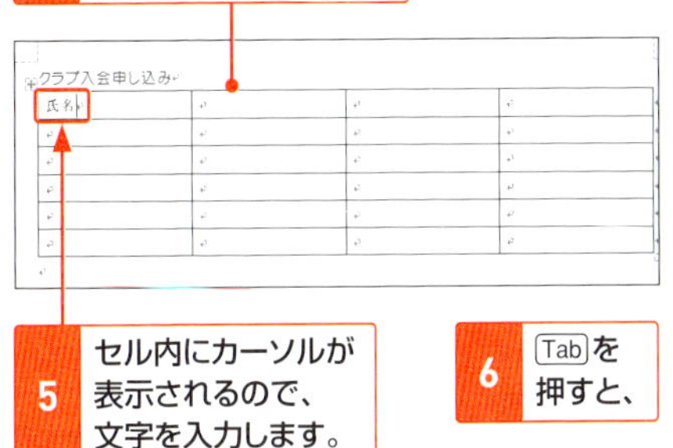

5 セル内にカーソルが表示されるので、文字を入力します。

6 Tab を押すと、

7 右のセルにカーソルが移動します。

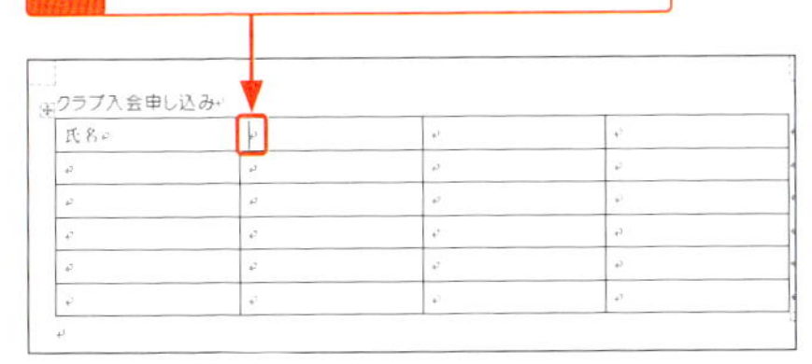

8 表のデータをすべて入力します。

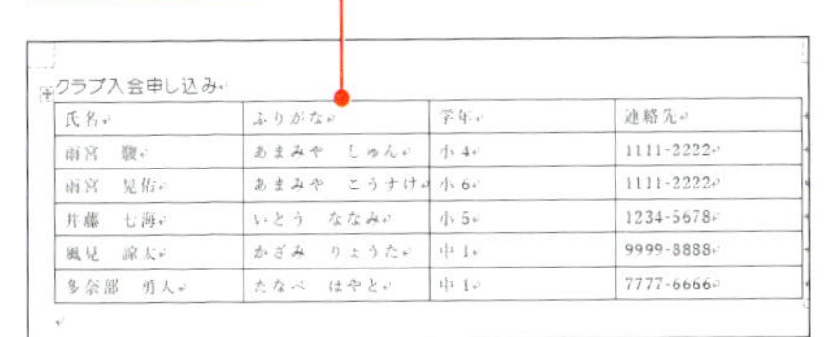

クラブ入会申し込み

氏名	ふりがな	学年	連絡先
雨宮　駿	あまみや　しゅん	小4	1111-2222
雨宮　晃佑	あまみや　こうすけ	小6	1111-2222
井藤　七海	いとう　ななみ	小5	1234-5678
風見　涼太	かざみ　りょうた	中1	9999-8888
多奈部　勇人	たなべ　はやと	中1	7777-6666

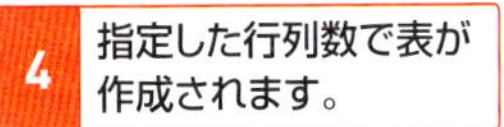

Memo

そのほかの作成方法

手順 3 の画面で＜表の挿入＞をクリックして、表示される＜表の挿入＞画面に列数と行数を指定します。

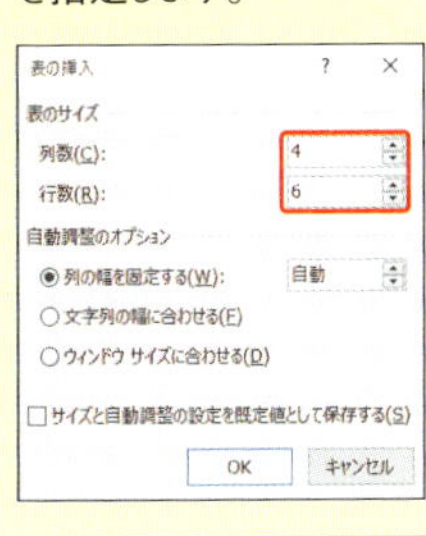

Hint

セル間の移動方法

セル間は、Tab で右のセルへ、Shift + Tab で左のセルへ移動します。目的のセル内をクリックして入力してもかまいません。

Section 50

文書を印刷する

文書が完成したら、印刷してみましょう。印刷の前に、印刷プレビューで印刷イメージを確認します。<印刷>画面では、ページ設定の確認、プリンターや印刷する条件などを設定できます。

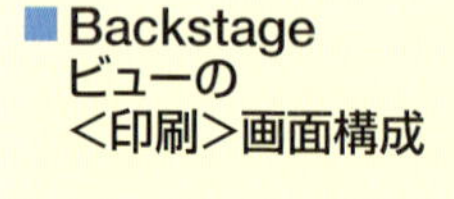

Word 2016は、Backstageビューの<印刷>画面に、印刷プレビューやプリンターの設定、印刷内容の設定など印刷を実行するための機能がまとまって用意されています。

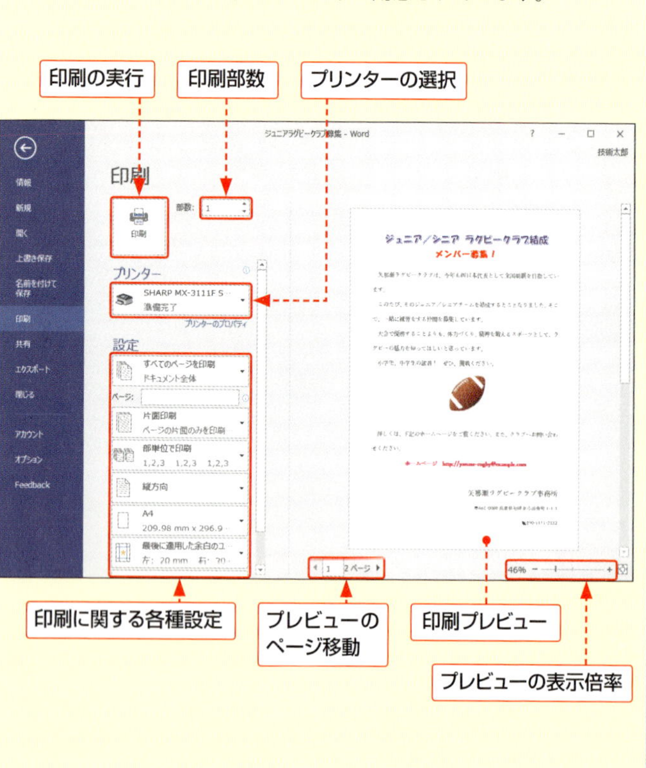

1 印刷の前に印刷イメージを確認する

1 印刷する文書を開き、

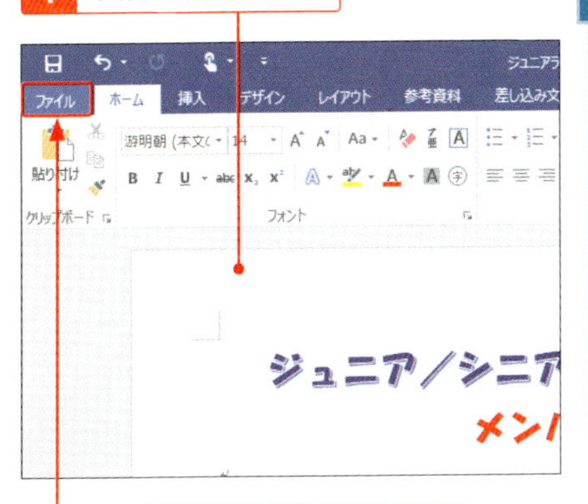

2 <ファイル>タブをクリックして、

3 <印刷>をクリックすると、

4 Backstageビューに印刷プレビューが表示されます。

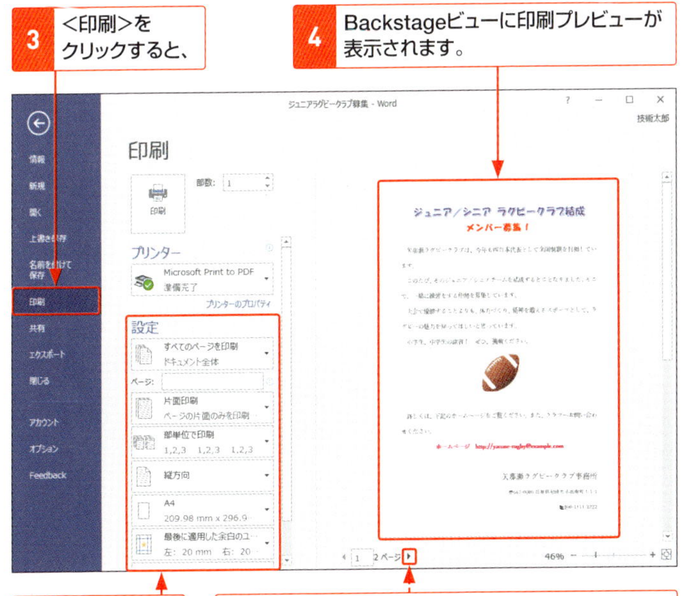

5 ページ設定を確認します。

複数ページある場合は、<次ページ>をクリックして、2ページ目以降を確認します。

Hint

印刷プレビューの表示倍率

印刷プレビューの表示倍率を変更するには、印刷プレビューの右下にあるズームスライダーをドラッグするか、左右の<拡大>、<縮小>をクリックします。

2 プリンターで文書を印刷する

Memo

印刷する前に

プリンターの電源と用紙がセットされていることを確認します。また、手順1でプリンターを設定した場合、必ず＜準備完了＞と表示されていることを確認してください。

Memo

印刷部数の指定

初めて印刷する場合は、試し印刷で印刷の仕上がりを確認してから、＜部数＞に必要枚数を指定します。

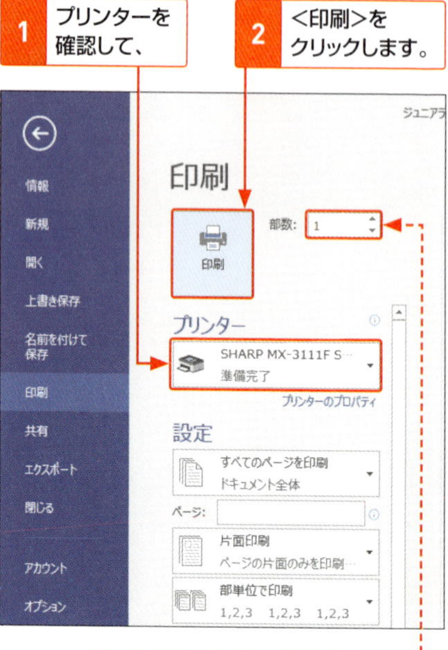

初めての場合は、＜部数＞は「1」で印刷します。

Hint

白黒印刷にする

文字に色を付けたり、カラーの写真を挿入していても、白黒（モノクロ）で印刷する場合は、プリンターの設定を変更します。＜プリンターのプロパティ＞をクリックして、＜プリンターのプロパティ＞画面を表示し、白黒印刷の項目に設定します。この項目は、プリンターの機種によって異なります。詳しくは、プリンターのマニュアルでご確認ください。

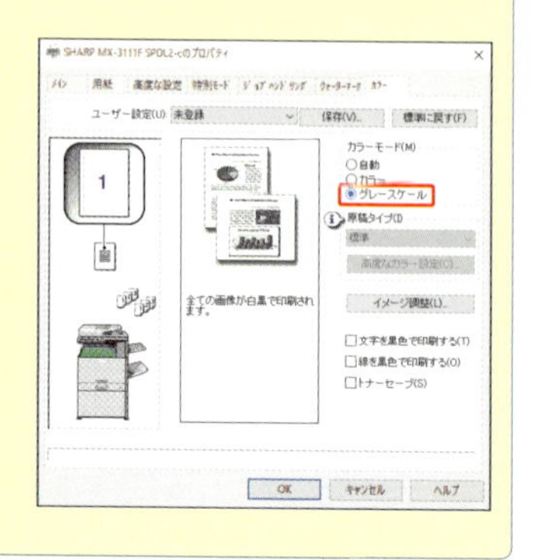

3 用紙の向きを変える

縦方向を横方向に変更します。

1 ここをクリックして、

2 <横方向>をクリックします。

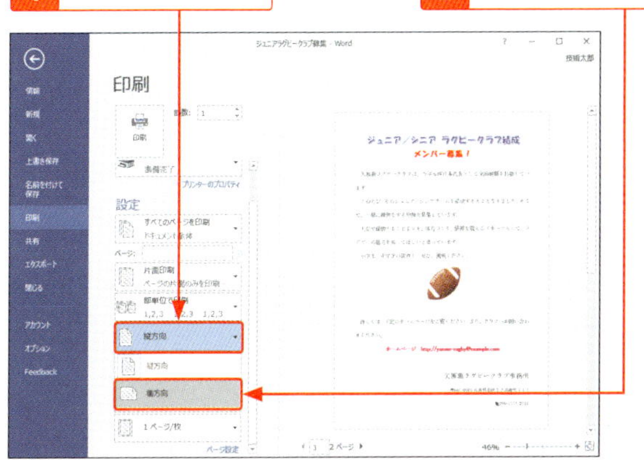

3 用紙の向きが変更になります。印刷プレビューで確認をします。

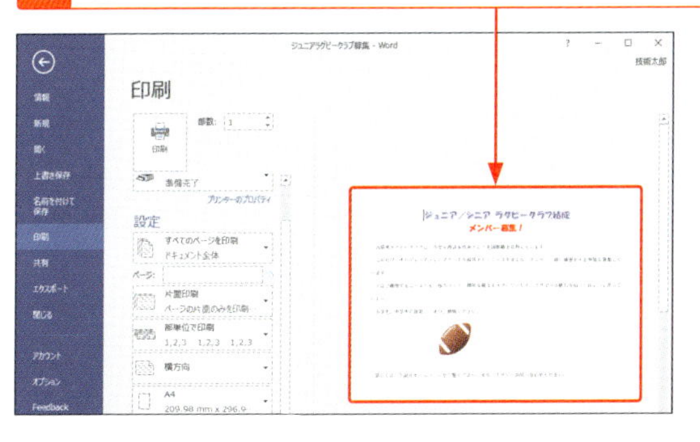

Memo

用紙の向き

用紙の向きは、文書作成の最初にページ設定（P.94参照）で設定していますが、ここで変更することもできます。ただし、図などを配置している場合は、レイアウトが崩れてしまう可能性があるので注意が必要です。必ず印刷プレビューを確認してください。

51 余白や向きを指定して印刷する

Wordの印刷では、文書内の一部分だけや、ページ範囲を指定して印刷することができます。また、部数を指定したり、両面印刷にしたり、目的に合わせた印刷設定をすることができます。

1 印刷する範囲を指定する

Memo

文書の一部を印刷する

あらかじめ印刷する範囲を選択して、<選択した部分を印刷>を指定します。なお、印刷プレビューに選択範囲は表示されません。

1 印刷したい部分を選択します。

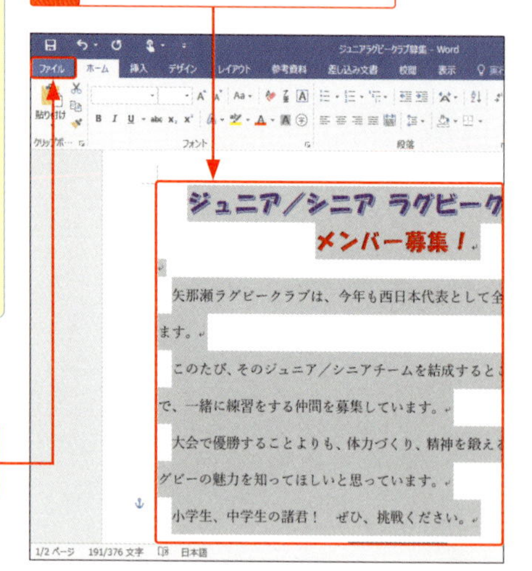

2 <ファイル>タブをクリックして、

Hint

印刷するページ範囲を指定する

<すべてのページを印刷>の下の<ページ>に印刷したいページ範囲を「2-5」（2～5ページまで）のように指定します。

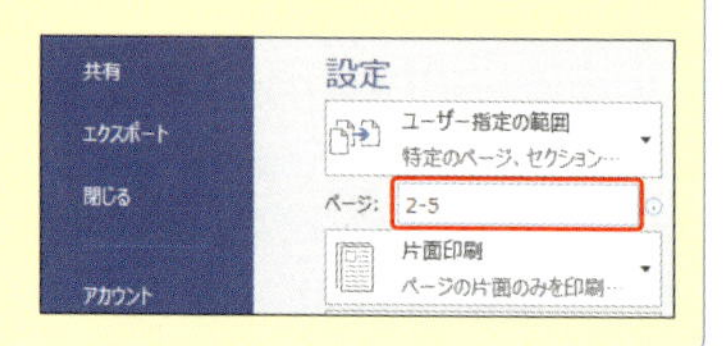

3 <印刷>をクリックします。

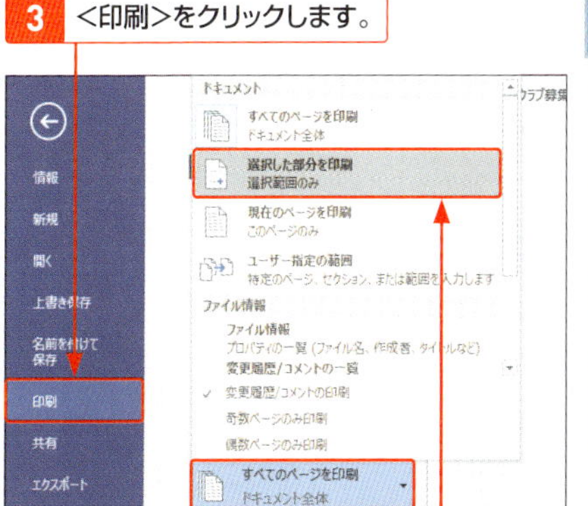

4 ここをクリックして、

5 <選択した部分を印刷>をクリックします。

> **Memo**
>
> **現在のページを印刷**
>
> <すべてのページを印刷>をクリックして、<現在のページを印刷>を指定すると、カーソルが置いてあるページ(現在のページ)のみを印刷することができます。

2 複数ページの印刷方法を指定する

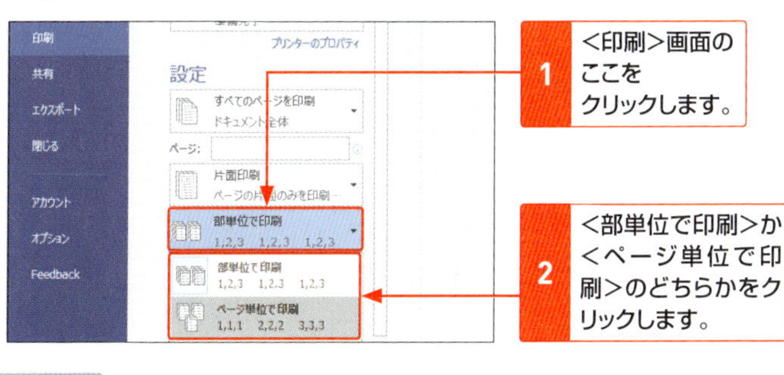

1 <印刷>画面のここをクリックします。

2 <部単位で印刷>か<ページ単位で印刷>のどちらかをクリックします。

> **Hint**
>
> **部単位とページ単位で印刷**
>
> 複数ページを印刷する場合、部単位で印刷するか、ページ単位で印刷するかを指定できます。<部単位で印刷>は、複数ページをひとまとまりの部として指定した部数が印刷されます。<ページ単位で印刷>は、1ページ目が指定した部数で印刷され、次に2ページ目、3ページ目と順に印刷されます。

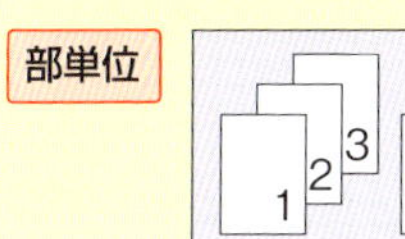

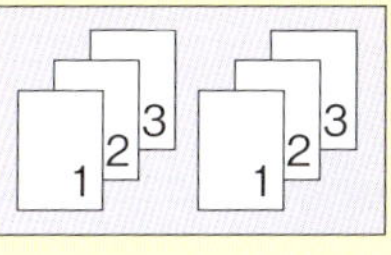

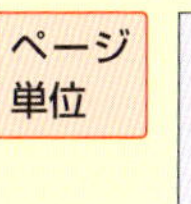

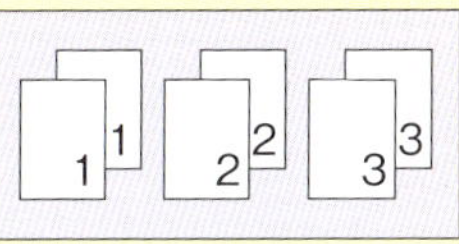

3 両面印刷する

Hint

長辺／短辺を綴じる

自動の両面印刷では、文書が縦置きの場合は<両面印刷（長辺を綴じます）>、横置きの場合は<両面印刷（短辺を綴じます）>を指定します。

1 <片面印刷>をクリックし、

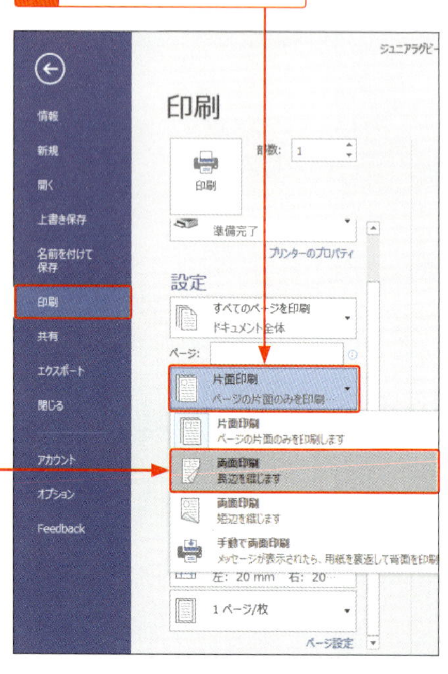

2 <両面印刷（長辺を綴じます）>をクリックします。

StepUp

自動両面印刷と手動両面印刷

自動で両面を印刷するには、ソーサー付きのプリンターでなければできません。片面しか印刷できないプリンターの場合は、手順 **2** で<手動で両面印刷>をクリックします。通常に片面を印刷したら、用紙セットのメッセージが表示されるので、印刷した用紙をプリンターの用紙カセットにセットし直します。<OK>をクリックすると、裏面が印刷されます。

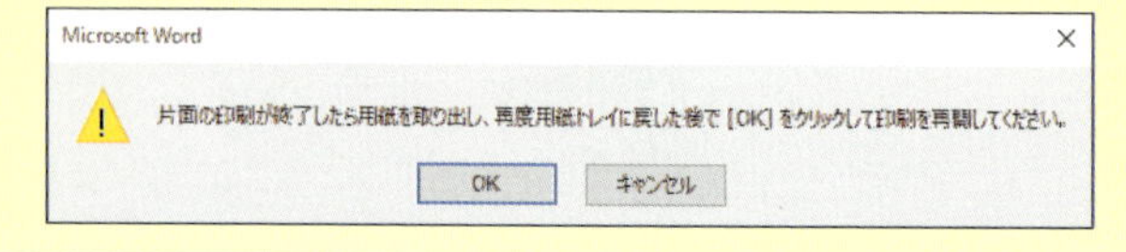

第1章

Excel 2016の基本操作

01 Excelとは？

Excel（エクセル）は、四則演算や関数計算、グラフ作成、データベースとしての活用など、**さまざまな機能を持つ表計算ソフト**です。表などに書式を設定して、**見栄えのする文書を作成**することもできます。

1 Excelは表計算ソフト

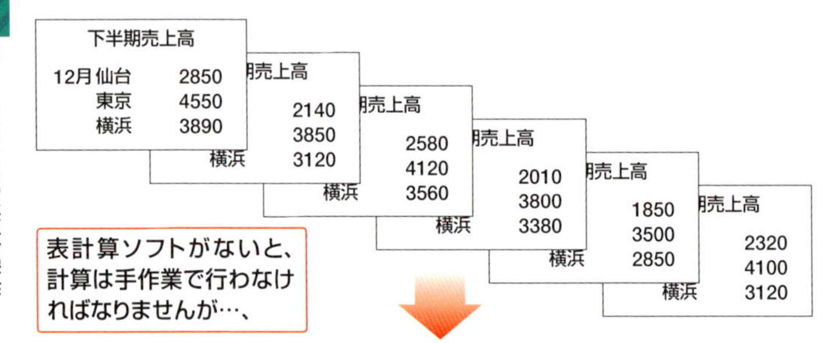

表計算ソフトを使うと、膨大なデータの集計をかんたんに行うことができます。データをあとから変更しても、自動的に再計算されます。

C4 3800

	A	B	C	D	E
1		仙台	東京	横浜	合計
2	7月	2,320	4,100	3,120	9,540
3	8月	1,850	3,500	2,850	8,200
4	9月	2,010	3,800	3,380	9,190
5	10月	2,580	4,120	3,560	10,260
6	11月	2,140	3,850	3,120	9,110
7	12月	2,850	4,550	3,890	11,290
8	合計	13,750	23,920	19,920	57,590

C4 4000

	A	B	C	D	E
1		仙台	東京	横浜	合計
2	7月	2,320	4,100	3,120	9,540
3	8月	1,850	3,500	2,850	8,200
4	9月	2,010	4,000	3,380	9,390
5	10月	2,580	4,120	3,560	10,260
6	11月	2,140	3,850	3,120	9,110
7	12月	2,850	4,550	3,890	11,290
8	合計	13,750	24,120	19,920	57,790

Keyword

表計算ソフト

表計算ソフトは、表のもとになるマス目（セル）に数値や数式を入力して、データの集計や分析をしたり、表形式の書類を作成したりするためのアプリです。

2 Excelではこんなことができる

面倒な計算も関数を使えばかんたんに行うことができます。

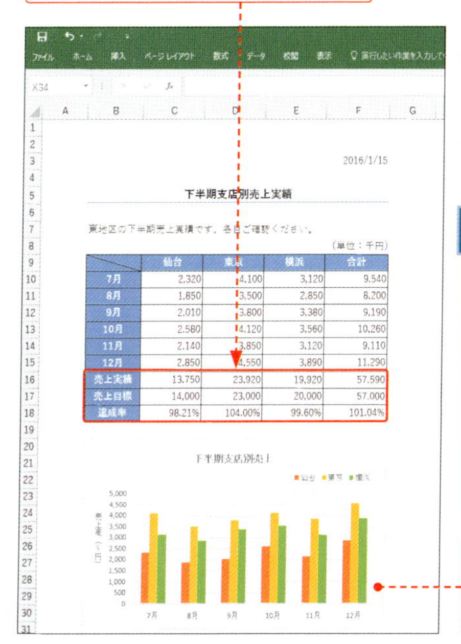

2016/1/15

下半期支店別売上実績

東地区の下半期売上実績です。各自ご確認ください。

（単位：千円）

	仙台	東京	横浜	合計
7月	2,320	4,100	3,120	9,540
8月	1,850	3,500	2,850	8,200
9月	2,010	3,800	3,380	9,190
10月	2,580	4,120	3,560	10,260
11月	2,140	3,850	3,120	9,110
12月	2,850	4,550	3,890	11,290
売上実績	13,750	23,920	19,920	57,590
売上目標	14,000	23,000	20,000	57,000
達成率	98.21%	104.00%	99.60%	101.04%

表の数値からグラフを作成して、データを視覚化できます。

> **Memo**
> ### 数式や関数の利用
> 数式や関数を使うと、複雑で面倒な計算や各種作業をかんたんに行うことができます。

> **Memo**
> ### グラフの作成
> 表のデータをもとに、さまざまなグラフを作成することができます。もとになったデータが変更されると、グラフの内容も自動的に変更されます。

大量のデータを効率よく管理できます。

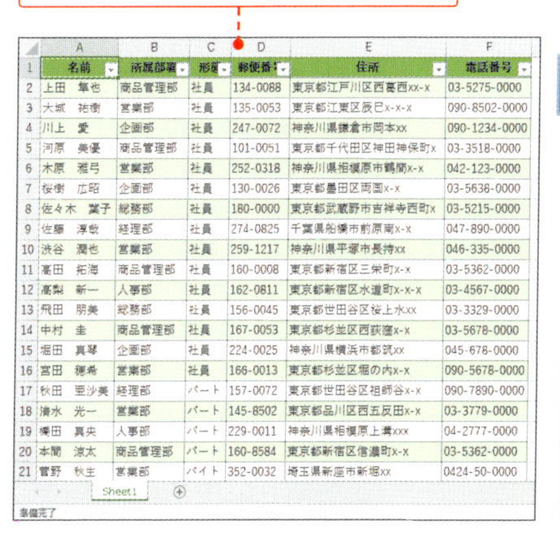

名前	所属部署	形態	郵便番号	住所	電話番号
上田　隼也	商品管理部	社員	134-0088	東京都江戸川区西葛西xx-x	03-5275-0000
大城　祐樹	営業部	社員	135-0053	東京都江東区辰巳x-x-x	090-8502-0000
川上　愛	企画部	社員	247-0072	神奈川県鎌倉市岡本xx	090-1234-0000
河原　美優	商品管理部	社員	101-0051	東京都千代田区神田神保町x	03-3518-0000
木原　雅弓	営業部	社員	252-0318	神奈川県相模原市鶴間x-x	042-123-0000
桜樹　広昭	企画部	社員	130-0026	東京都墨田区両国x-x	03-5638-0000
佐々木　葉子	総務部	社員	180-0000	東京都武蔵野市吉祥寺西町x	03-5215-0000
佐藤　淳哉	経理部	社員	274-0825	千葉県船橋市前原南x-x	047-890-0000
渋谷　潤也	営業部	社員	259-1217	神奈川県平塚市長持xx	046-335-0000
高田　拓海	商品管理部	社員	160-0008	東京都新宿区三栄町x-x	03-5362-0000
高梨　新一	人事部	社員	162-0811	東京都新宿区水道町x-x-x	03-4567-0000
飛田　朋美	総務部	社員	156-0045	東京都世田谷区桜上水xx	03-3329-0000
中村　圭	商品管理部	社員	167-0053	東京都杉並区西荻窪x-x	03-5678-0000
堀田　真琴	企画部	社員	224-0025	神奈川県横浜市都筑xx	045-678-0000
宮田　穂希	営業部	社員	166-0013	東京都杉並区堀の内x-x	090-5678-0000
秋田　亜沙美	経理部	パート	157-0072	東京都世田谷区祖師谷x-x	090-7890-0000
清水　光一	営業部	パート	145-8502	東京都品川区西五反田x-x	03-3779-0000
橋田　真央	人事部	パート	229-0011	神奈川県相模原上溝xxx	04-2777-0000
本間　涼太	商品管理部	パート	160-8584	東京都新宿区信濃町x-x	03-5362-0000
菅野　秋生	営業部	バイト	352-0032	埼玉県新座市新堀xx	0424-50-0000

> **Memo**
> ### データベースとしての活用
> 表の中から条件に合うものを抽出したり、並べ替えたり、項目別にデータを集計したりするためのデータベース機能が利用できます（本書では省略）。

Section 02

Excelを起動・終了する

Excel 2016を起動するには、Windows 10の<スタート>から<すべてのアプリ>をクリックして、<Excel 2016>をクリックします。Excelを終了するには、<閉じる>をクリックします。

1 Excelを起動してブックを開く

Windows 10を起動しておきます。

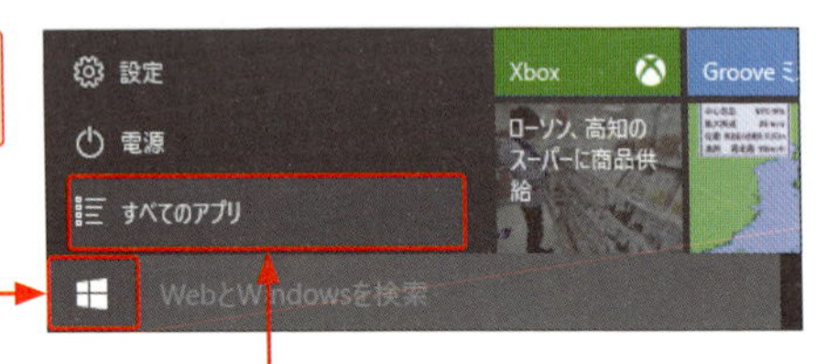

1 <スタート>をクリックして、

2 <すべてのアプリ>をクリックします。

3 <Excel 2016>をクリックすると、

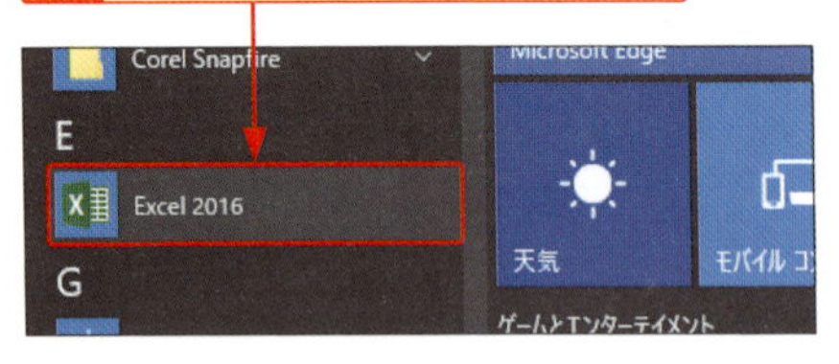

4 Excel 2016が起動して、スタート画面が開きます。

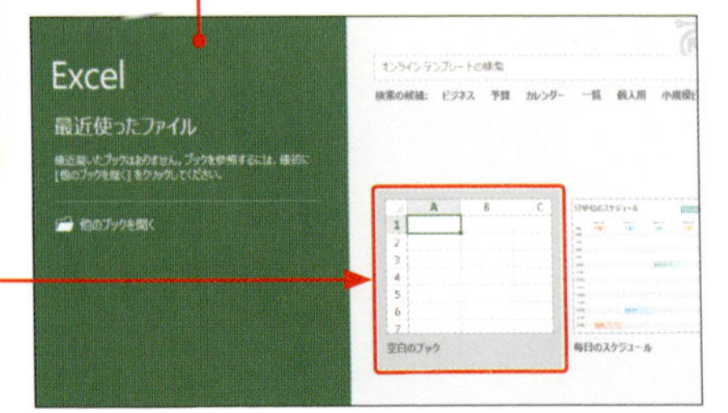

5 <空白のブック>をクリックすると、

> **Memo**
>
> **Windows 8.1でExcel 2016を起動する**
>
> Windows 8.1の場合は、<スタート>画面に表示されている<Excel 2016>をクリックします。<スタート>画面にExcelのアイコンがない場合は、<スタート>画面の左下にある❹をクリックします。

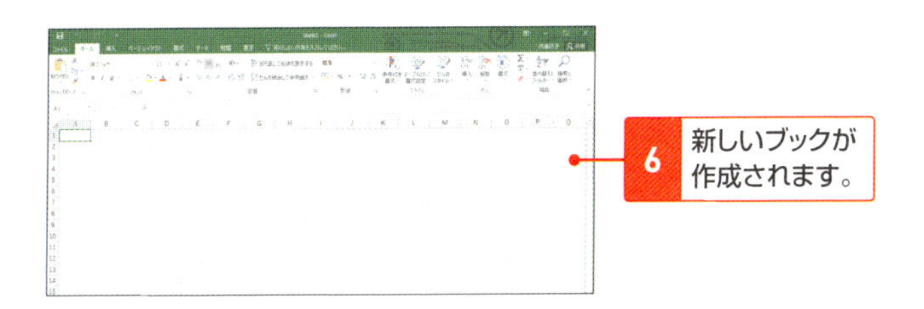

6 新しいブックが作成されます。

2 Excelを終了する

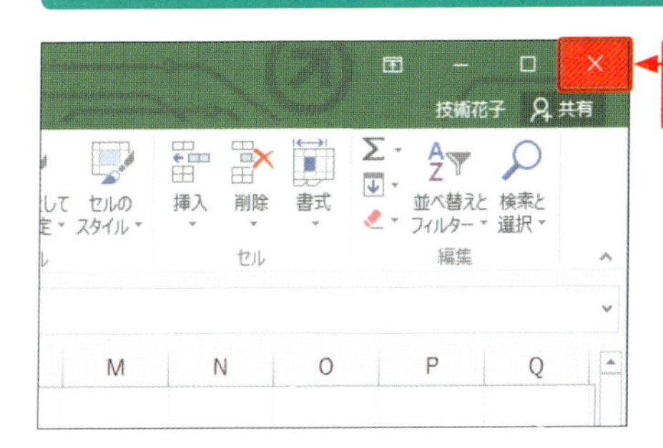

1 <閉じる>をクリックすると、

2 Excel 2016が終了して、デスクトップ画面が表示されます。

Memo

複数のブックを開いている場合

複数のブックを開いている場合は、クリックしたウィンドウのブックだけが閉じます。

Memo

ブックを保存していない場合

ブックの作成や編集をしていた場合、保存しないで終了しようとすると、確認のメッセージが表示されます。必要に応じて保存の操作を行ってください。

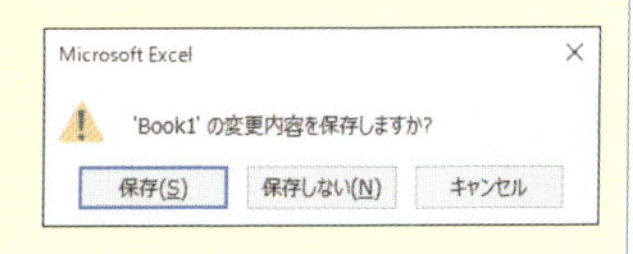

03 新しいブックを作成する

新しいブックを作成するには、＜ファイル＞タブの＜新規＞から＜空白のブック＞をクリックします。あらかじめ書式などが設定されているテンプレートから作成することもできます。

1 ブックを新規作成する

P.148の方法でExcel 2016を起動して、＜空白のブック＞をクリックすると、「Book1」というブックが作成されます。

1 ＜ファイル＞タブをクリックします。

Memo

ブックごとのウィンドウ

Excel 2016では、ブックごとにウィンドウが開くので、複数のブックを同時に開いて作業がしやすくなっています。

2 ＜新規＞をクリックして、

3 ＜空白のブック＞をクリックすると、

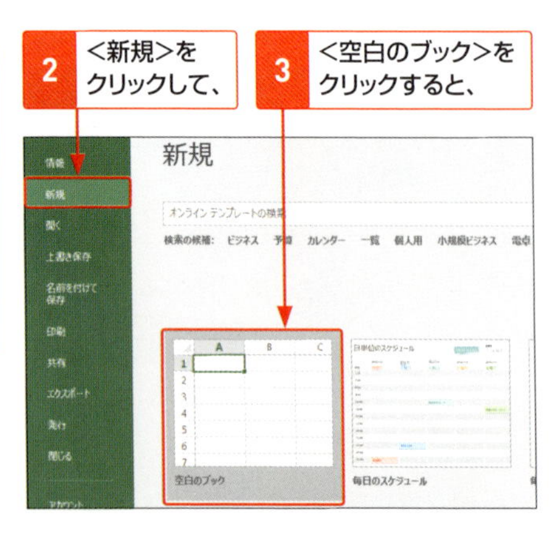

4 「Book2」という名前の2つ目のブックが作成されます。

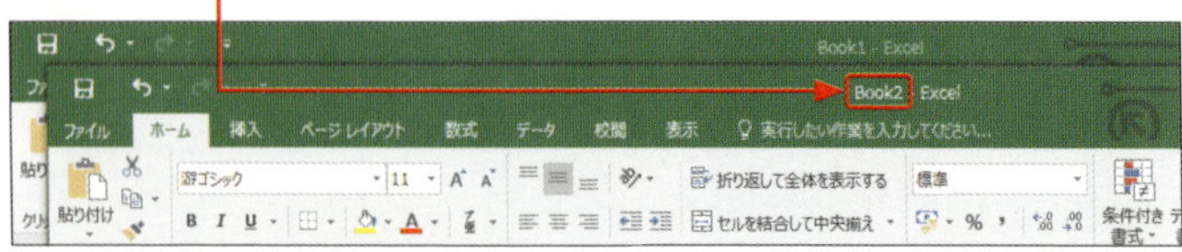

2 テンプレートからブックを作成する

1 <ファイル>タブをクリックして、

2 <新規>をクリックし、

3 目的のテンプレート(ここでは「休暇プランナー」)をクリックします。

4 テンプレートの内容を確認して<作成>をクリックすると、

5 テンプレートが開きます。

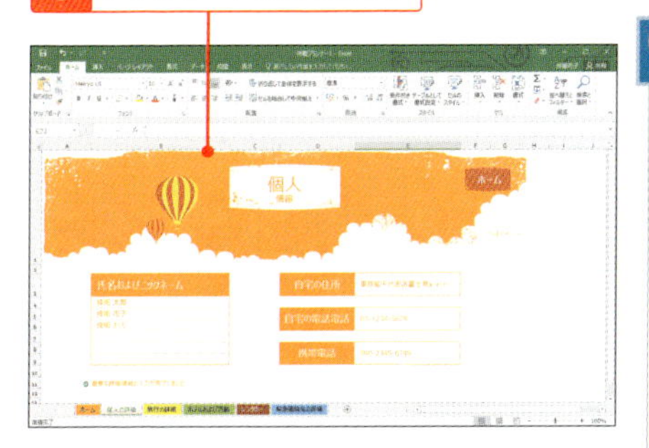

6 通常のブックと同様に編集することができます。

Keyword

テンプレート

「テンプレート」とは、ブックを作成する際にひな形となるファイルのことです。

Hint

テンプレートの検索

<新規>画面に利用したいテンプレートが見つからない場合は、<オンラインテンプレートの検索>にキーワードを入力して検索したり、<検索の候補>から探すことができます。

04 Excelの画面構成

Excel 2016の画面は、機能を実行するためのタブと、各タブにあるコマンド、表やグラフなどを作成するためのワークシートから構成されています。ここでしっかり確認しておきましょう。

1 基本的な画面構成

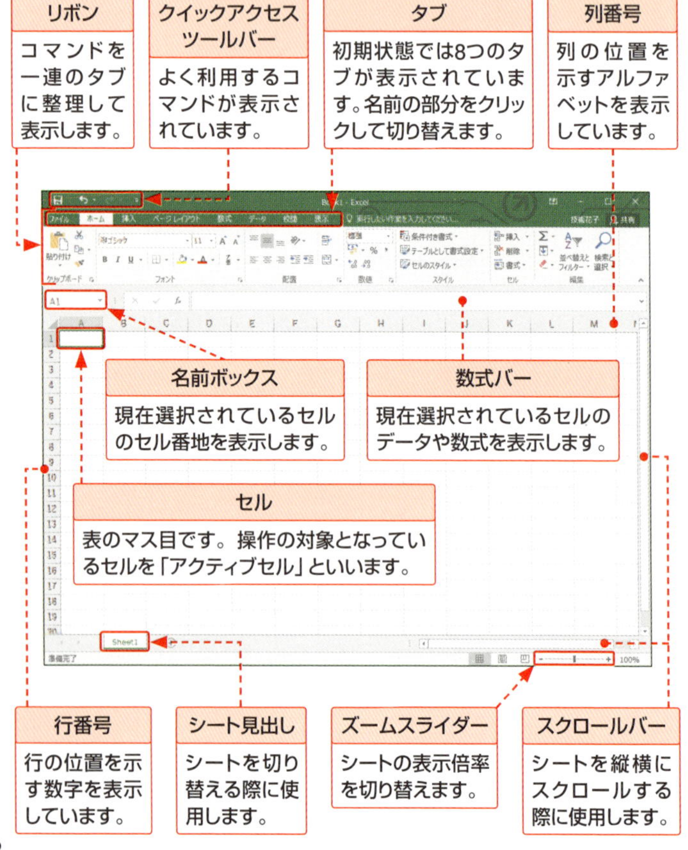

2 ブック・ワークシート・セル

「ブック」(=ファイル)は、1つまたは複数の「ワークシート」から構成されています。

ブック

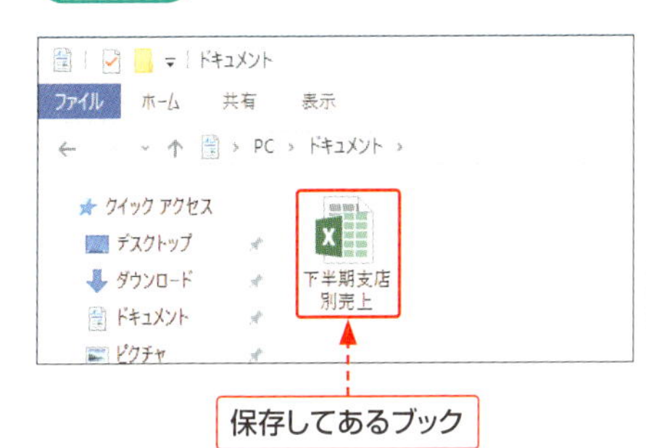

ワークシート(シート)

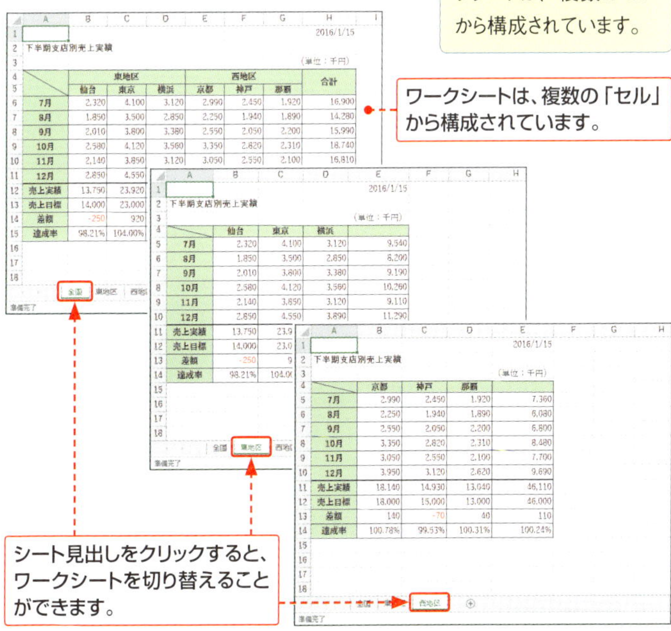

> **Keyword**
>
> **ブック**
>
> 「ブック」とは、Excelで作成したファイルのことです。ブックは、1つあるいは複数のワークシートから構成されます。

> **Keyword**
>
> **セル**
>
> 「セル」とは、ワークシートを構成する一つ一つのマス目のことです。ワークシートは、複数のセルから構成されています。

表示倍率を変更する

表の文字が小さすぎて読みにくい場合や、表が大きすぎて全体が把握できない場合は、ワークシートを拡大や縮小して見やすくすることができます。初期の状態では100%に設定されています。

1 ワークシートを拡大・縮小表示する

初期の状態では、表示倍率は100%に設定されています。

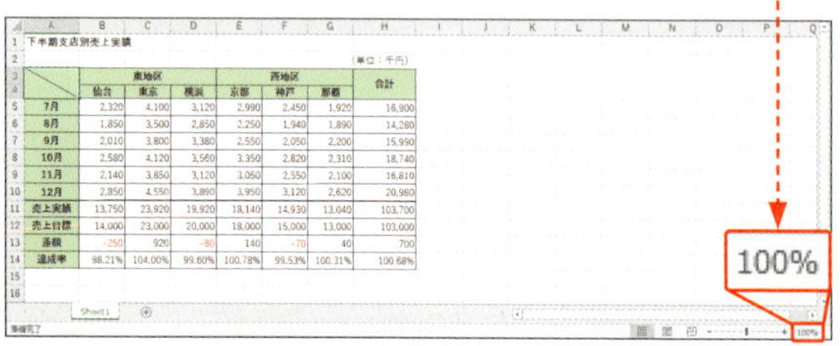

下半期支店別売上実績

(単位：千円)

	東地区			西地区			合計
	仙台	東京	横浜	京都	神戸	那覇	
7月	2,320	4,100	3,120	2,990	2,450	1,920	16,900
8月	1,850	3,500	2,850	2,250	1,940	1,890	14,280
9月	2,010	3,800	3,380	2,550	2,050	2,200	15,990
10月	2,580	4,120	3,560	3,350	2,820	2,310	18,740
11月	2,140	3,850	3,120	3,050	2,550	2,100	16,810
12月	2,850	4,550	3,890	3,950	3,120	2,620	20,980
売上実績	13,750	23,920	19,920	18,140	14,930	13,040	103,700
売上目標	14,000	23,000	20,000	18,000	15,000	13,000	103,000
差額	-250	920	-80	140	-70	40	700
達成率	98.21%	104.00%	99.60%	100.78%	99.53%	100.31%	100.68%

1 <ズーム>を左方向（右方向）にドラッグすると、

2 ワークシートが縮小（拡大）表示されます。

ここに倍率が表示されます。

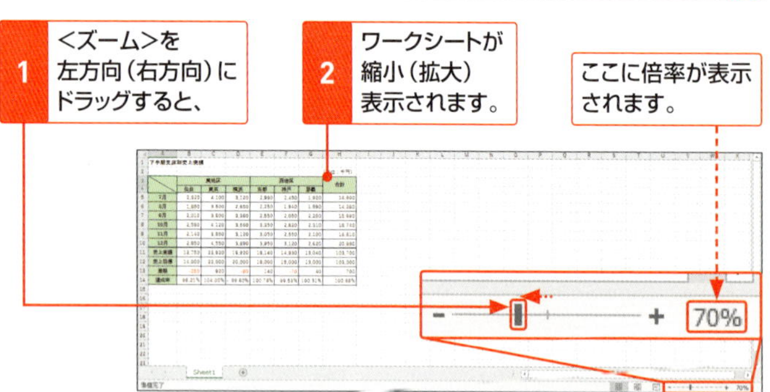

Hint 標準の表示倍率に戻すには？

ワークシートの表示倍率を標準に戻すには、<表示>タブの<100%>をクリックします。

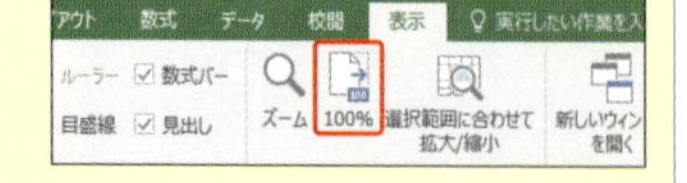

2 選択したセル範囲を拡大する

1 拡大表示したいセル範囲を選択して、

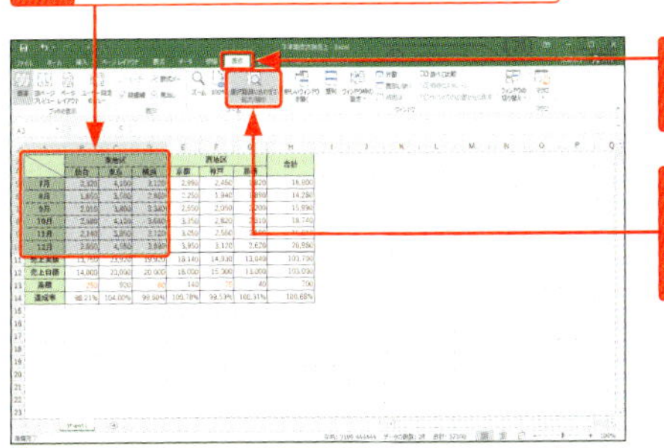

2 <表示>タブをクリックします。

3 <選択範囲に合わせて拡大／縮小>をクリックすると、

4 選択したセル範囲が、ウィンドウ全体に表示されます。

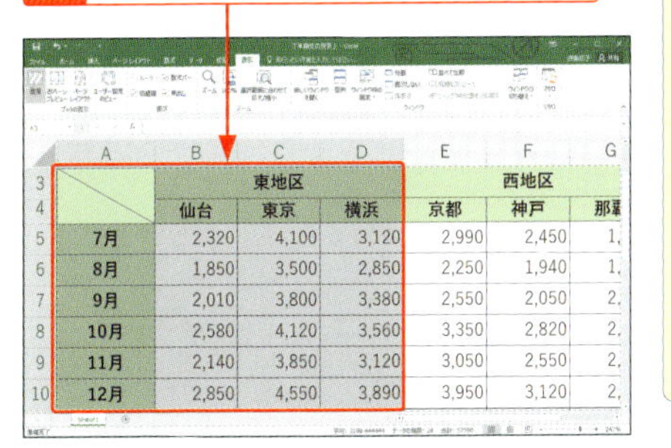

Memo

表示倍率は印刷に反映されない

表示倍率は印刷には反映されません。ワークシートを拡大／縮小して印刷したい場合は、P.273のStepUpを参照してください。

StepUp

<ズーム>ダイアログボックスの利用

ワークシートの表示倍率は、<表示>タブの<ズーム>をクリックすると表示される<ズーム>ダイアログボックスを利用して変更することもできます。

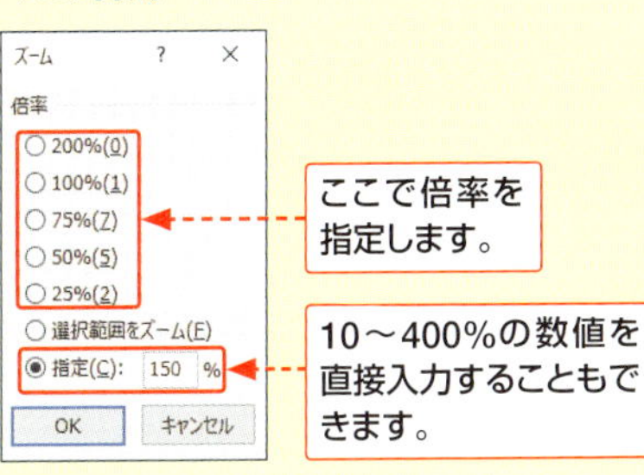

第1章 Excel 2016の基本操作

Section 06

操作をもとに戻す・やり直す

操作をやり直したい場合は、クイックアクセスツールバーの<元に戻す>や<やり直し>を使います。直前の操作だけでなく、複数の操作をまとめて戻すこともできます。

1 操作をもとに戻す

間違えてデータを削除してしまいました。

1 <元に戻す>をクリックすると、

ファイル　ホーム　挿入　ページ レイアウト　数式　データ

C5

	A	B	C	D	E
1					
2	第1四半期支店別売上				
3		仙台	東京	横浜	
4	1月	2580	4120	3560	
5	2月	2140		3120	
6	3月	2850	4550	3890	
7	売上実績				
8					

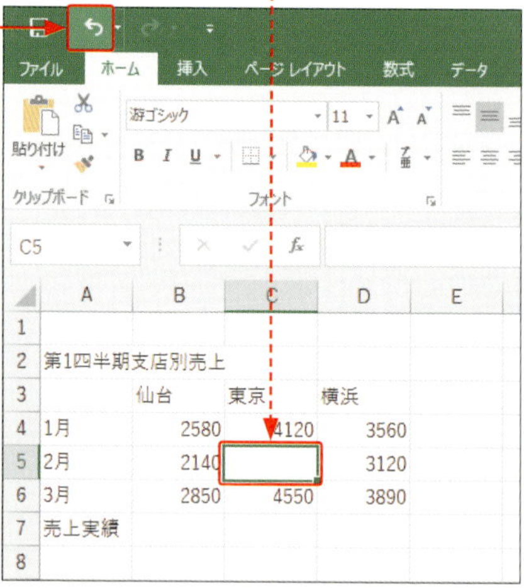

Memo

操作をもとに戻す

<元に戻す>をクリックすると、クリックするたびに、直前に行った操作を取り消すことができます。ただし、ファイルをいったん終了すると、取り消すことはできなくなります。

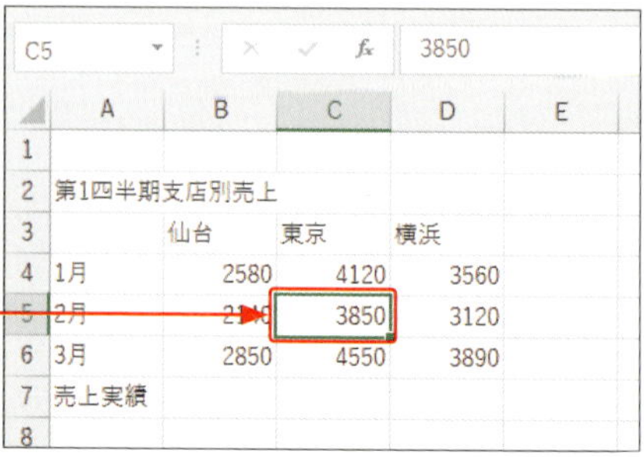

C5　3850

	A	B	C	D	E
1					
2	第1四半期支店別売上				
3		仙台	東京	横浜	
4	1月	2580	4120	3560	
5	2月	2140	3850	3120	
6	3月	2850	4550	3890	
7	売上実績				
8					

2 直前に行った操作(データの削除)が取り消されます。

2 操作をやり直す

P.54の、直前に行った操作が取り消された状態から実行します。

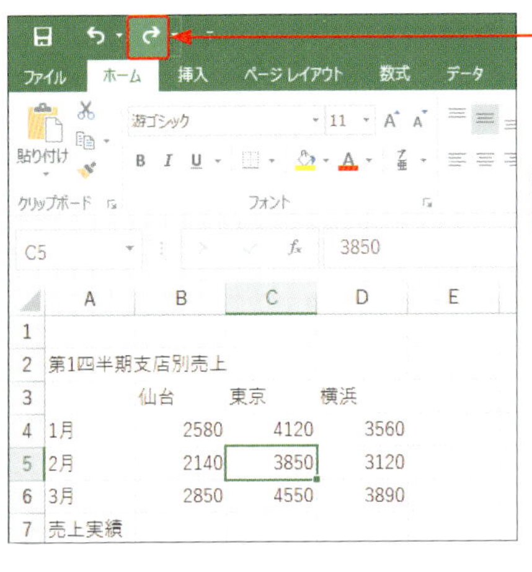

1 <やり直し>をクリックすると、

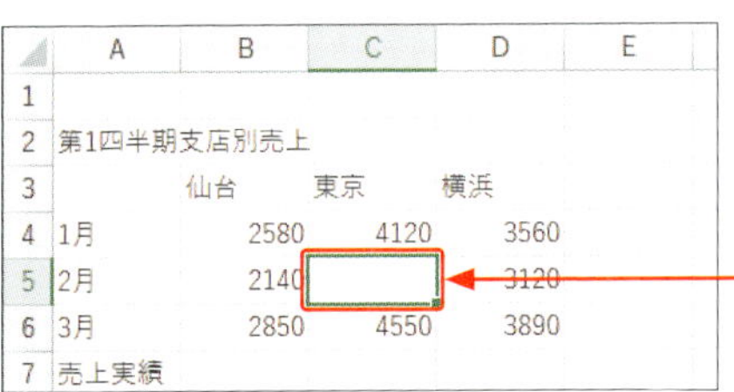

2 取り消した操作がやり直され、データが削除されます。

Memo 操作をやり直す

クイックアクセスツールバーの<やり直し>をクリックすると、取り消した操作を順番にやり直すことができます。ただし、ファイルをいったん終了すると、やり直すことはできなくなります。

StepUp 複数の操作をまとめてもとに戻す／やり直す

複数の操作をまとめて取り消したり、やり直したりするには、<元に戻す>や<やり直し>のをクリックして、一覧から戻したい操作や、やり直したい操作を選択します。

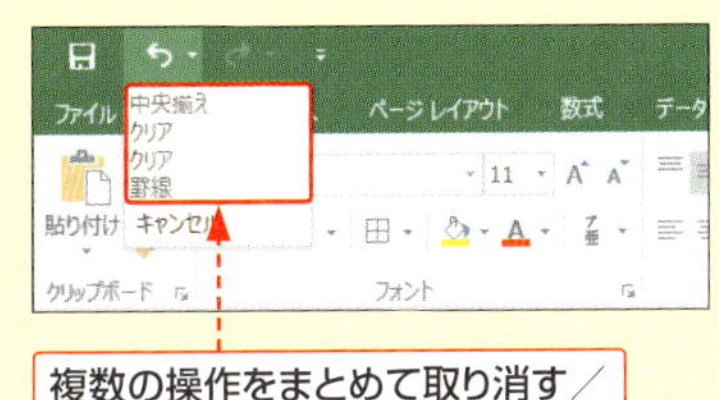

複数の操作をまとめて取り消す／やり直すことができます。

Section 07

ブックを保存する

ブックの保存には、新規に作成したブックや編集したブックに名前を付けて保存する名前を付けて保存と、ブック名を変更せずに内容を更新する上書き保存とがあります。

1 名前を付けて保存する

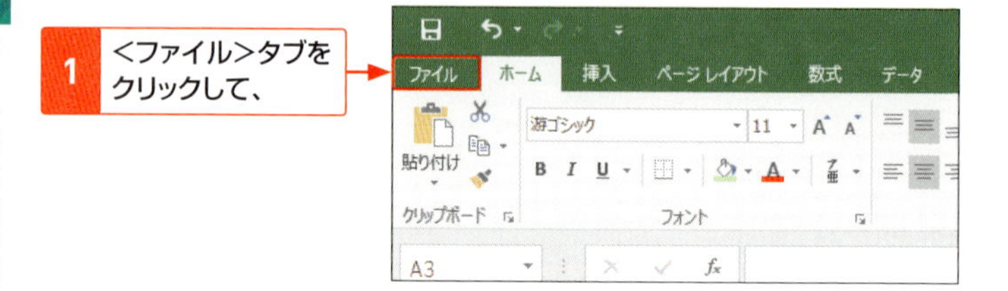

2 <名前を付けて保存>をクリックします。

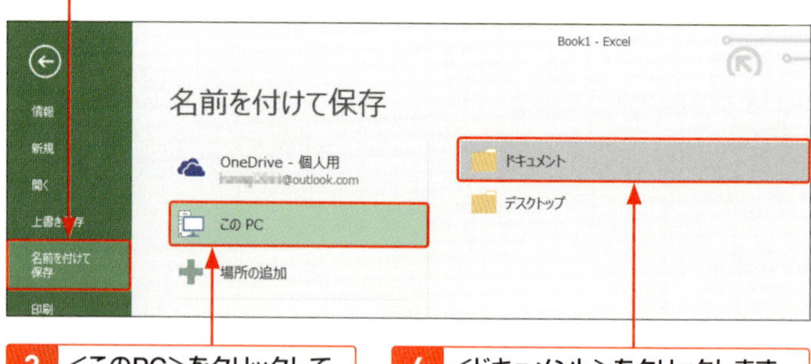

3 <このPC>をクリックして、

4 <ドキュメント>をクリックします。

Memo

ブックの保存先

パソコン環境によっては、OneDriveのドキュメントフォルダーが既定の保存先に指定されます。OneDriveに保存したくない場合は、<名前を付けて保存>ダイアログボックスで保存先を指定し直すとよいでしょう。

ここで保存先を選ぶこともできます。

5 ファイル名を入力して、

6 ＜保存＞をクリックすると、

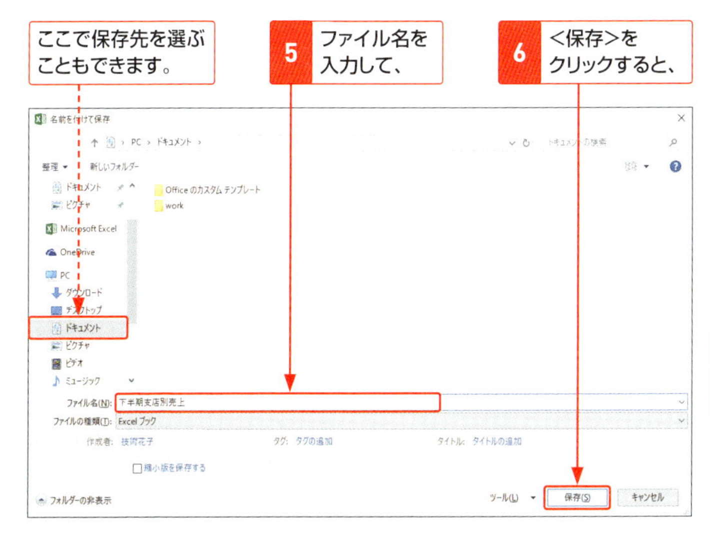

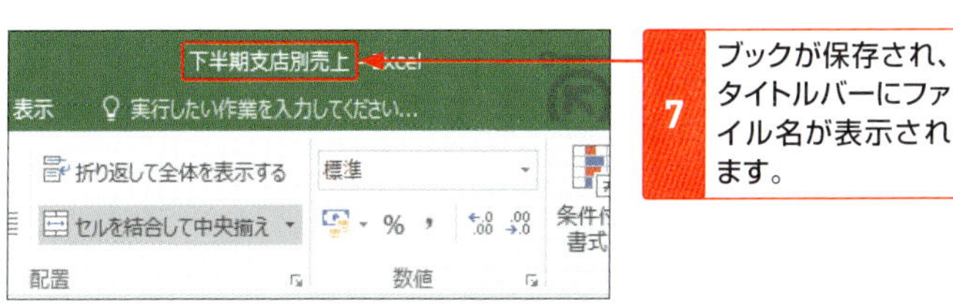

7 ブックが保存され、タイトルバーにファイル名が表示されます。

2 上書き保存する

1 ＜上書き保存＞をクリックすると、

2 ブックが上書き保存されます。

Memo

上書き保存を行うそのほかの方法

上書き保存は、＜ファイル＞タブをクリックして、＜上書き保存＞をクリックしても行うことができます。

08 保存したブックを閉じる・開く

作業が終了してブックを保存したら、ブック（ファイル）を閉じます。また、保存してあるブックを開くには、<ファイルを開く>ダイアログボックスを利用します。

1 保存したブックを閉じる

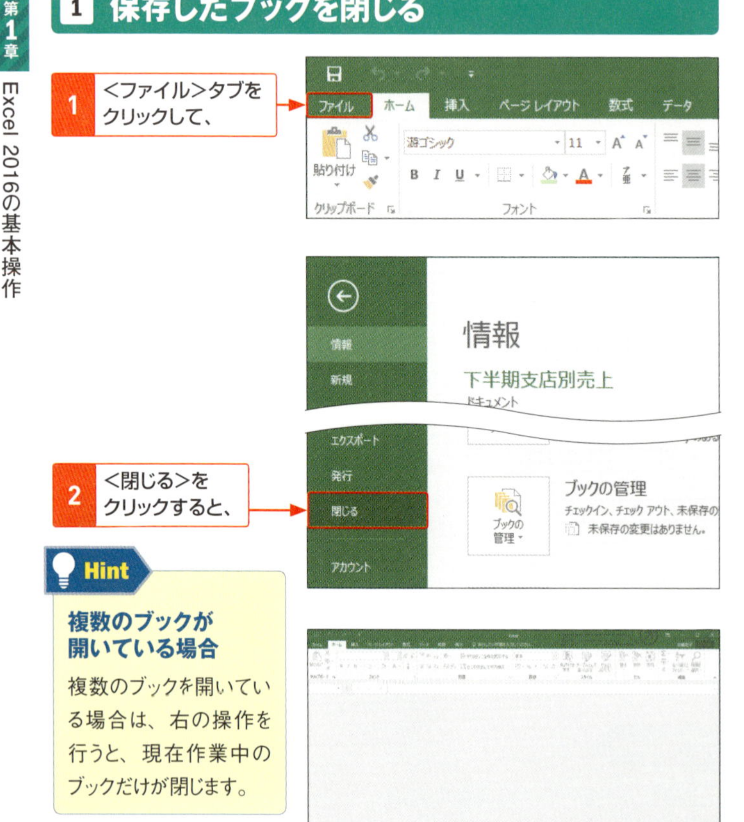

Hint

複数のブックが開いている場合

複数のブックを開いている場合は、右の操作を行うと、現在作業中のブックだけが閉じます。

2 保存したブックを開く

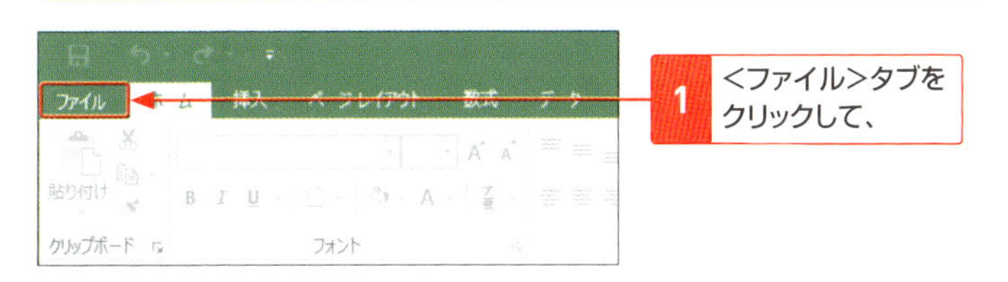

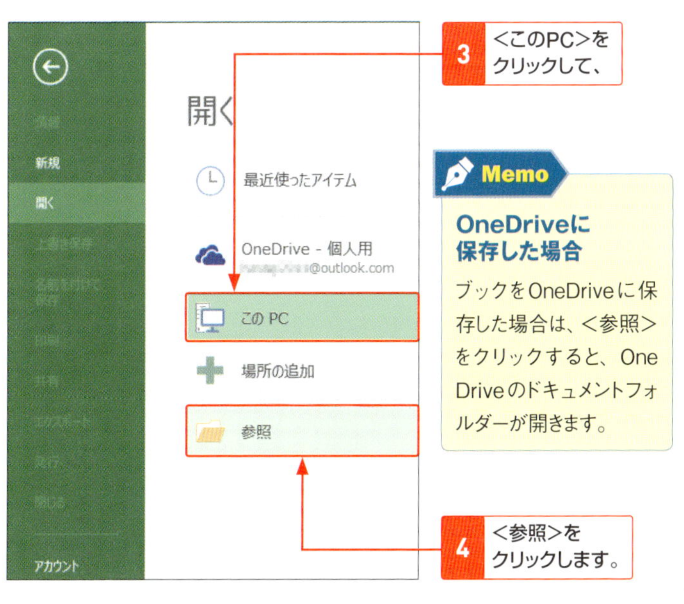

Memo

OneDriveに保存した場合

ブックをOneDriveに保存した場合は、<参照>をクリックすると、OneDriveのドキュメントフォルダーが開きます。

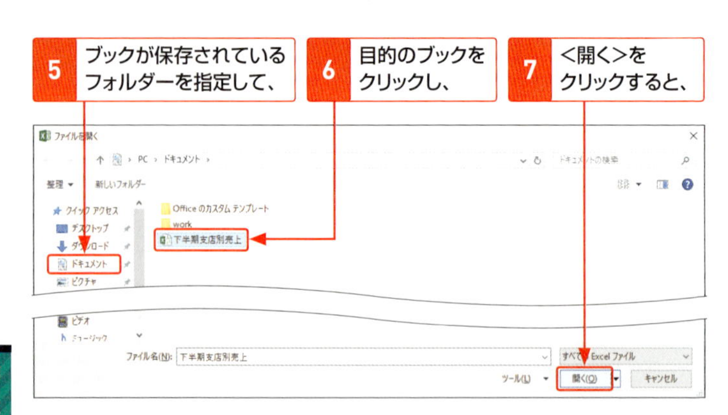

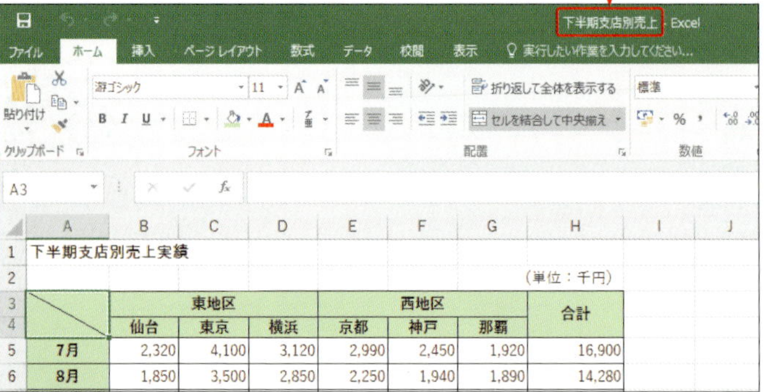

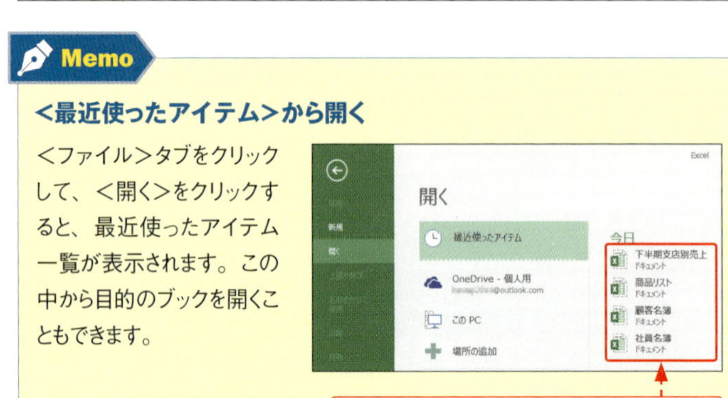

Memo

<最近使ったアイテム>から開く

<ファイル>タブをクリックして、<開く>をクリックすると、最近使ったアイテム一覧が表示されます。この中から目的のブックを開くこともできます。

第2章

データ入力と表の作成

09 データを入力する

セルにデータを入力するには、セルをクリックして選択状態にします。データを入力すると、通貨スタイルや日付スタイルなど、適切な表示形式が自動的に設定されます。

1 セルにデータを入力する

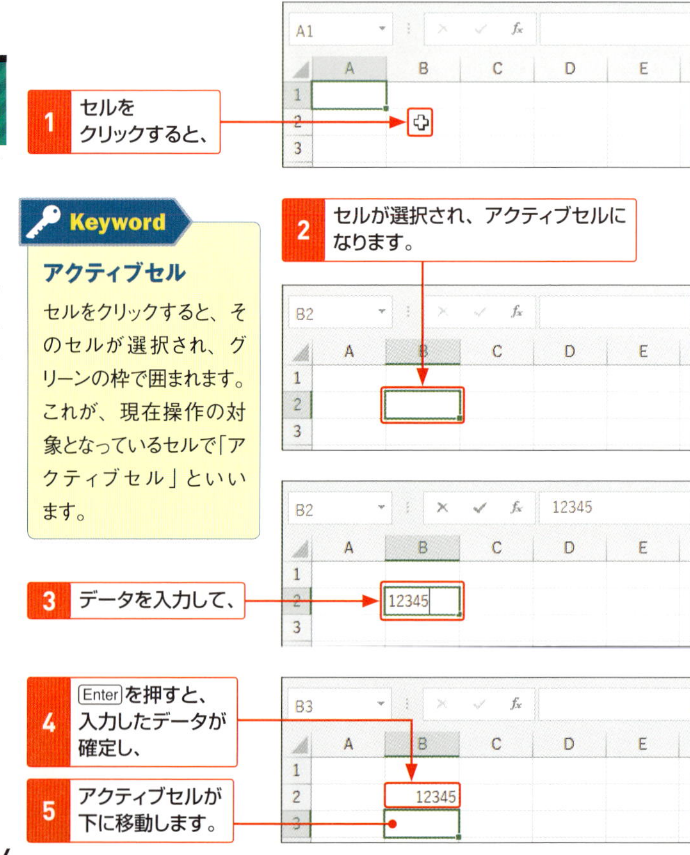

Keyword

アクティブセル

セルをクリックすると、そのセルが選択され、グリーンの枠で囲まれます。これが、現在操作の対象となっているセルで「アクティブセル」といいます。

2 記号つきで入力する

「,」（カンマ）付きで数値を入力する

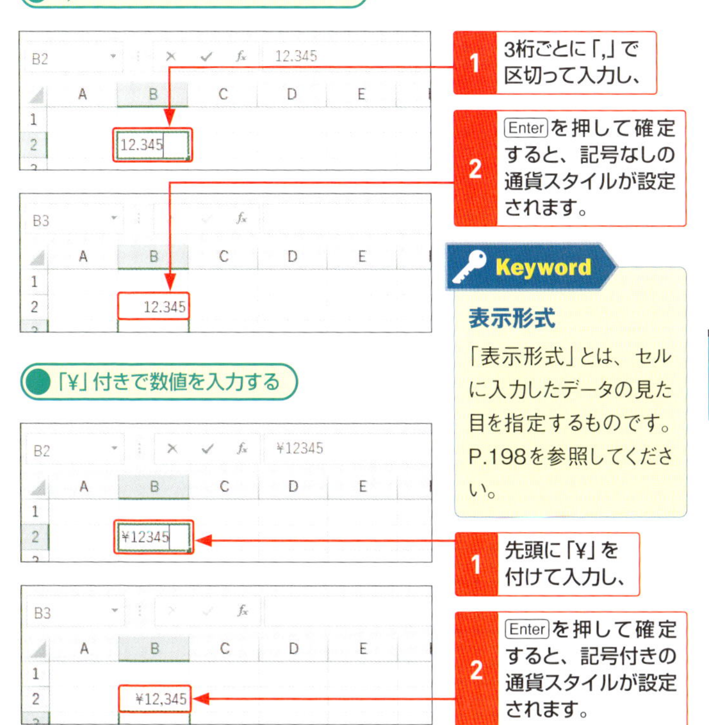

1 3桁ごとに「,」で区切って入力し、

2 Enter を押して確定すると、記号なしの通貨スタイルが設定されます。

Keyword

表示形式

「表示形式」とは、セルに入力したデータの見た目を指定するものです。P.198を参照してください。

「¥」付きで数値を入力する

1 先頭に「¥」を付けて入力し、

2 Enter を押して確定すると、記号付きの通貨スタイルが設定されます。

「%」付きで数値を入力する

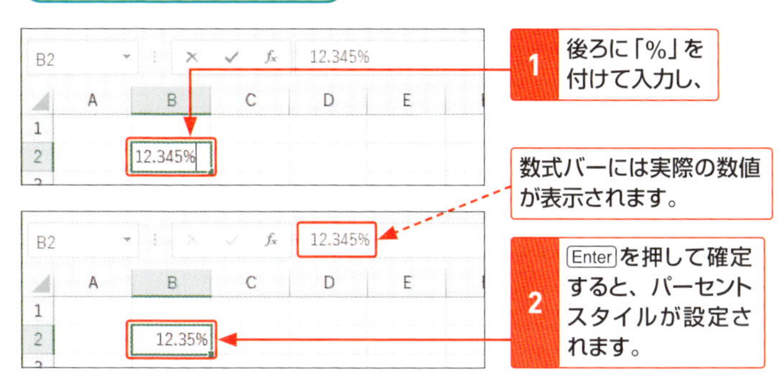

1 後ろに「%」を付けて入力し、

数式バーには実際の数値が表示されます。

2 Enter を押して確定すると、パーセントスタイルが設定されます。

3 日付・時刻を入力する

西暦の日付を入力する

1 数値を「/」（スラッシュ）、もしくは「-」（ハイフン）で区切って入力し、

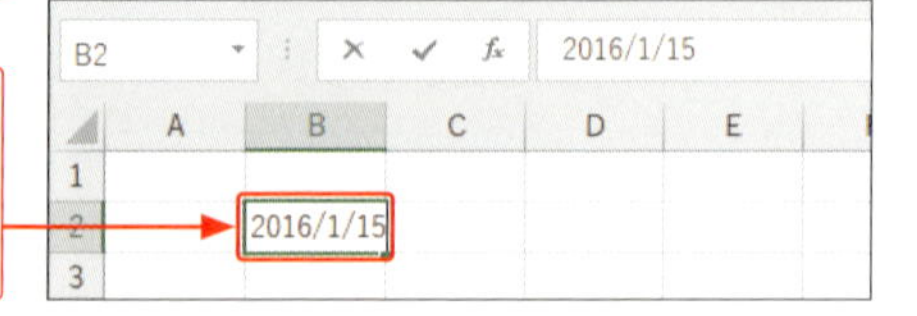

2 Enterを押して確定すると、西暦の日付スタイルが設定されます。

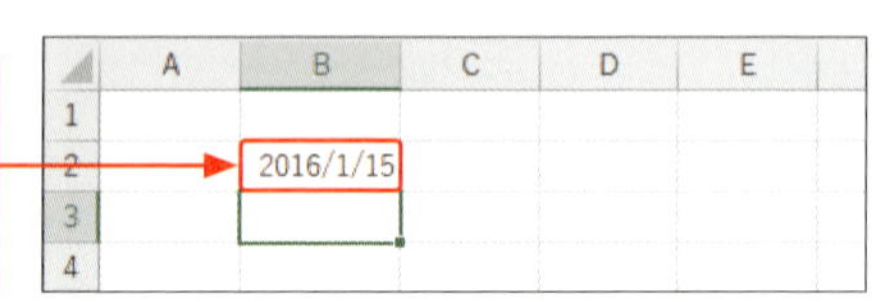

和暦の日付を入力する

1 数値の先頭に「H」を付けて、「.」（ピリオド）で区切って入力し、

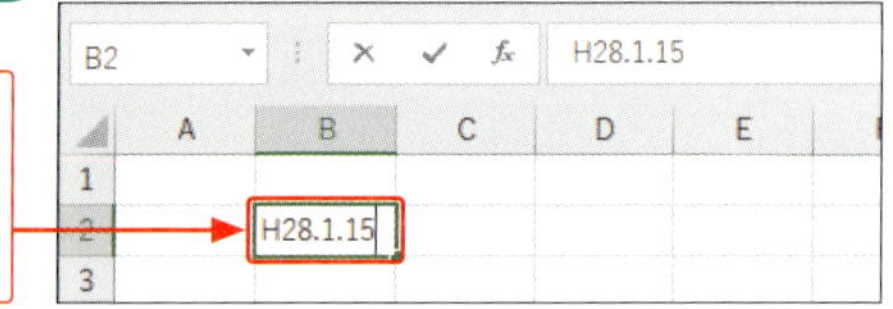

2 Enterを押して確定すると、和暦のユーザー定義スタイルが設定されます。

時刻を入力する

1 「時、分、秒」を表す数値を「:」（コロン）で区切って入力し、

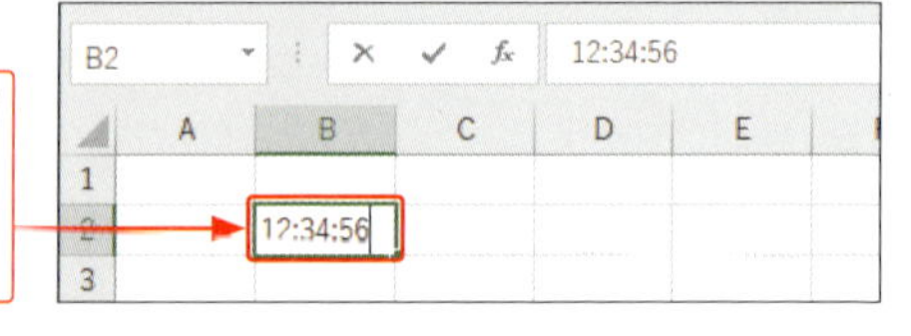

2 Enterを押して確定すると、時刻のユーザー定義スタイルが設定されます。

入力したとおりに表示させるには

「0」で始まる数値や、日付とみなされる文字を入力すると、下図のように自動的に表示形式が設定されてしまいます。

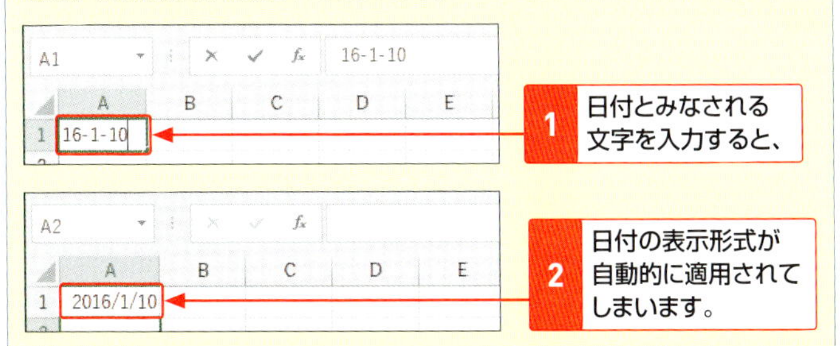

入力したとおりに表示させたい場合は、下の手順で操作して、セルの表示形式を「文字列」に変更してから入力します。

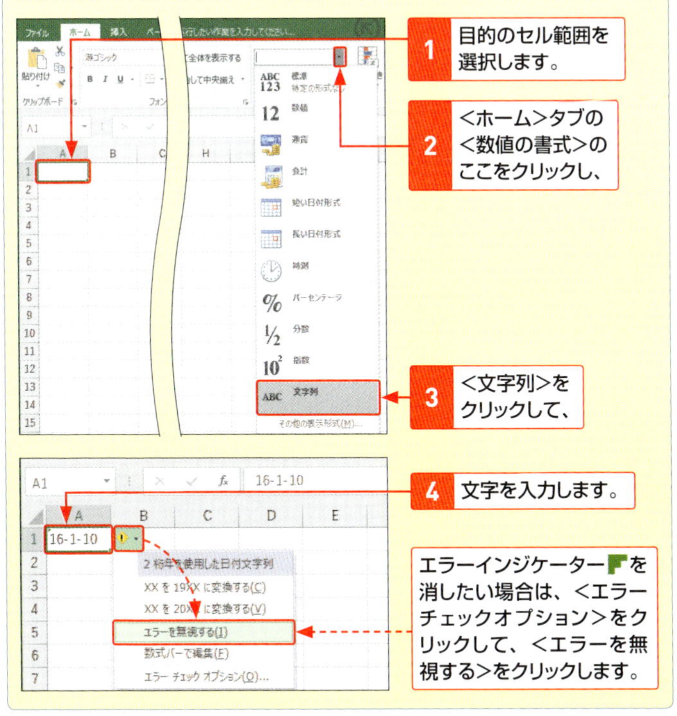

第2章 データ入力と表の作成

同じデータや連続するデータを一度に入力する

オートフィル機能を利用すると、同じデータや連続するデータをドラッグ操作ですばやく入力することができます。間隔を指定して日付データを入力することもできます。

1 同じデータを入力する

1 データを入力したセルをクリックします。

2 フィルハンドルにマウスポインターを合わせて、

マウスポインターの形が＋に変わります。

3 下方向へドラッグし、

4 マウスのボタンを離すと、同じデータが入力されます。

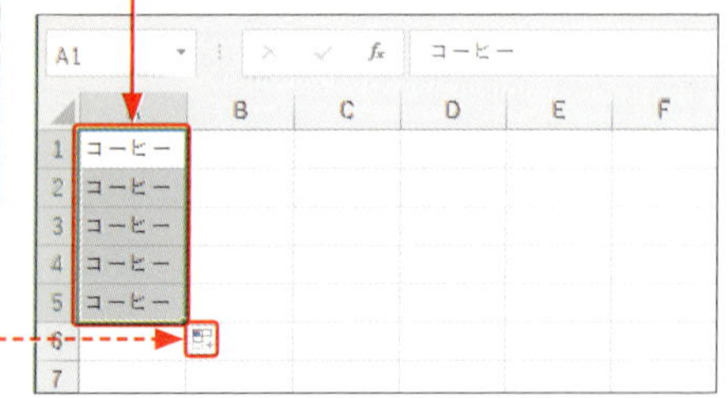

オートフィルオプション（P.170参照）

> **Keyword**
>
> **オートフィル**
>
> 「オートフィル」とは、セルのデータをもとにして、連続データや同じデータをドラッグ操作で自動的に入力する機能のことです。

2 連続するデータを入力する

曜日を入力する

1 「日曜日」と入力されたセルをクリックして、フィルハンドルをドラッグすると、

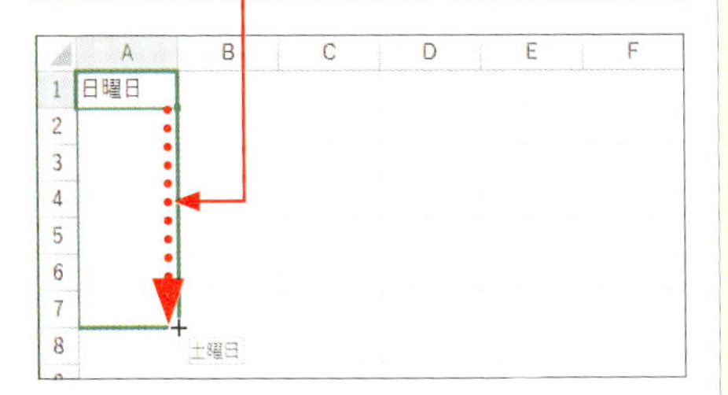

2 曜日の連続データが入力されます。

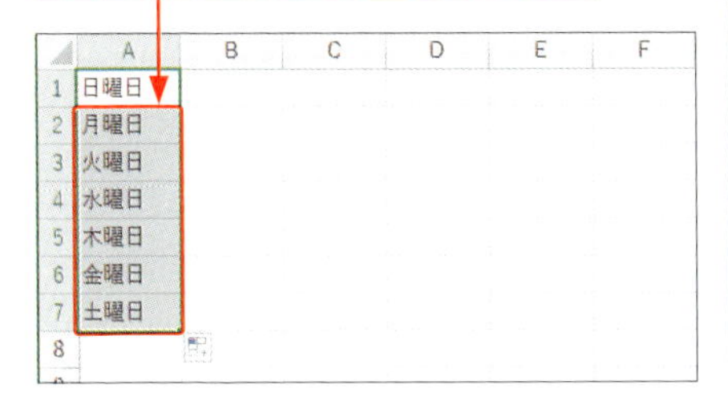
	A
1	日曜日
2	月曜日
3	火曜日
4	水曜日
5	木曜日
6	金曜日
7	土曜日

連続する数値を入力する

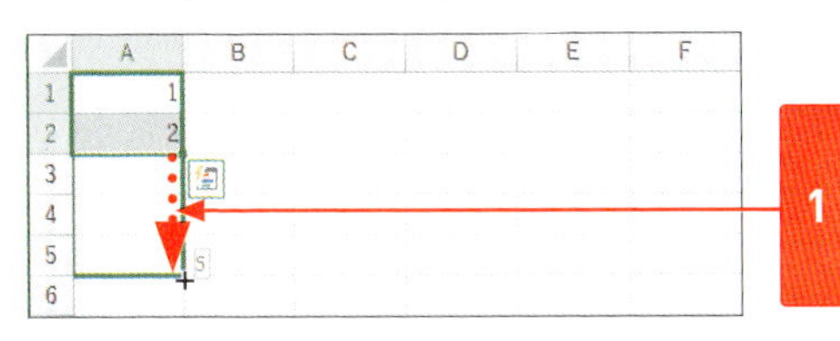

1 連続する数値が入力されたセルを選択し、フィルハンドルをドラッグすると、

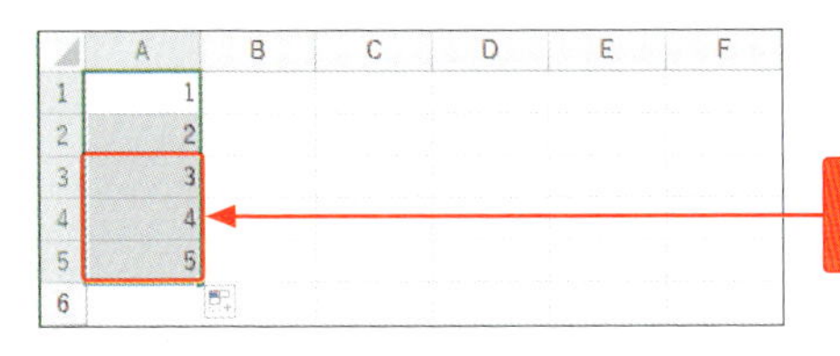

2 数値の連続データが入力されます。

Hint

こんな場合も連続データになる

下図のようなデータも連続データとみなされます。

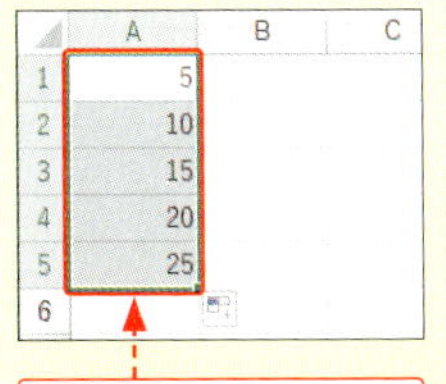
	A
1	5
2	10
3	15
4	20
5	25

間隔を空けた2つ以上の数字

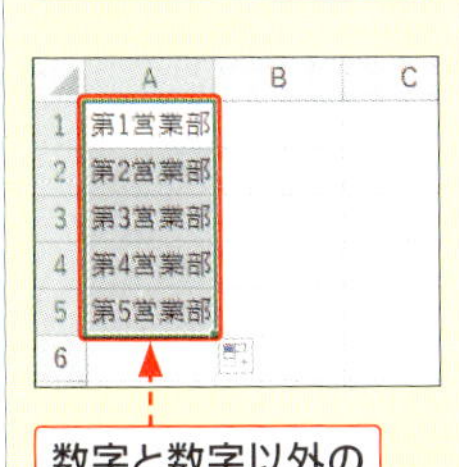
	A
1	第1営業部
2	第2営業部
3	第3営業部
4	第4営業部
5	第5営業部

数字と数字以外の文字を含むデータ

3 オートフィルの動作を変更する

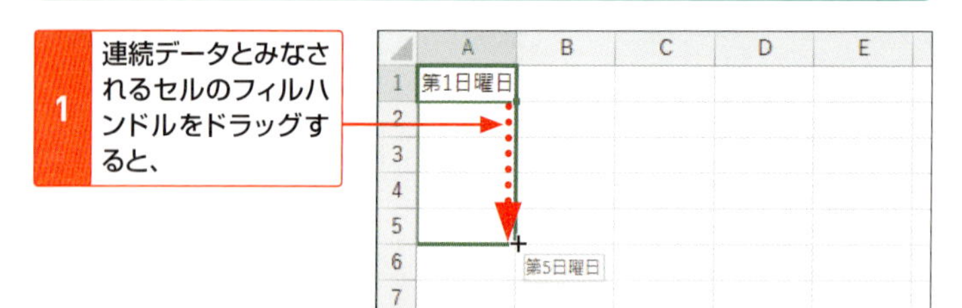

1 連続データとみなされるセルのフィルハンドルをドラッグすると、

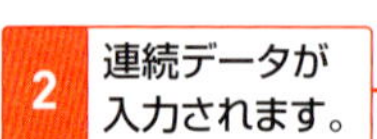

2 連続データが入力されます。

3 <オートフィルオプション>をクリックして、

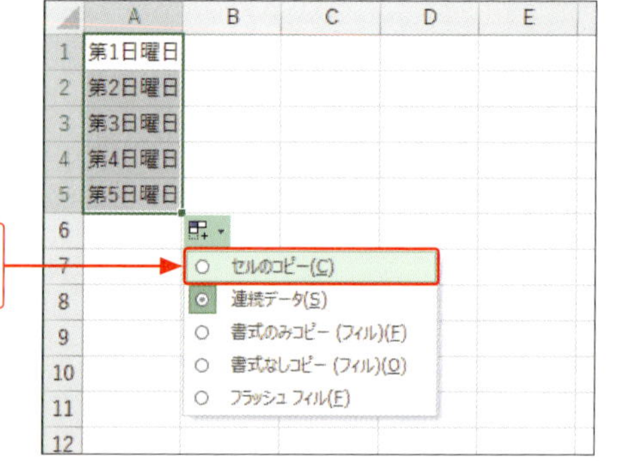

4 <セルのコピー>をクリックすると、

5 データのコピーに変更されます。

Memo

<オートフィルオプション>の利用

オートフィルの動作は、<オートフィルオプション>をクリックすることで変更できます。

4 間隔を指定してオートフィルする

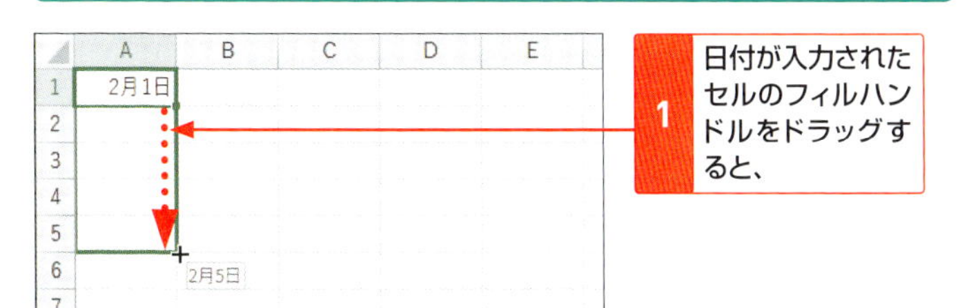

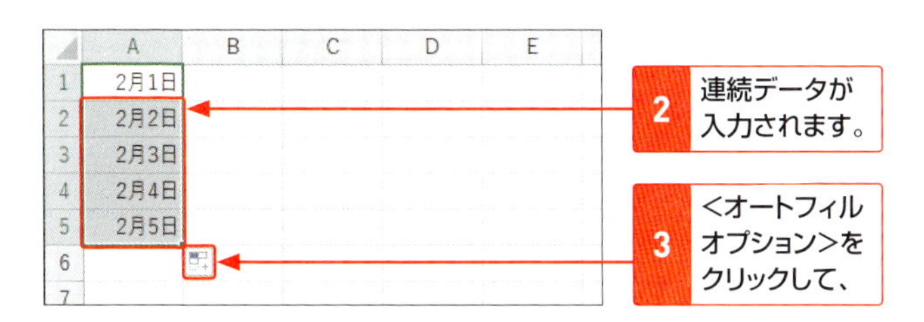

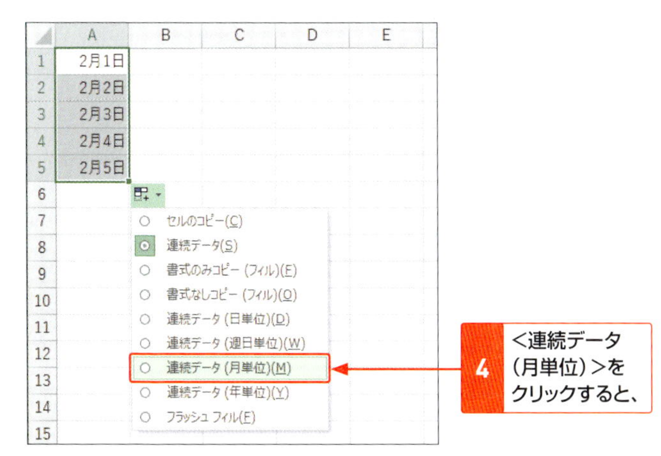

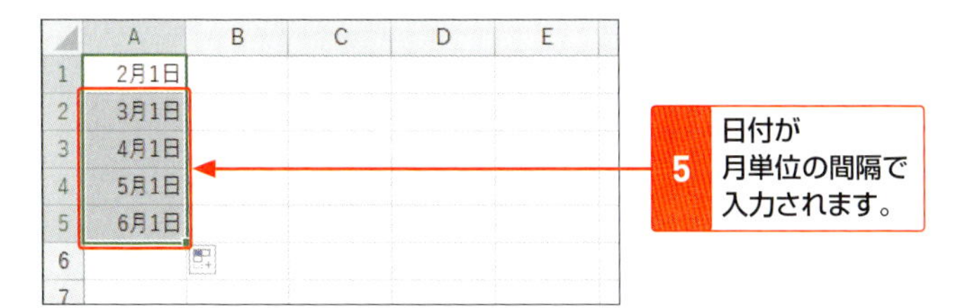

データを修正・削除する

セルに入力したデータを修正するには、セルのデータを**すべて書き換える**方法と、データの**一部を修正する**方法があります。また、セル内のデータだけを消したい場合は、データを**削除**します。

1 セル内のデータを書き換える

「10月」を「1月」に修正します。

A4 10月

	A	B	C	D	E	F
1						
2	下半期売上					
3		仙台	東京	横浜		
4	10月	2580	4120	3560		
5	11月	2140	3850	3120		
6	12月	2850	4550	3890		
7	売上実績					

1 修正するセルをクリックして、

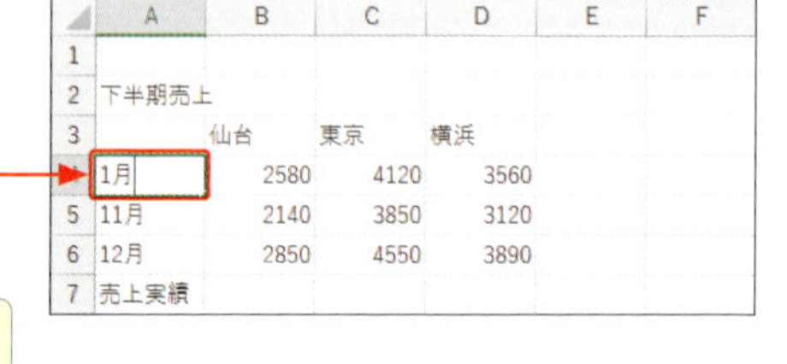

2 データを入力すると、もとのデータが書き換えられます。

3 Enter を押すと、セルの修正が確定します。

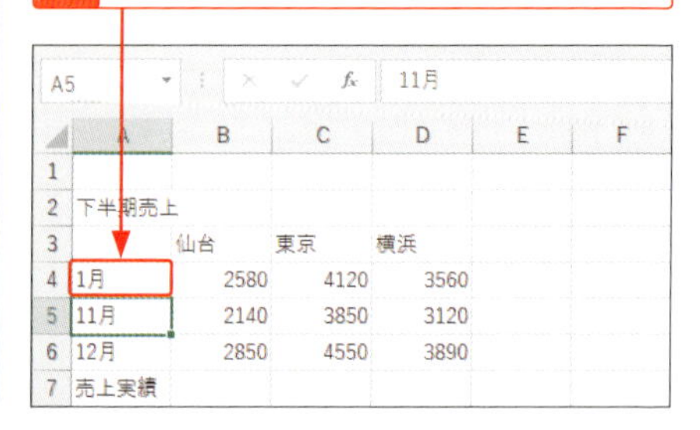

Hint

修正をキャンセルするには?

入力を確定する前に修正を取り消したい場合は、Esc を数回押します。入力を確定した直後の取り消し方法については、P.156を参照してください。

2 セルのデータの一部を修正する

文字を挿入する

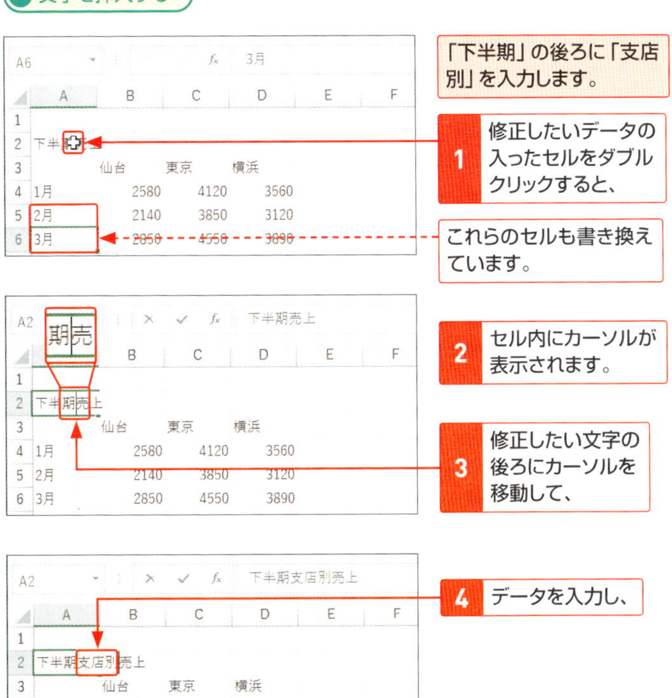

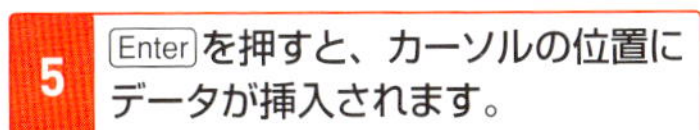

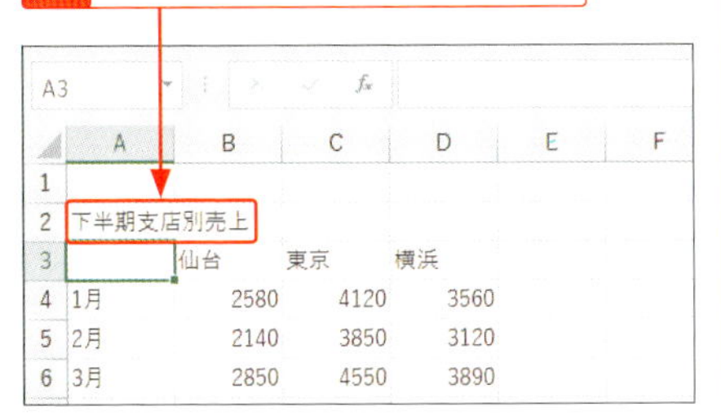

Memo

データの一部を削除する

セル内にカーソルが表示されている状態で、Delete や BackSpace を押すと、カーソルの前後の文字を削除できます。

文字を上書きする

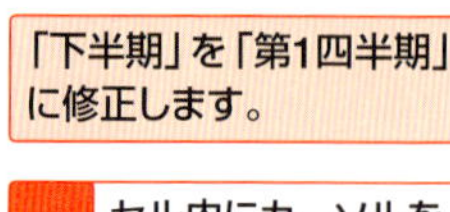

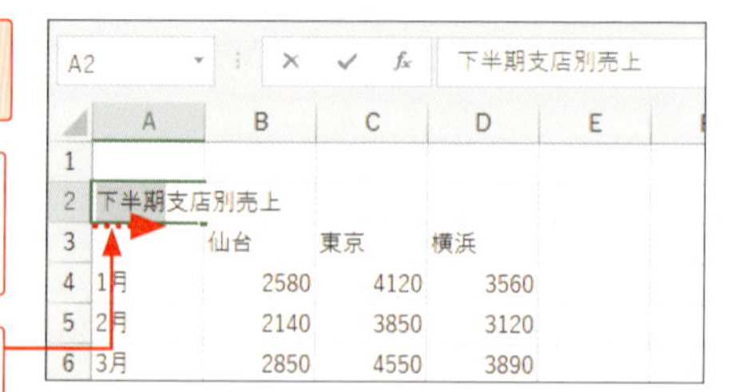

A2 下半期支店別売上

	A	B	C	D	E
1					
2	下半期支店別売上				
3		仙台	東京	横浜	
4	1月	2580	4120	3560	
5	2月	2140	3850	3120	
6	3月	2850	4550	3890	

1 セル内にカーソルを表示します(P.173参照)。

2 データの一部をドラッグして選択し、

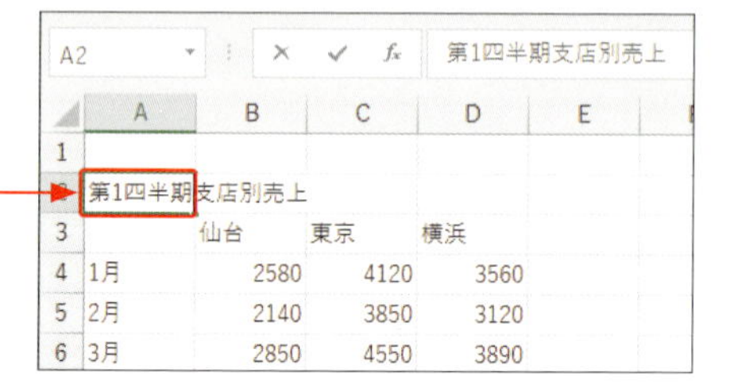

A2 第1四半期支店別売上

	A	B	C	D	E
1					
2	第1四半期支店別売上				
3		仙台	東京	横浜	
4	1月	2580	4120	3560	
5	2月	2140	3850	3120	
6	3月	2850	4550	3890	

3 データを入力すると、選択した部分が書き換えられます。

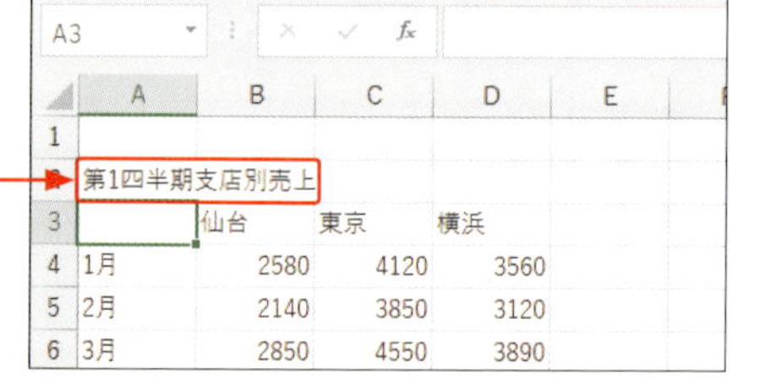

A3

	A	B	C	D	E
1					
2	第1四半期支店別売上				
3		仙台	東京	横浜	
4	1月	2580	4120	3560	
5	2月	2140	3850	3120	
6	3月	2850	4550	3890	

4 Enter を押すと、セルの修正が確定します。

StepUp

数式バーを利用して修正する

セル内のデータの修正は、数式バーでも行うことができます。目的のセルをクリックして数式バーをクリックすると、数式バー内にカーソルが表示され、データが修正できるようになります。

1 修正するセルをクリックして、

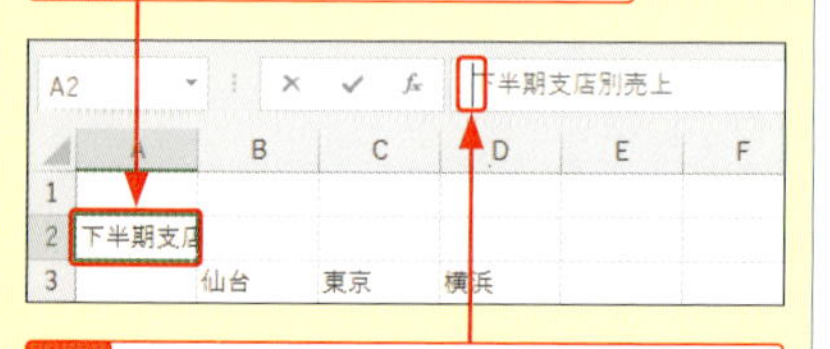

2 数式バーをクリックすると、カーソルが表示され、修正できる状態になります。

3 データを削除する

1 データを削除するセルをクリックして、

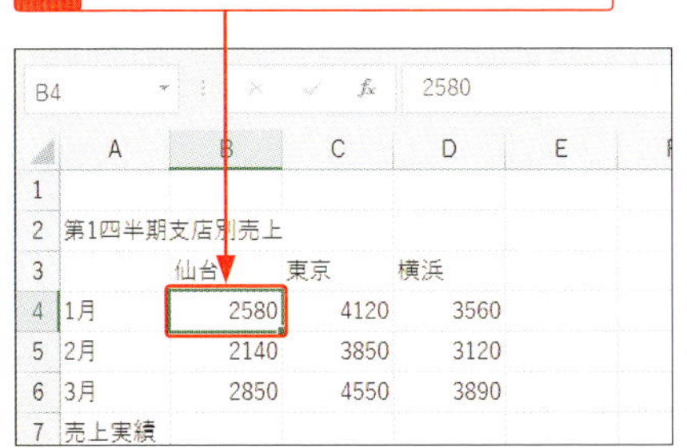

2 Delete を押すと、

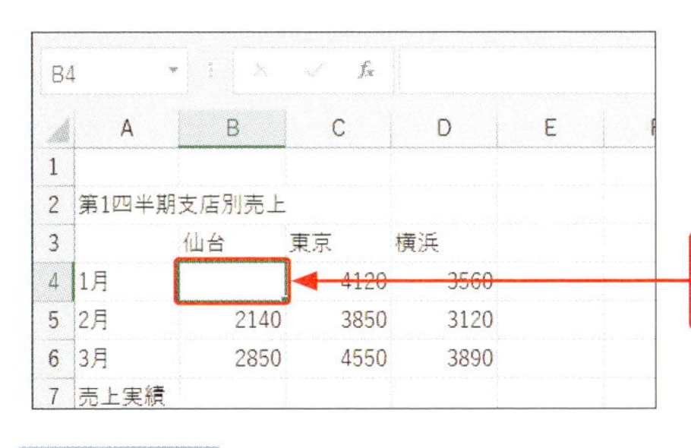

3 セルのデータが削除されます。

Hint

複数のセルのデータを削除する

データを削除するセル範囲をドラッグして選択し(P.176参照)、Delete を押すと、選択したセルのデータが削除されます。

書式も含めて削除する

上記の手順では、セルのデータは削除されますが、罫線や背景色などの書式は削除されません。書式も含めて削除する場合は、セル範囲を選択して右の操作を行います。

1 <ホーム>タブの<クリア>をクリックして、

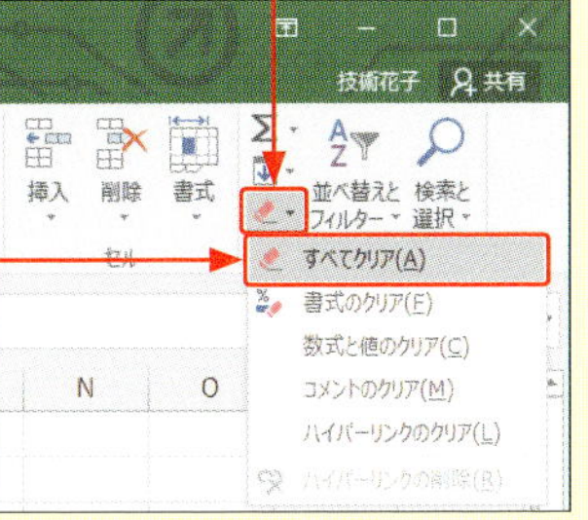

2 <すべてクリア>をクリックします。

セルを範囲を選択する

データのコピーや移動、書式設定などを行う際には、**操作の対象となるセルやセル範囲を選択**します。複数のセルや行・列などを同時に選択しておけば、まとめて設定できるので効率的です。

1 複数のセル範囲を選択する

マウス操作だけで選択する

1 選択範囲の始点となるセルにマウスポインターを合わせます。

	A	B	C	D	E
1	第1四半期支店別売上				
2		仙台	東京	横浜	
3	1月	2660	4210	3520	
4	2月	2250	3790	3230	
5	3月	2920	4660	4050	
6	売上実績				
7					
8					

2 そのまま、終点となるセルまでドラッグし、

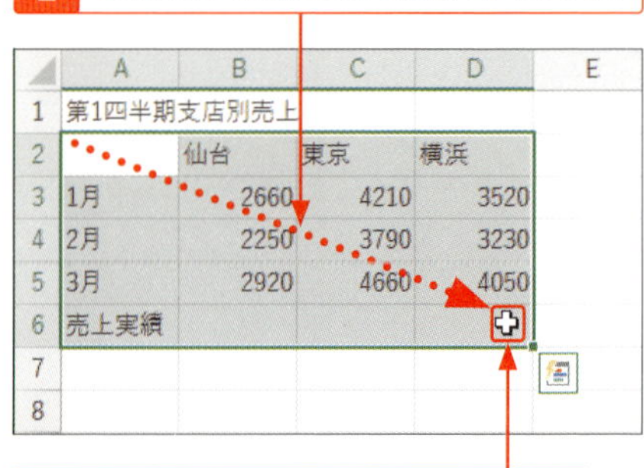

	A	B	C	D	E
1	第1四半期支店別売上				
2		仙台	東京	横浜	
3	1月	2660	4210	3520	
4	2月	2250	3790	3230	
5	3月	2920	4660	4050	
6	売上実績				
7					
8					

3 マウスのボタンを離すと、セル範囲が選択されます。

> **Hint**
> **範囲を選択する際のマウスポインターの形**
> ドラッグ操作でセル範囲を選択するときは、マウスポインターの形が✚の状態で行います。これ以外の状態では、セル範囲を選択することができません。

> **Memo**
> **セル範囲の選択方法の使い分け**
> 選択する範囲がそれほど大きくない場合はマウスでの操作、セル範囲が広い場合は、マウスとキーボードの操作が便利です。

マウスとキーボードでセル範囲を選択する

マウスとキーボードで選択範囲を広げる

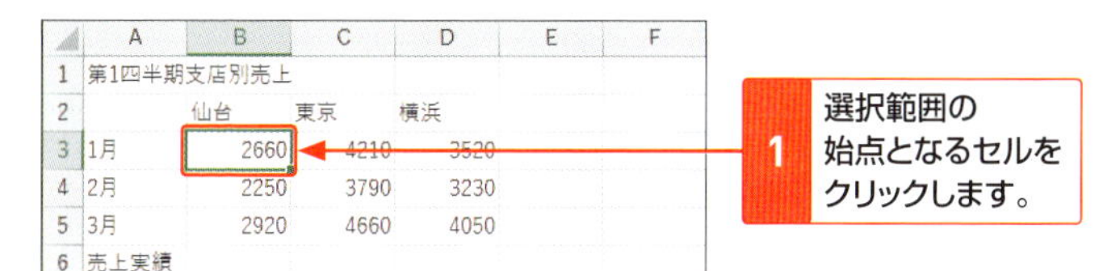

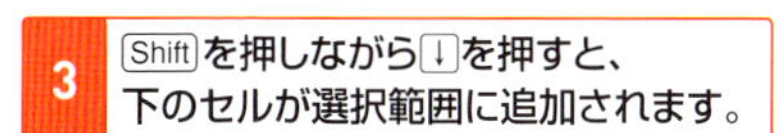

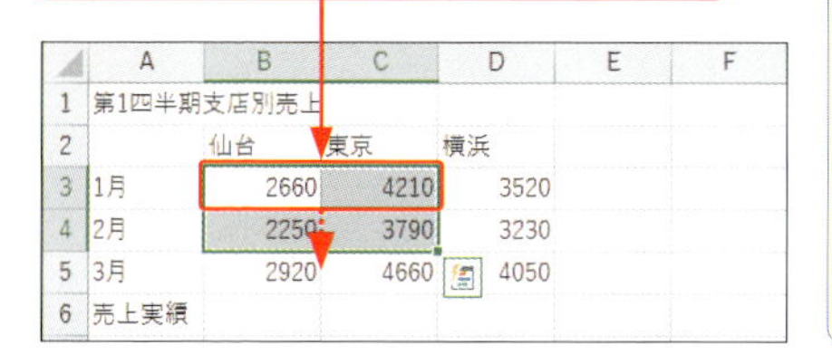

Hint

選択を解除するには?

セル範囲の選択を解除するには、ワークシート内のいずれかのセルをクリックします。

2 離れた位置にあるセルを選択する

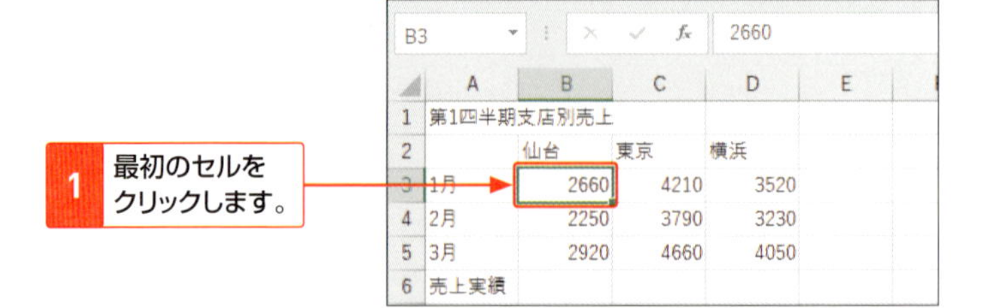

1 最初のセルをクリックします。

	A	B	C	D	E
1	第1四半期支店別売上				
2		仙台	東京	横浜	
3	1月	2660	4210	3520	
4	2月	2250	3790	3230	
5	3月	2920	4660	4050	
6	売上実績				

2 Ctrlを押しながら別のセルをクリックすると、セルが追加選択されます。

3 ひとまとまりのセル領域を選択する

1 セルをクリックして、

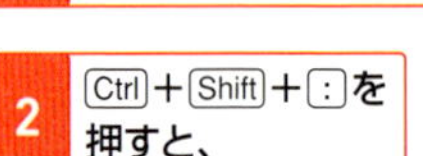

2 Ctrl＋Shift＋:を押すと、

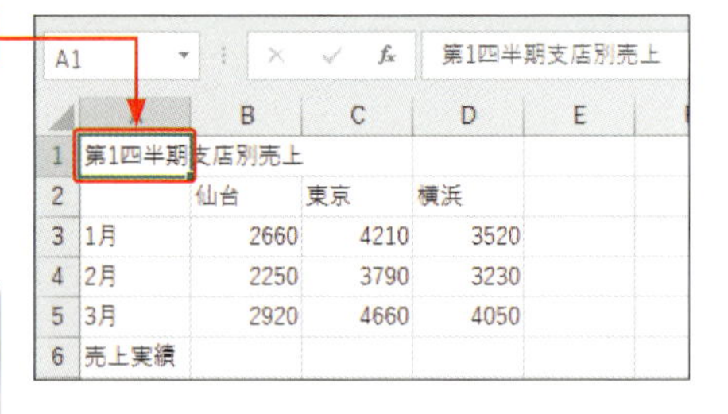

Keyword

アクティブセル領域

データが入力された矩形（長方形）のセル範囲のことを「アクティブセル領域」といいます。

	A	B	C	D	E
1	第1四半期支店別売上				
2		仙台	東京	横浜	
3	1月	2660	4210	3520	
4	2月	2250	3790	3230	
5	3月	2920	4660	4050	
6	売上実績				
7					
8					

3 セル領域（複数のセルのまとまり）が選択されます。

4 行や列をまとめて選択する

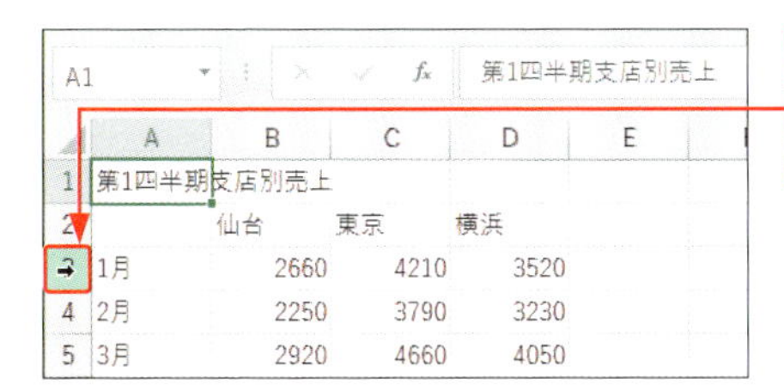

1 行番号の上にマウスポインターを合わせて、

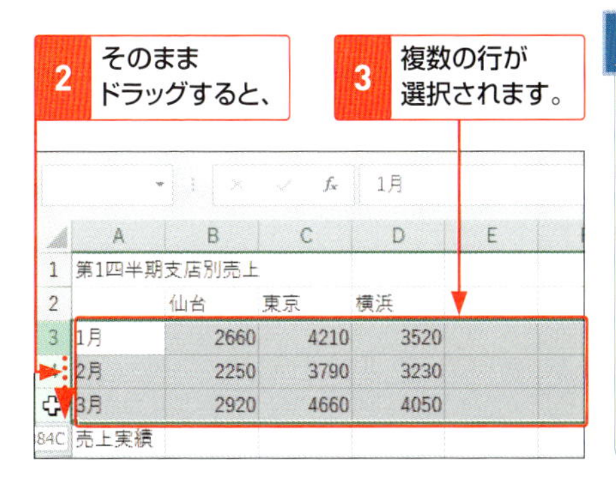

2 そのままドラッグすると、

3 複数の行が選択されます。

> **StepUp**
>
> **ワークシート全体の選択**
>
> ワークシート左上の、行番号と列番号が交差している部分 をクリックすると、ワークシート全体を選択することができます。

5 離れた位置にある行や列を選択する

1 行番号をクリックすると、行全体が選択されます。

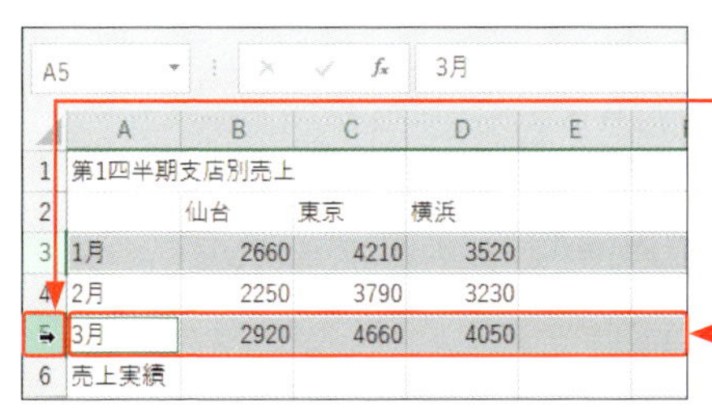

2 Ctrl を押しながら行番号をクリックすると、

3 離れた位置にある行が追加選択されます。

13 データをコピーして貼り付ける

入力済みのデータと同じデータを入力する場合は、データを**コピーして貼り付ける**と入力の手間が省けます。ここでは、コマンドを使う方法とドラッグ操作を使う方法を紹介します。

1 コピー・貼り付けする

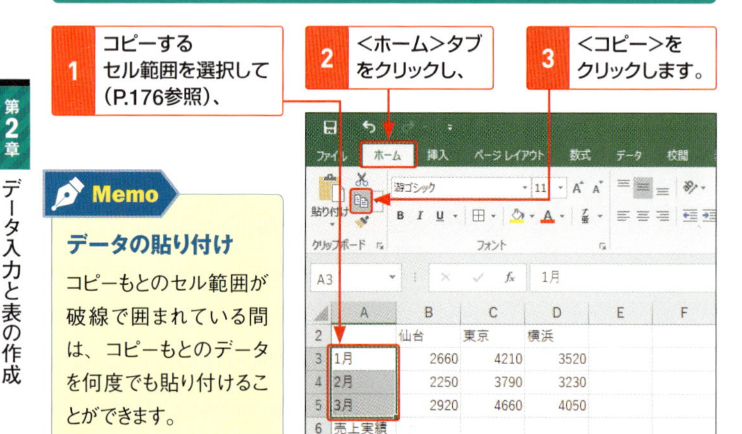

1 コピーするセル範囲を選択して（P.176参照）、

2 <ホーム>タブをクリックし、

3 <コピー>をクリックします。

> **Memo**
>
> **データの貼り付け**
>
> コピーもとのセル範囲が破線で囲まれている間は、コピーもとのデータを何度でも貼り付けることができます。

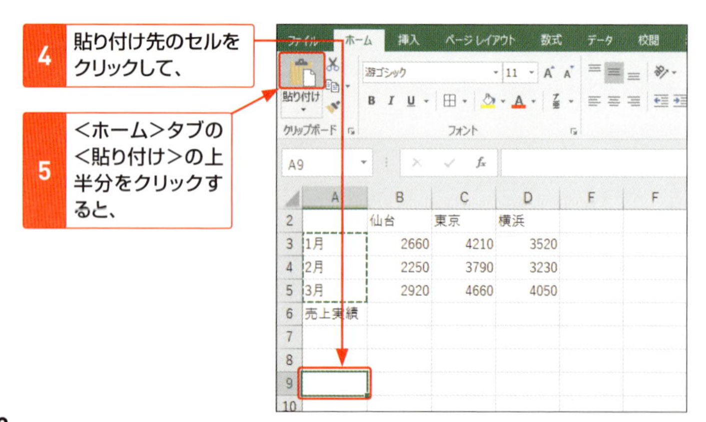

4 貼り付け先のセルをクリックして、

5 <ホーム>タブの<貼り付け>の上半分をクリックすると、

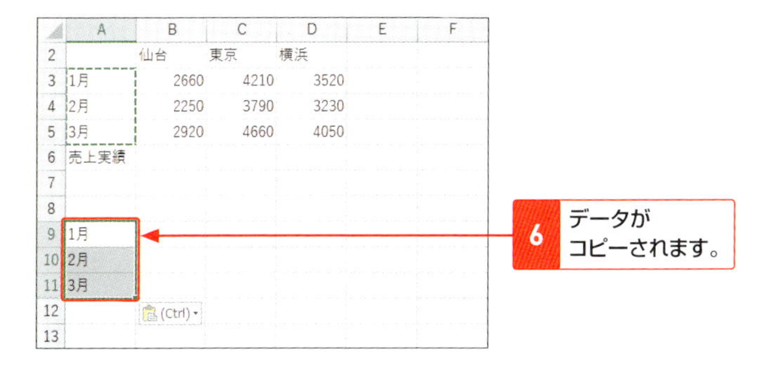

2 ドラッグでデータをコピーする

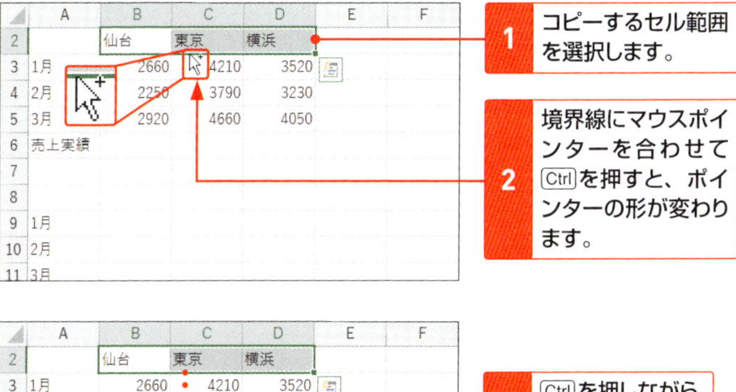

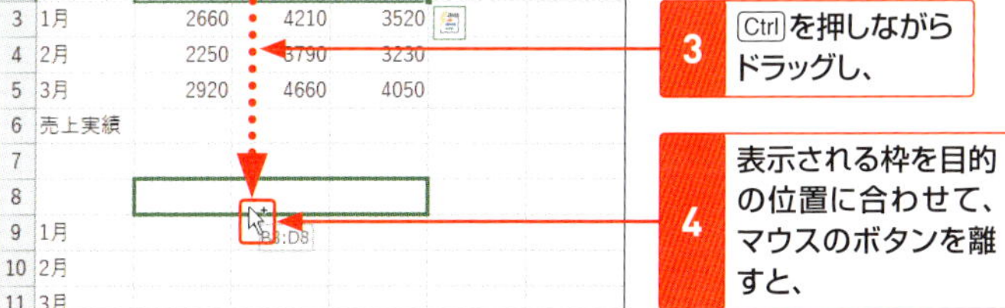

Section 14 データを移動する

入力済みのデータを移動するには、セル範囲を切り取って、目的の位置に貼り付けます。方法はいくつかありますが、ここでは、コマンドを使う方法とドラッグ操作を使う方法を紹介します。

1 切り取り・貼り付けする

1 移動するセル範囲を選択して、

2 <ホーム>タブをクリックし、

3 <切り取り>をクリックします。

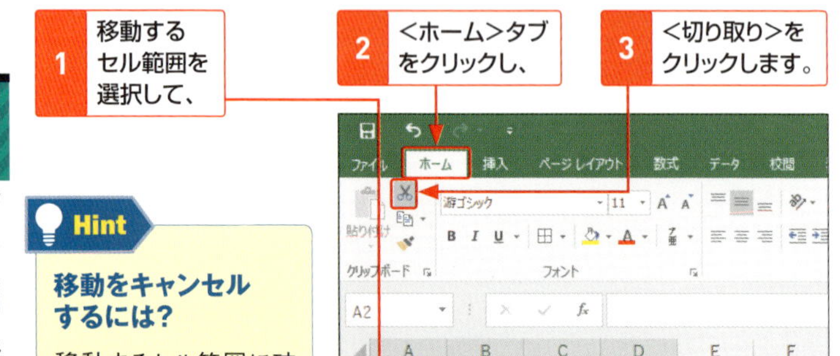

Hint

移動をキャンセルするには?

移動するセル範囲に破線が表示されている間は、Escを押すと、移動をキャンセルすることができます。

4 移動先のセルをクリックして、

5 <ホーム>タブの<貼り付け>の上半分をクリックすると、

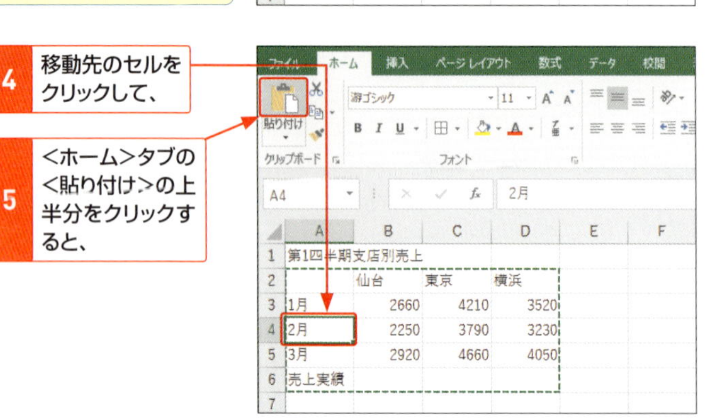

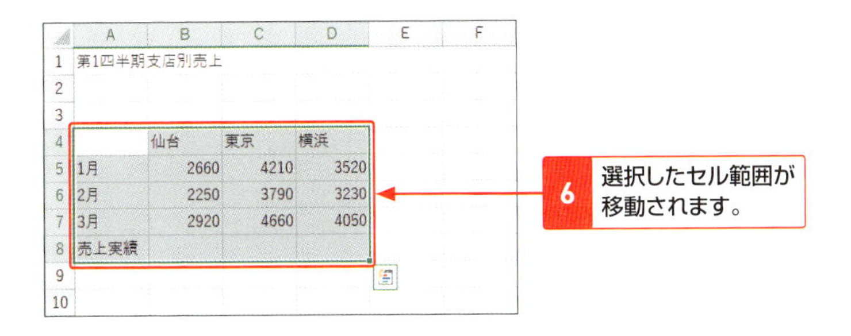

2 ドラッグでデータを移動する

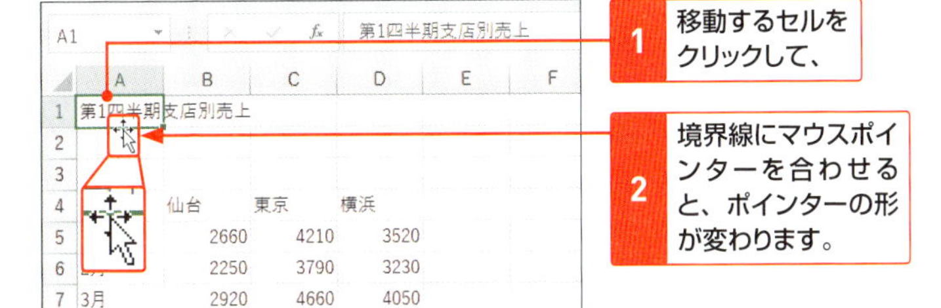

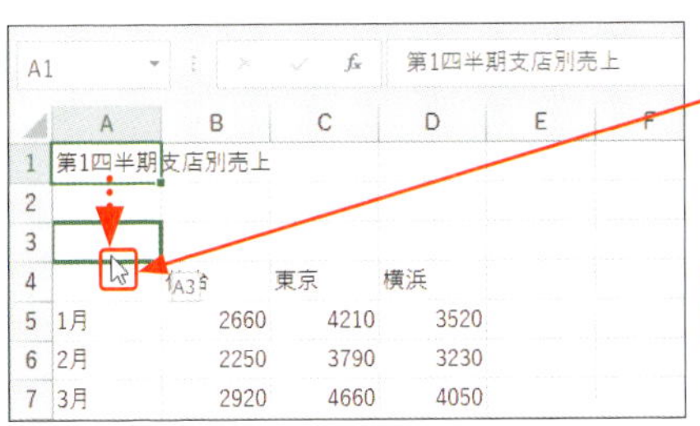

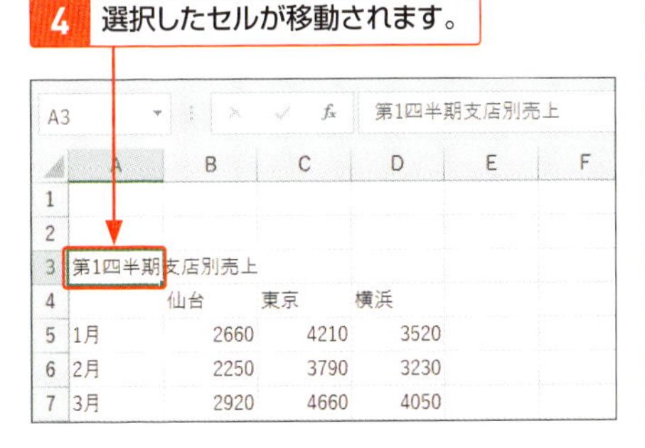

Memo

ドラッグでコピー／移動する際の注意点

ドラッグでデータをコピー／移動すると、クリップボードにデータが保管されないため、データは一度しか貼り付けられません。クリップボードとは、Windowsの機能の1つで、データが一時的に保管される場所のことです。

15 罫線を引く

ワークシートに目的のデータを入力したら、表が見やすいように罫線を引きます。罫線を引くには、<ホーム>タブの<罫線>を利用します。セルに斜線を引くこともできます。

1 セル範囲に罫線を引く

1 目的のセル範囲を選択して、

2 <ホーム>タブをクリックします。

3 <罫線>のここをクリックして、

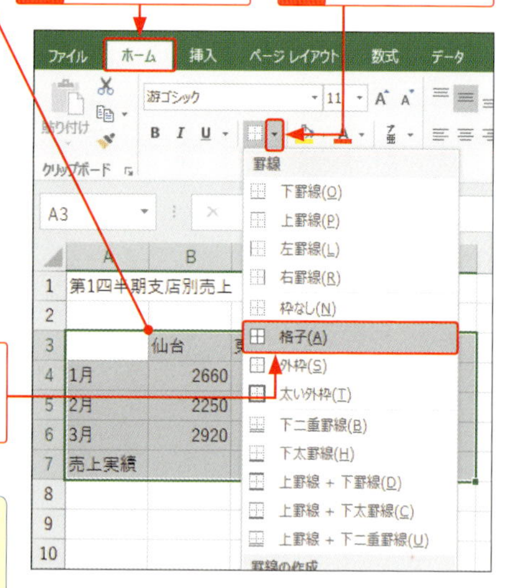

4 罫線の種類をクリックすると（ここでは<格子>）、

	A	B	C	D	E
1	第1四半期支店別売上				
2					
3		仙台	東京	横浜	合計
4	1月	2660	4210	3520	
5	2月	2250	3790	3230	
6	3月	2920	4660	4050	
7	売上実績				
8					

5 選択したセル範囲に罫線が引かれます。

Hint

罫線を消去するには？

罫線を消去するには、目的のセル範囲を選択して、罫線メニューを表示し、手順4で<枠なし>をクリックします。

2 セルに斜線を引く

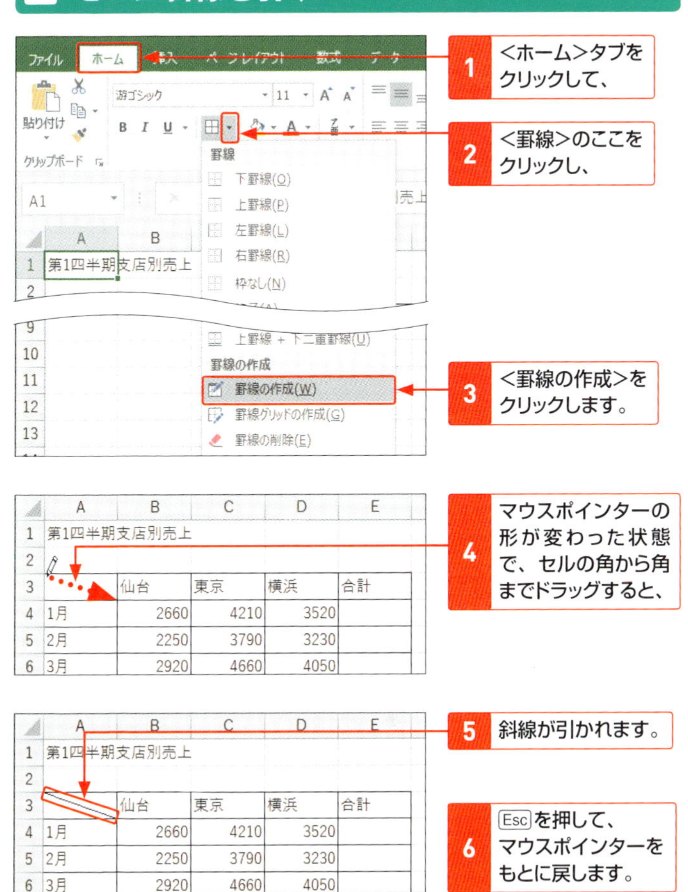

1 <ホーム>タブをクリックして、

2 <罫線>のここをクリックし、

3 <罫線の作成>をクリックします。

4 マウスポインターの形が変わった状態で、セルの角から角までドラッグすると、

5 斜線が引かれます。

6 Escを押して、マウスポインターをもとに戻します。

第2章 データ入力と表の作成

罫線の一部を削除するには?

一部の罫線を削除するには、手順3で<罫線の削除>をクリックして、罫線を削除したいセル範囲をドラッグ、またはクリックします。

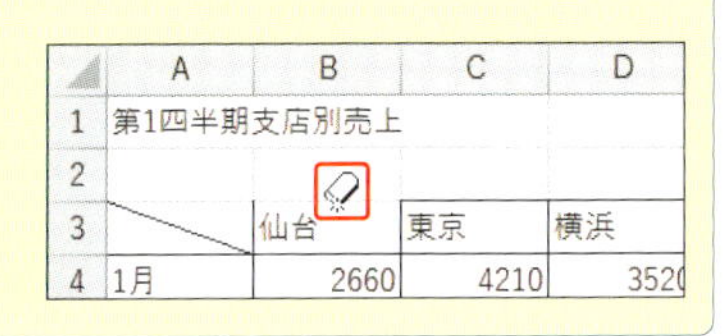

3 スタイルを指定する

1 セル範囲を選択して、<ホーム>タブをクリックします。

2 <罫線>のここをクリックして、

3 <線のスタイル>にマウスポインターを合わせ、

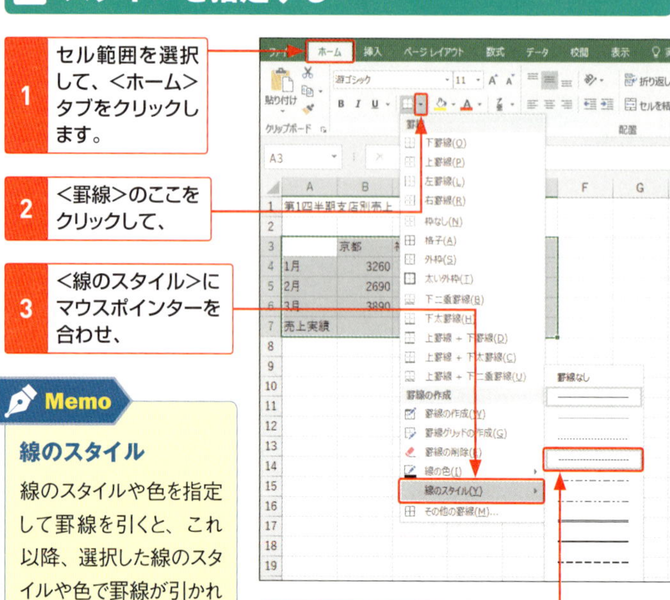

4 罫線のスタイルを指定します。

Memo

線のスタイル

線のスタイルや色を指定して罫線を引くと、これ以降、選択した線のスタイルや色で罫線が引かれるので注意が必要です。

5 <ホーム>タブの<罫線>のここをクリックして、

6 <格子>をクリックすると、

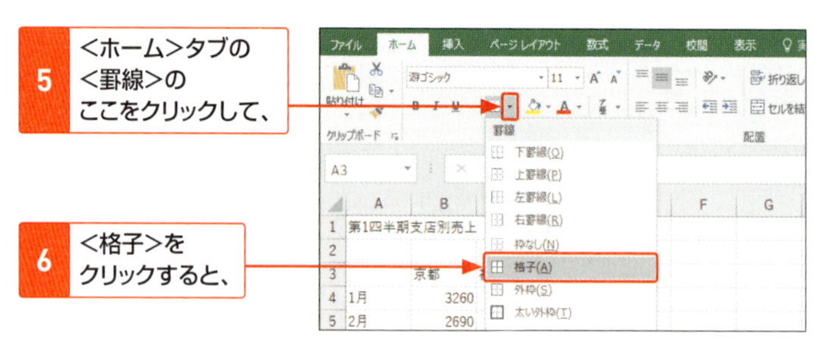

7 指定した線のスタイルで罫線が引かれます。

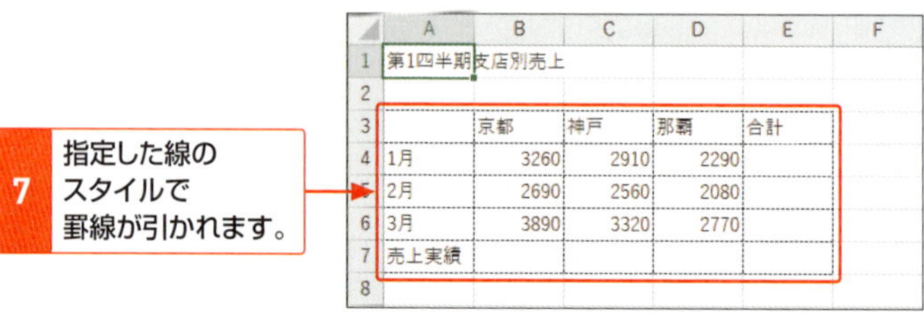

	A	B	C	D	E	F
1	第1四半期支店別売上					
2						
3		京都	神戸	那覇	合計	
4	1月	3260	2910	2290		
5	2月	2690	2560	2080		
6	3月	3890	3320	2770		
7	売上実績					
8						

第3章

書式の設定

Section 16

フォントのサイズや種類を変更する

セルに入力されている文字の文字サイズやフォントは、任意に変更することができます。表の見出しなどの文字サイズやフォントを変更すると、その部分を目立たせることができます。

1 フォントサイズを変更する

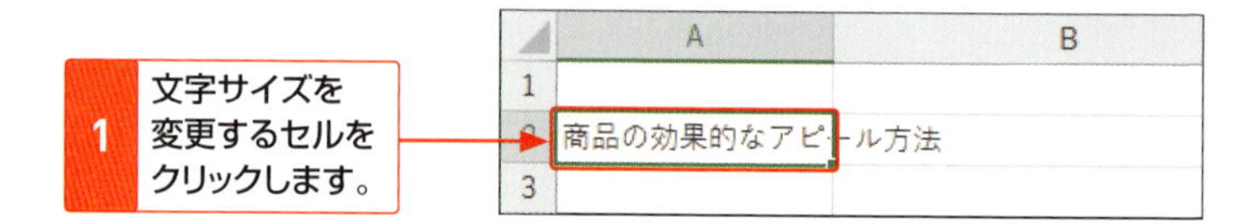

1 文字サイズを変更するセルをクリックします。

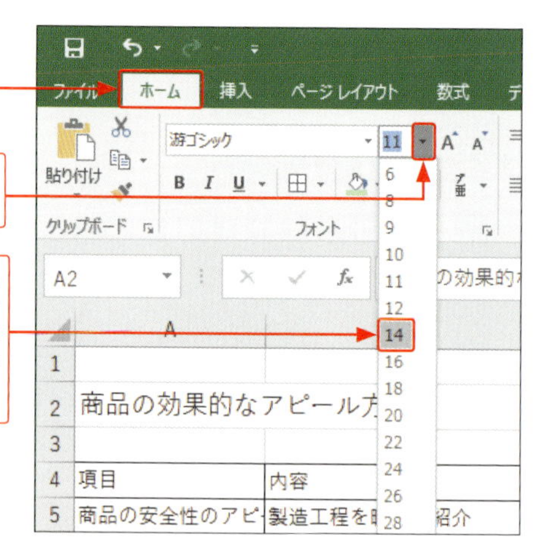

2 ＜ホーム＞タブをクリックして、

3 ＜フォントサイズ＞のここをクリックし、

4 文字サイズにマウスポインターを合わせると、文字サイズが一時的に適用されて表示されます。

5 文字サイズをクリックすると、文字サイズの適用が確定されます。

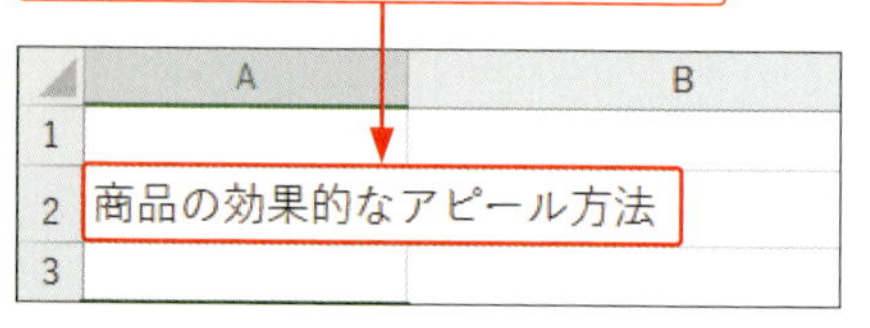

Memo

初期設定の文字サイズ

Excelの既定の文字サイズは、「11ポイント」です。

2 フォントを変更する

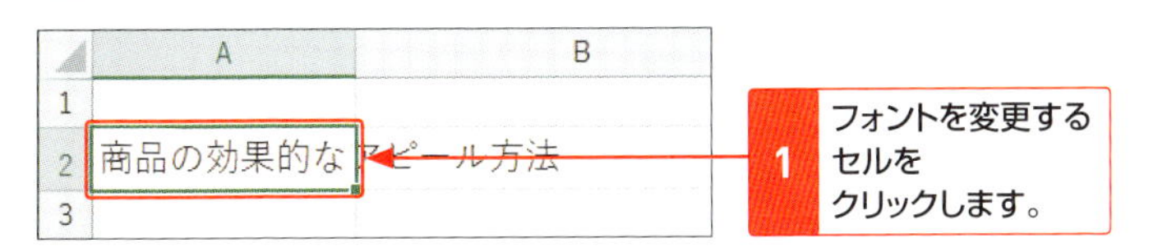

1 フォントを変更するセルをクリックします。

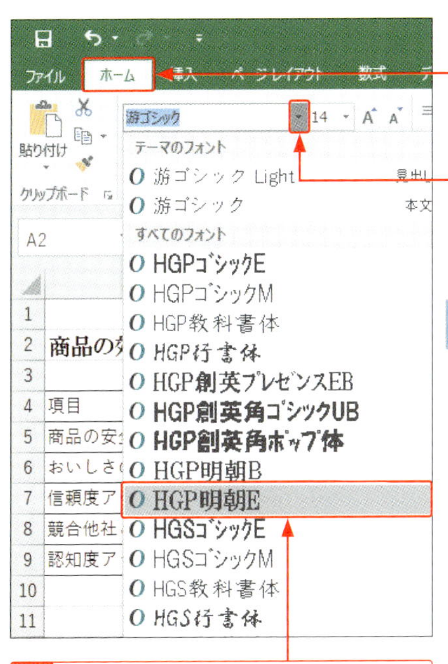

2 <ホーム>タブをクリックして、

3 <フォント>のここをクリックし、

4 フォントにマウスポインターを合わせると、フォントが一時的に適用されて表示されます。

5 フォントをクリックすると、フォントの適用が確定されます。

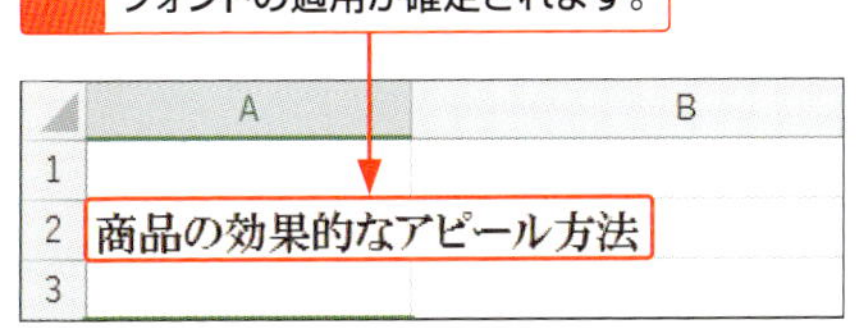

Memo

初期設定のフォント

Excelの既定の日本語フォントは、Excel 2013までは「MS Pゴシック」でしたが、Excel 2016では「游ゴシック」に変わりました。

StepUp

文字の一部を変更するには？

セルを編集できる状態にして、文字の一部分を選択すると、選択した部分のフォントや文字サイズだけを変更できます。

文字の装飾や色を変更する

文字は太字にしたり、斜体や下線を付けたりあるいは色を付けたり、さまざまな書式を設定できます。特定の文字を目立たせたり、表にメリハリを付けたりすることができます。

1 太字にする

1 文字を太字にするセルをクリックします。

2 <ホーム>タブをクリックして、

3 <太字>をクリックすると、

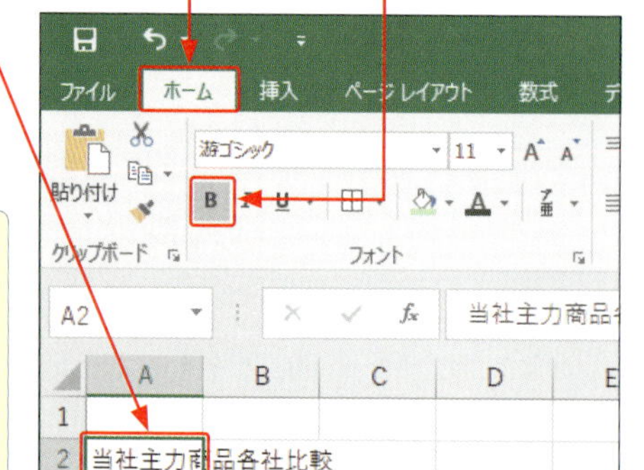

4 文字が太字になります。

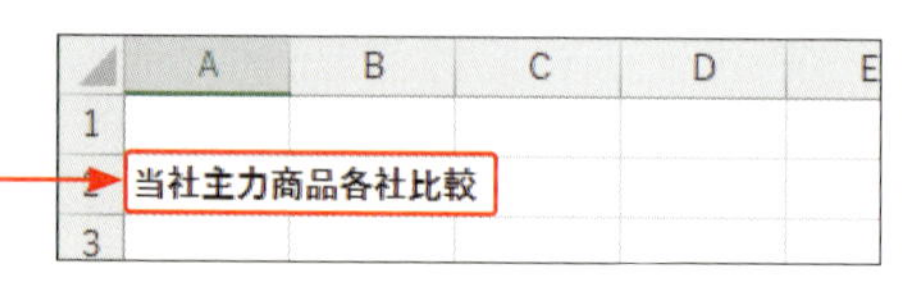

Hint

太字を解除するには？

太字の設定を解除するには、セルをクリックして、<太字>を再度クリックします。

StepUp

文字の一部分に書式を設定するには？

セルを編集できる状態にして、文字の一部分を選択してから太字や色などを設定すると、選択した部分の文字だけに書式を設定することができます。

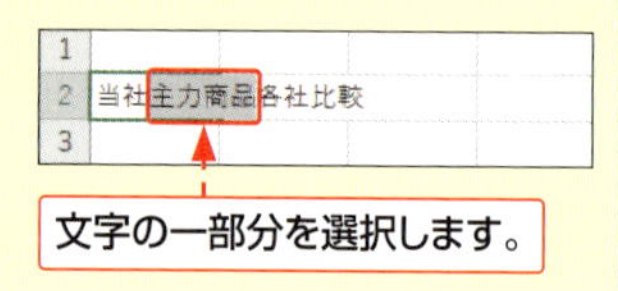

文字の一部分を選択します。

2 斜体にする

1 文字を斜体にするセル範囲を選択します。

2 <ホーム>タブをクリックして、

3 <斜体>をクリックすると、

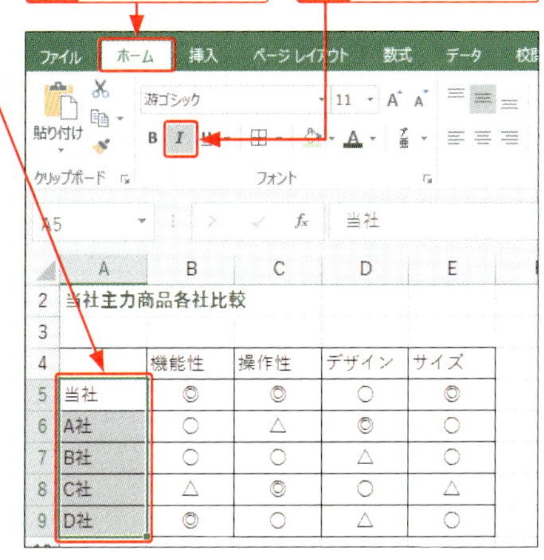

4 文字が斜体になります。

Hint

斜体を解除するには?

斜体の設定を解除するには、セルをクリックして、<斜体>を再度クリックします。

StepUp

文字飾りを設定する

<ホーム>タブの<フォント>グループの をクリックすると、<セルの書式設定>ダイアログボックスの<フォント>が表示されます。このダイアログボックスの<文字飾り>では、右の3種類の文字飾りを設定することができます。

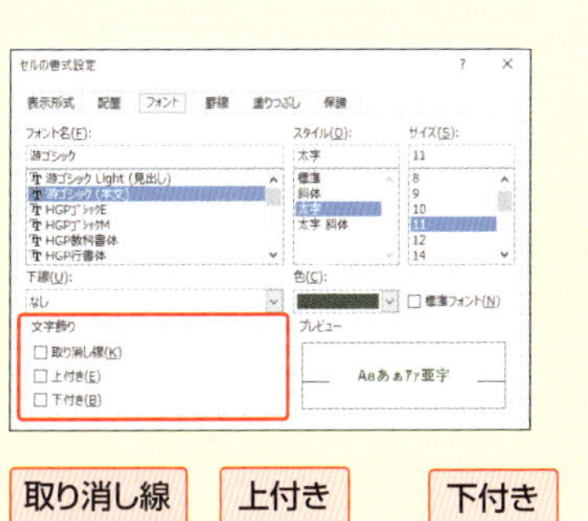

取り消し線	上付き	下付き
~~12,345~~	πr^2	a_n

第3章 書式の設定

3 下線を付ける

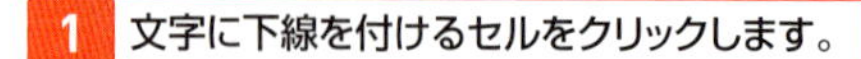

1 文字に下線を付けるセルをクリックします。

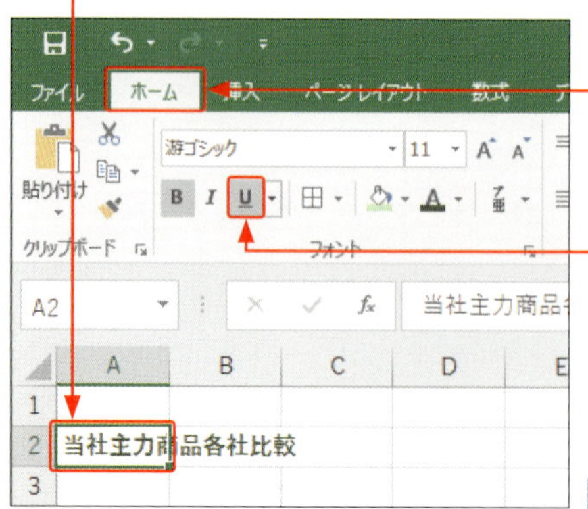

2 <ホーム>タブをクリックして、

3 <下線>をクリックすると、

4 文字に下線が付きます。

	A	B	C	D	E
1					
2	当社主力商品各社比較				
3					

Hint

下線を解除するには？

下線を解除するには、下線が付いているセルをクリックして、<下線>を再度クリックします。

StepUp

文字色と異なる色で下線を引くには？

上記の手順で引いた下線は、文字色と同色になります。違う色で下線を引きたい場合は、文字の下に直線を描画して、線の色を設定するとよいでしょう。直線の描画と編集については、P.264を参照してください。

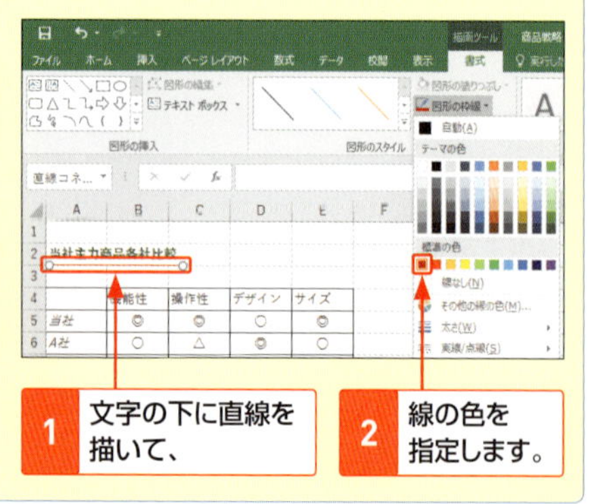

1 文字の下に直線を描いて、

2 線の色を指定します。

4 色を付ける

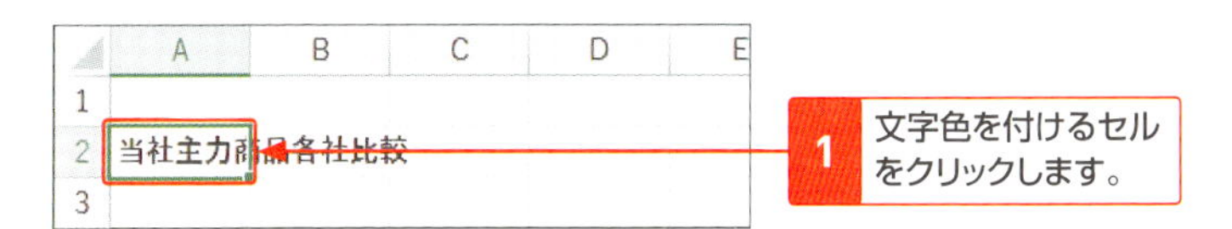

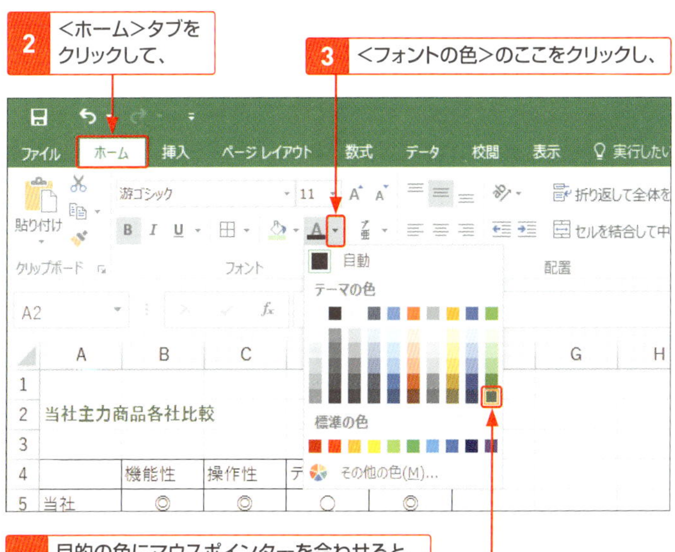

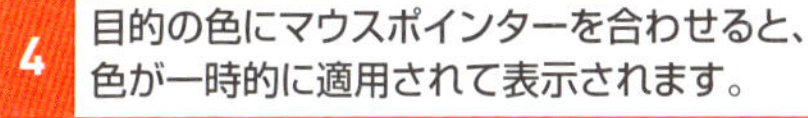

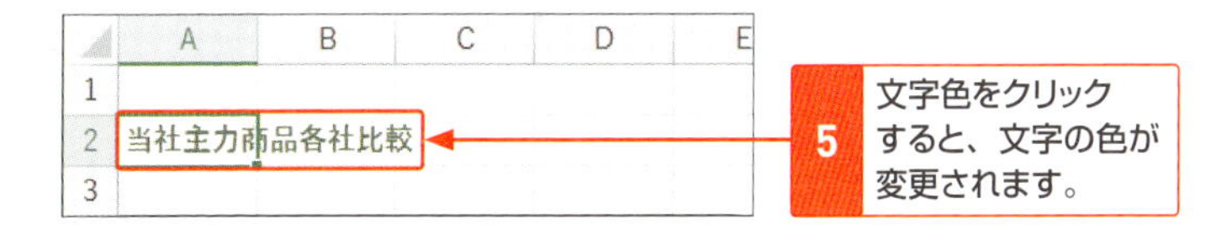

Memo

同じ色を繰り返し設定する

上記の手順で色を設定すると、<フォントの色>の色が指定した色に変わります。別のセルをクリックして、再度<フォントの色> A をクリックすると、指定した色が繰り返し設定されます。

18 文字の配置を変更する

セル内の文字の配置は任意に変更することができます。セル内に文字が入りきらない場合は、文字を折り返したり、セル幅に合わせて縮小したりできます。また、文字を縦書きにすることもできます。

1 セルの中央に揃える

StepUp

文字の左右上下の配置

＜ホーム＞タブの＜配置＞グループの各コマンドを利用すると、セル内の文字を左揃えや中央揃え、右揃えに設定したり、上揃えや上下中央揃え、下揃えに設定することができます。

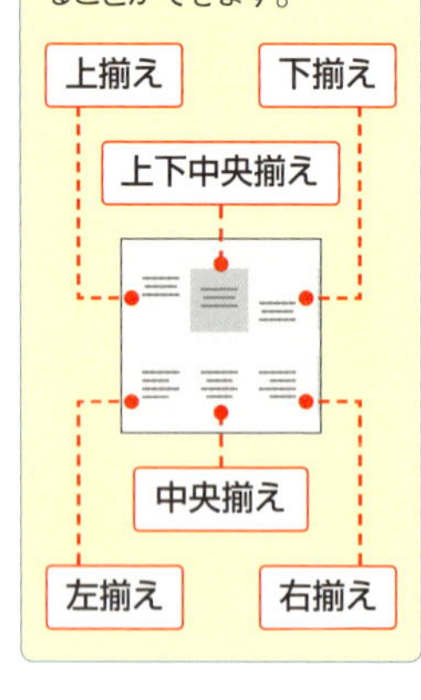

1 文字配置を変更するセル範囲を選択します。

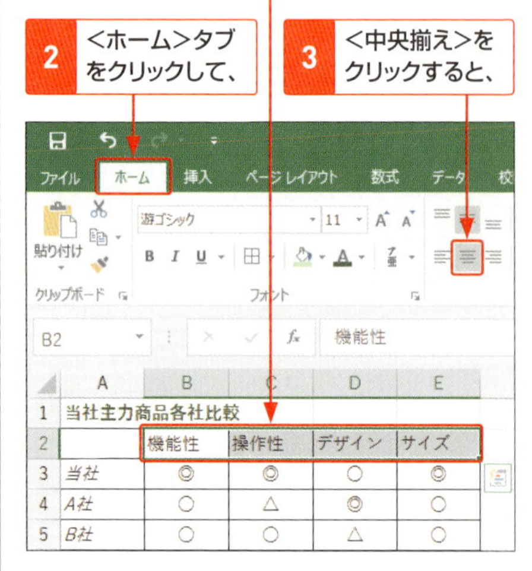

4 文字が中央揃えになります。

A1 当社主力商品各社比較

	A	B	C	D	E
1	当社主力商品各社比較				
2		機能性	操作性	デザイン	サイズ
3	当社	◎	◎	○	◎
4	A社	○	△	◎	○
5	B社	○	○	△	○

2 セルに合わせて文字を折り返す

1 セル内に文字がおさまっていないセルをクリックします。

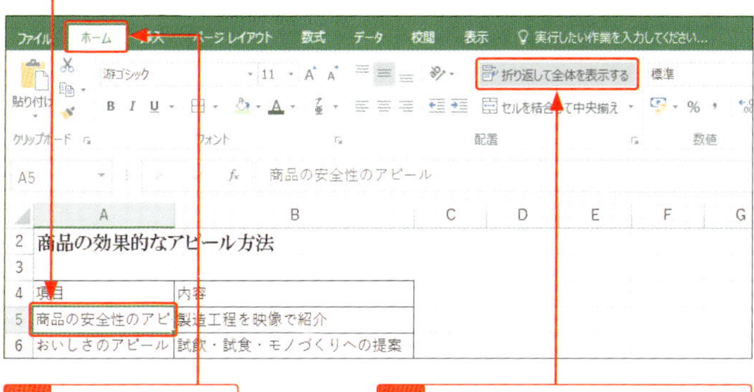

2 <ホーム>タブをクリックして、

3 <折り返して全体を表示する>をクリックすると、

4 文字が折り返され、文字全体が表示されます。

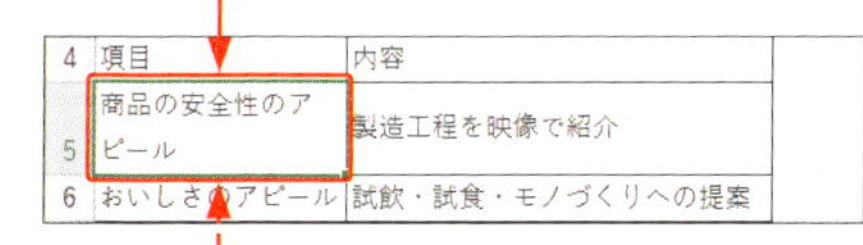

行の高さは、折り返した文字に合わせて自動的に調整されます。

Hint

折り返した文字をもとに戻すには？

折り返した文字をもとに戻すには、セルをクリックして、<折り返して全体を表示する>を再度クリックします。

指定した位置で折り返すには？

指定した位置で文字を折り返したい場合は、セル内をダブルクリックして、折り返したい位置にカーソルを移動し、Alt＋Enterを押します。

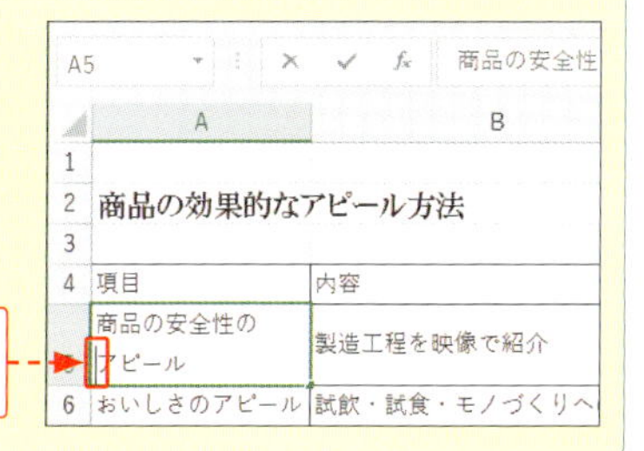

改行したい位置でAlt＋Enterを押します。

第3章 書式の設定

3 文字の大きさをセルの幅に合わせる

1 文字の大きさを調整するセルをクリックして、

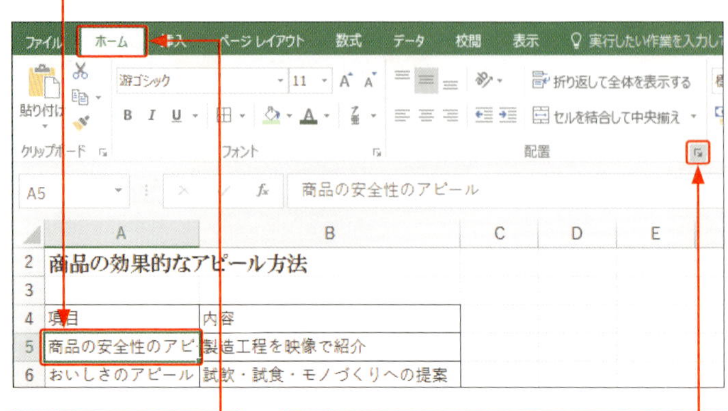

2 <ホーム>タブをクリックし、

3 <配置>グループのここをクリックします。

縮小して全体を表示

手順4、5の方法で操作すると、セル内におさまらない文字が自動的に縮小して表示されます。セル幅を広げると、文字の大きさはもとに戻ります。

4 <縮小して全体を表示する>をクリックしてオンにし、

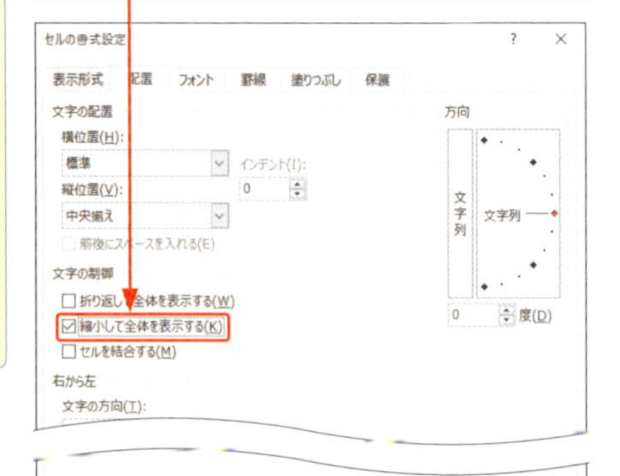

5 <OK>をクリックすると、

6 文字がセルの幅に合わせて、自動的に縮小されます。

3		
4	項目	内容
5	商品の安全性のアピール	製造工程を映像で紹介
6	おいしさのアピール	試飲・試食・モノづくりへの提案

4 縦書きにする

1 文字を縦書きにするセル範囲を選択して、

2 <ホーム>タブをクリックします。

3 <方向>をクリックして、

4 <縦書き>をクリックすると、

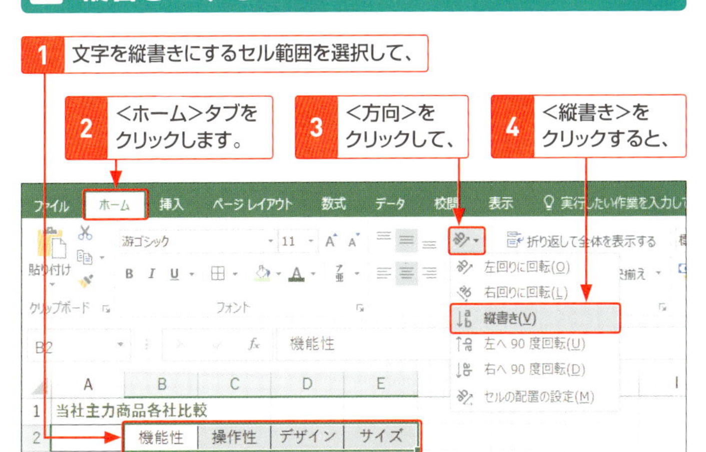

5 文字が縦書き表示になります。

	A	B	C	D	E
1	当社主力商品各社比較				
2		機能性	操作性	デザイン	サイズ
3	当社	◎	◎	○	◎

Hint

文字を回転する

手順4で<左回りに回転>または<右回りに回転>をクリックすると、それぞれの方向に45度単位の回転ができます。

StepUp

インデントを設定する

「インデント」とは、文字とセルの枠線との間隔を広くする機能のことです。セル範囲を選択して、<ホーム>タブの<インデントを増やす>をクリックすると、クリックするごとに、セル内のデータが1文字分ずつ右へ移動します。インデントを解除するには、<インデントを減らす>をクリックします。

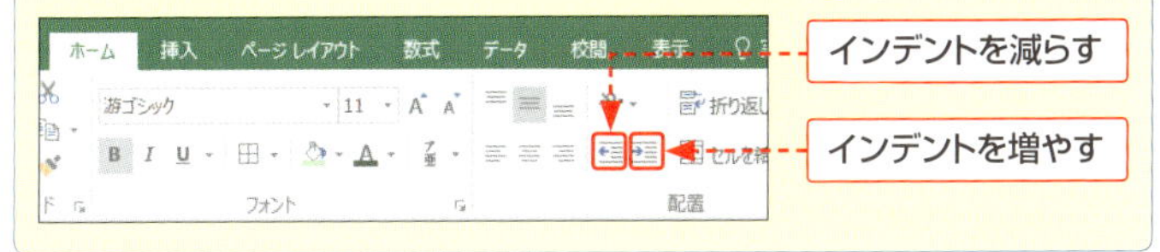

インデントを減らす

インデントを増やす

Section 19 文字の表示形式を変更する

表示形式は、データを目的に合った形式で表示するための機能です。この機能を利用して、数値を**桁区切りスタイル**や**通貨スタイル**、**パーセントスタイル**などで表示することができます。

■表示形式と表示結果

Excelでは、セルに対して「表示形式」を設定することで、実際にセルに入力したデータを、さまざまな見た目で表示させることができます。表示形式には、下図のようなものがあります。

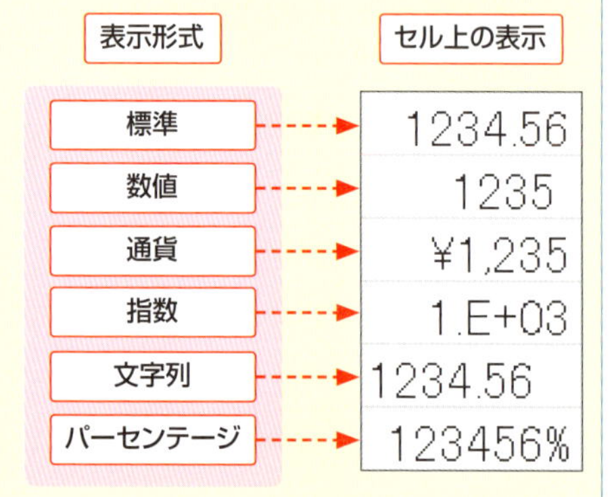

表示形式を設定するには、＜ホーム＞タブの＜数値＞グループの各コマンドを利用します。また、＜セルの書式設定＞ダイアログボックスの＜表示形式＞を利用すると、さらに詳細な設定が行えます。

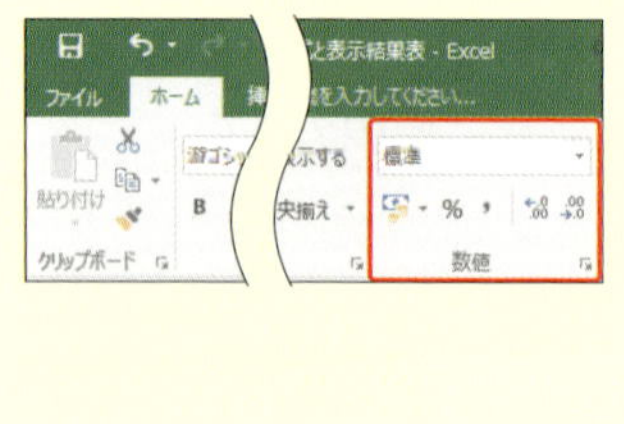

セルの書式設定

表示形式　配置　フォント　罫線　塗りつぶし　保護

分類(C):
標準
数値
通貨
会計
日付
時刻
パーセンテージ
分数
指数
文字列
その他
ユーザー定義

サンプル

小数点以下の桁数(D): 0

□ 桁区切り (,) を使用する(U)

負の数の表示形式(N):
(1234)
(1234)
1234
-1234
-1234
△ 1234
▲ 1234

1 桁区切りを表示する

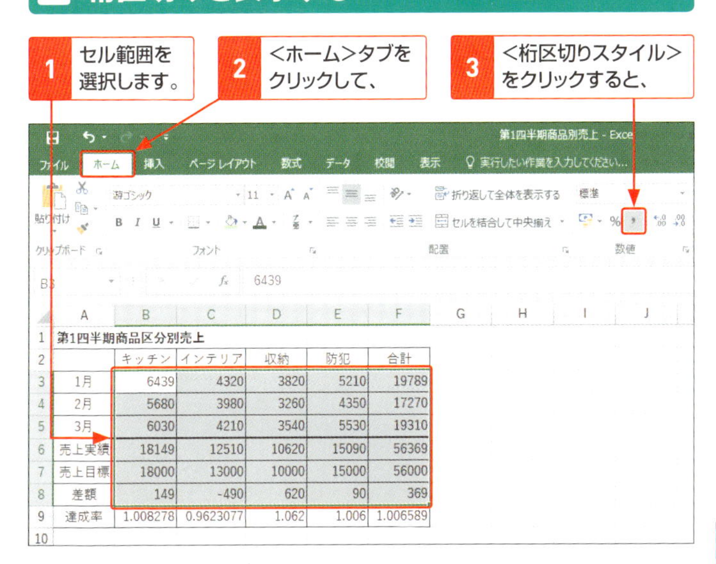

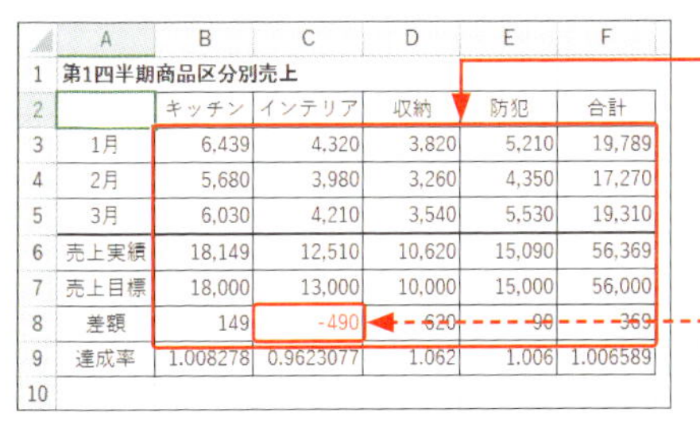

Hint

表示形式を標準に戻すには?

表示形式を変更したセルを標準スタイルに戻したいときは、<数値>グループの<数値の書式>から<標準>を指定します。

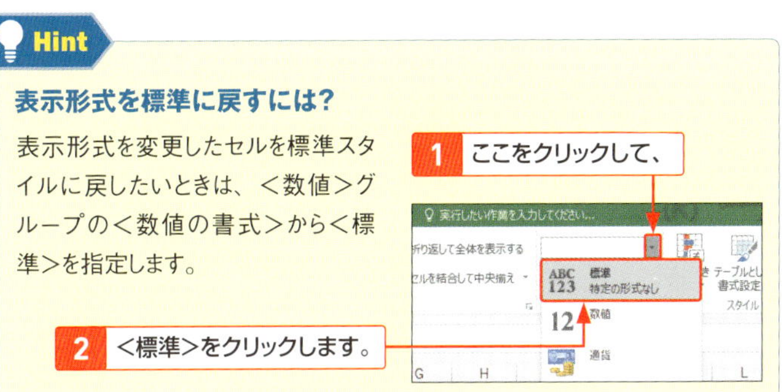

2 「¥」を付けて表示する

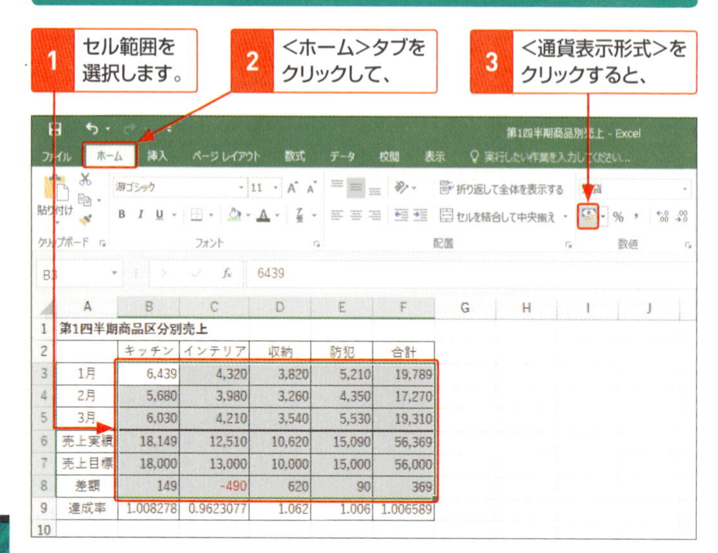

4 数値が通貨スタイルに変更されます。

	A	B	C	D	E	F
1	第1四半期商品区分別売上					
2		キッチン	インテリア	収納	防犯	合計
3	1月	¥6,439	¥4,320	¥3,820	¥5,210	¥19,789
4	2月	¥5,680	¥3,980	¥3,260	¥4,350	¥17,270
5	3月	¥6,030	¥4,210	¥3,540	¥5,530	¥19,310
6	売上実績	¥18,149	¥12,510	¥10,620	¥15,090	¥56,369
7	売上目標	¥18,000	¥13,000	¥10,000	¥15,000	¥56,000
8	差額	¥149	¥-490	¥620	¥90	¥369
9	達成率	1.008278	0.9623077	1.062	1.006	1.006589
10						

Hint

別の通貨記号を使うには？

「¥」以外の通貨記号を使いたい場合は、<通貨表示形式>の ▾ をクリックして、通貨記号を指定します。メニュー最下段の<その他の通貨表示形式>をクリックすると、そのほかの通貨記号が選択できます。

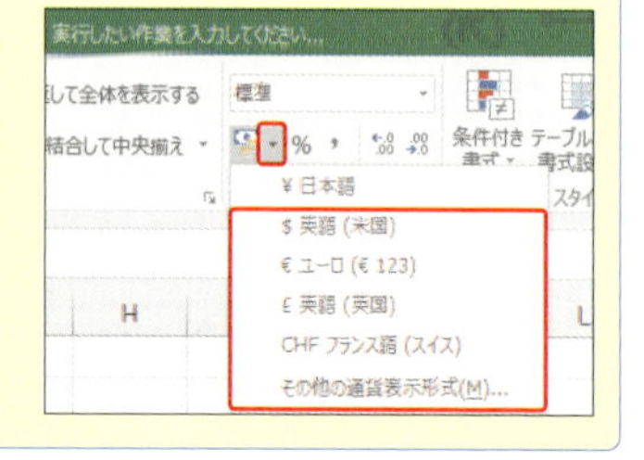

3 「%」で表示する

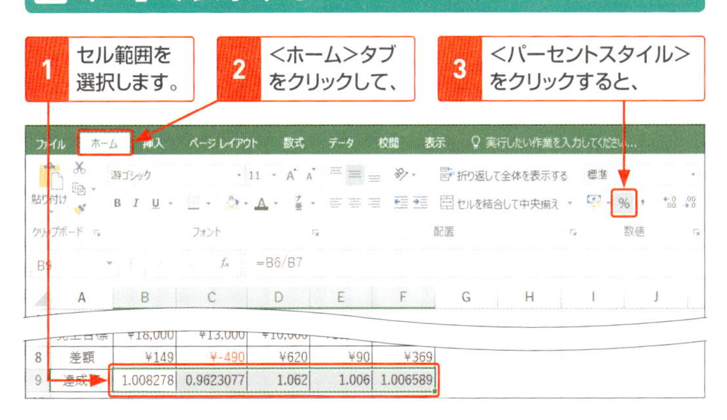

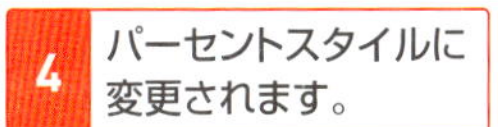

5 <小数点以下の表示桁数を増やす>をクリックすると、

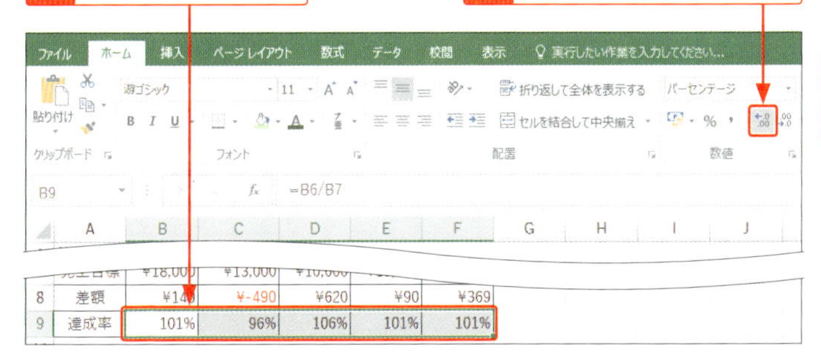

	A	B	C	D	E	F
5	3月	¥6,030	¥4,210	¥3,540	¥5,530	¥19,310
6	売上実績	¥18,149	¥12,510	¥10,620	¥15,090	¥56,369
7	売上目標	¥18,000	¥13,000	¥10,000	¥15,000	¥56,000
8	差額	¥149	¥-490	¥620	¥90	¥369
9	達成率	100.8%	96.2%	106.2%	100.6%	100.7%
10						

6 小数点以下の桁数が1つ増えます。

Memo

パーセントスタイルの表示

上記の手順でパーセントスタイルを設定すると、小数点以下の桁数が「0」(ゼロ)のパーセントスタイルになります。

Hint

小数点以下の桁数を減らすには?

小数点以下の桁数を減らす場合は、<小数点以下の表示桁数を減らす> をクリックします。

Section 20

セルの背景に色を付ける

セルの背景に色を付けると、見やすい表に仕上がります。セルの背景色を設定するには、<塗りつぶしの色>を利用して、<標準の色>や<テーマの色>から色を指定します。

1 <標準の色>を設定する

1 セル[A2]から[F2]をドラッグしたあと、Ctrlを押しながらセル[A3]から[A9]をドラッグして選択します。

2 <ホーム>タブの<塗りつぶしの色>のここをクリックして、

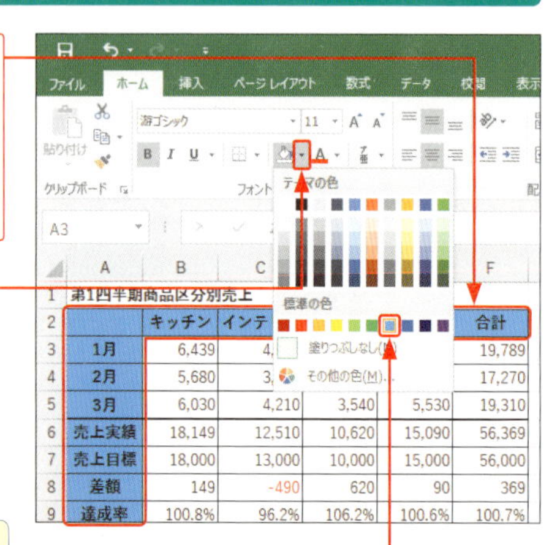

3 <標準の色>から目的の色にマウスポインターを合わせると、色が一時的に適用されて表示されます。

4 色をクリックすると、塗りつぶしの色が確定されます。

	A	B	C	D	E	F
1	第1四半期商品区分別売上					
2		キッチン	インテリア	収納	防犯	合計
3	1月	6,439	4,320	3,820	5,210	19,789
4	2月	5,680	3,980	3,260	4,350	17,270
5	3月	6,030	4,210	3,540	5,530	19,310
6	売上実績	18,149	12,510	10,620	15,090	56,369
7	売上目標	18,000	13,000	10,000	15,000	56,000
8	差額	149	-490	620	90	369
9	達成率	100.8%	96.2%	106.2%	100.6%	100.7%
10						

Memo

同じ色を繰り返し設定する

右の手順で色を設定すると、<塗りつぶしの色>コマンドの色も指定した色に変わります。別のセルをクリックして、再度、<塗りつぶしの色>をクリックすると、直前に指定した色を繰り返し設定することができます。

2 <テーマの色>を設定する

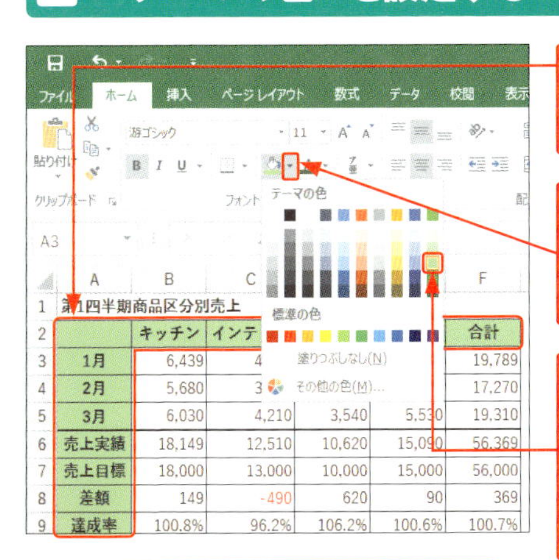

1 目的のセル範囲を選択します（P.178参照）。

2 <ホーム>タブの<塗りつぶしの色>のここをクリックして、

3 <テーマの色>から目的の色にマウスポインターを合わせると、色が一時的に適用されて表示されます。

4 色をクリックすると、塗りつぶしの色が確定されます。

	A	B	C	D	E	F
1	第1四半期商品区分別売上					
2		キッチン	インテリア	収納	防犯	合計
3	1月	6,439	4,320	3,820	5,210	19,789
4	2月	5,680	3,980	3,260	4,350	17,270
5	3月	6,030	4,210	3,540	5,530	19,310
6	売上実績	18,149	12,510	10,620	15,090	56,369
7	売上目標	18,000	13,000	10,000	15,000	56,000
8	差額	149	-490	620	90	369
9	達成率	100.8%	96.2%	106.2%	100.6%	100.7%

Hint

背景色を消すには？

セルの背景色を消すには、目的のセル範囲を選択して、手順3で<塗りつぶしなし>をクリックします。

Hint

テーマの色

<テーマの色>で設定する色は、<ページレイアウト>タブの<テーマ>の設定にもとづいています。<テーマ>でスタイルを変更すると、<テーマの色>で設定した色を含めてブック全体が自動的に変更されます。それに対し、<標準の色>で設定した色は、<テーマ>の変更に影響を受けません。

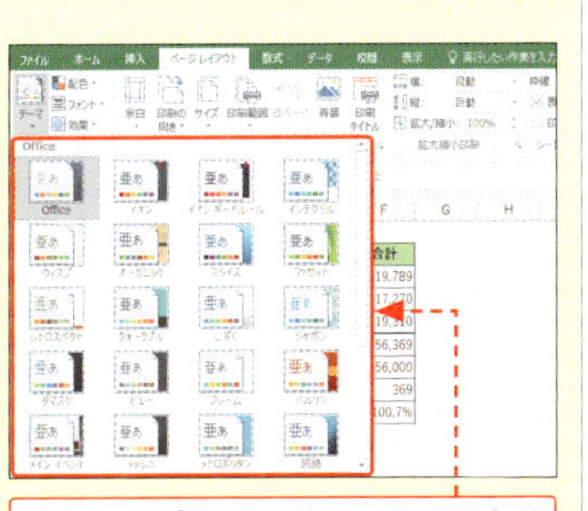

<テーマの色>は、<テーマ>のスタイルにもとづいて自動的に変更されます。

Section 21 形式を選択して貼り付ける

データや表をコピーして、<貼り付け>のメニューを利用すると、計算結果の値だけを貼り付けたり、もとの列幅を保持して貼り付けるといったことがかんたんにできます。

1 値のみを貼り付ける

1 コピーするセル範囲を選択して、

コピーするセルには、数式が入力されています。

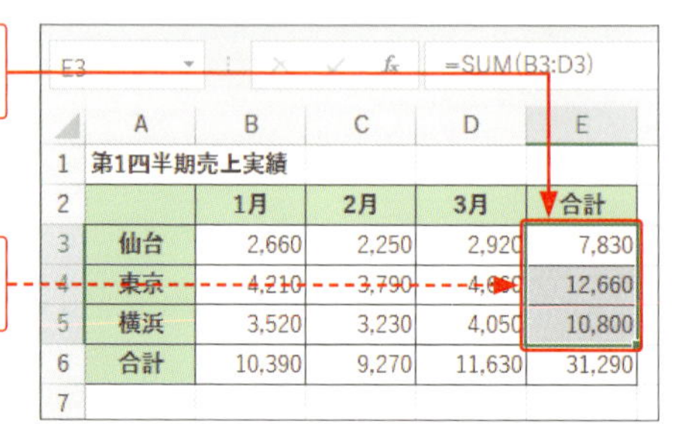

	A	B	C	D	E
1	第1四半期売上実績				
2		1月	2月	3月	合計
3	仙台	2,660	2,250	2,920	7,830
4	東京	4,210	3,790	4,660	12,660
5	横浜	3,520	3,230	4,050	10,800
6	合計	10,390	9,270	11,630	31,290
7					

2 <ホーム>タブをクリックし、

3 <コピー>をクリックします。

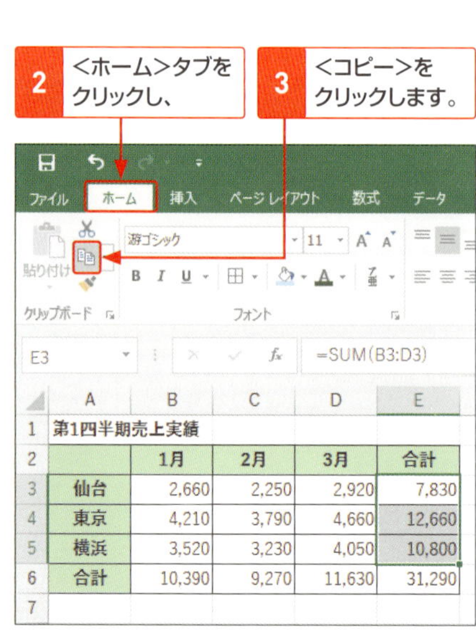

	A	B	C	D	E
1	第1四半期売上実績				
2		1月	2月	3月	合計
3	仙台	2,660	2,250	2,920	7,830
4	東京	4,210	3,790	4,660	12,660
5	横浜	3,520	3,230	4,050	10,800
6	合計	10,390	9,270	11,630	31,290
7					

Memo

ほかのシートへの値の貼り付け

セル参照を利用している数式の結果を別のシートに貼り付けると、セル参照が貼り付け先のシートのセルに変更されて、正しい計算が行えません。このような場合は、値だけを貼り付けます。

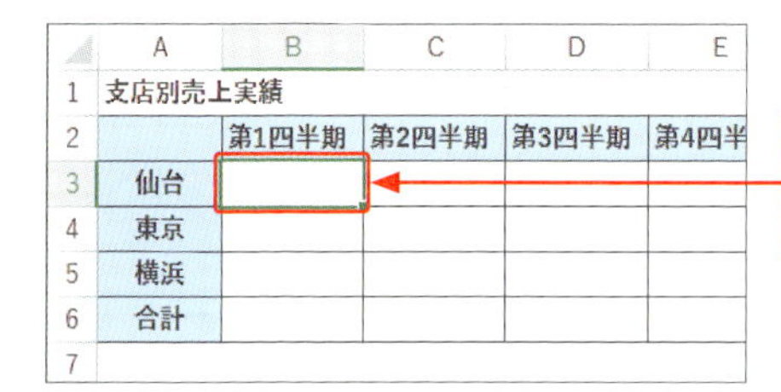

4 別シートの貼り付け先のセルをクリックします。

5 <ホーム>タブの<貼り付け>の下半分をクリックして、

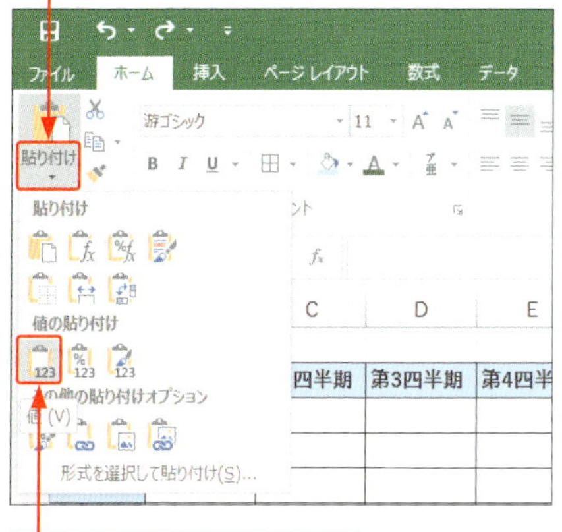

6 <値>をクリックすると、

7 計算結果の値だけが貼り付けられます。

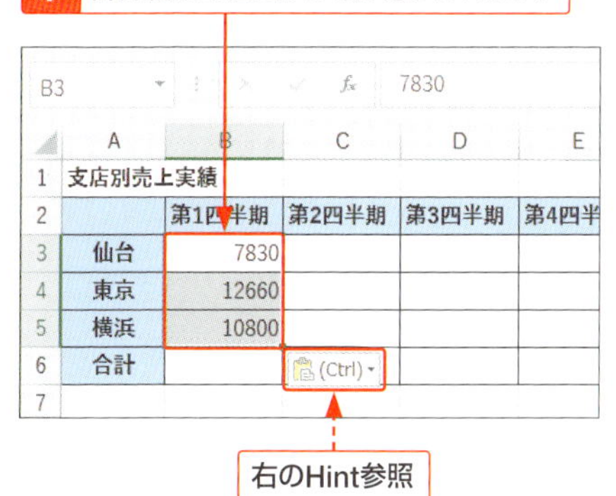

右のHint参照

Hint

<貼り付けのオプション>の利用

貼り付けたあとに表示される<貼り付けのオプション> (Ctrl) をクリックすると、貼り付けたあとで結果を手直しするためのメニューが表示されます。メニューの内容については、P.207を参照してください。

2 列幅を保持して貼り付ける

1 セル範囲を選択して、

2 ＜ホーム＞タブをクリックし、

3 ＜コピー＞をクリックします。

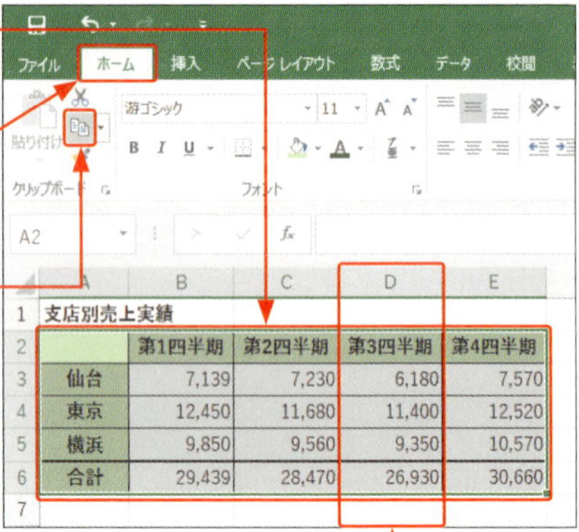

貼り付けもとと貼り付け先で列の幅が異なっています。

4 別シートの貼り付け先のセルをクリックして、

5 ＜ホーム＞タブの＜貼り付け＞の下半分をクリックし、

6 ＜元の列幅を保持＞をクリックすると、

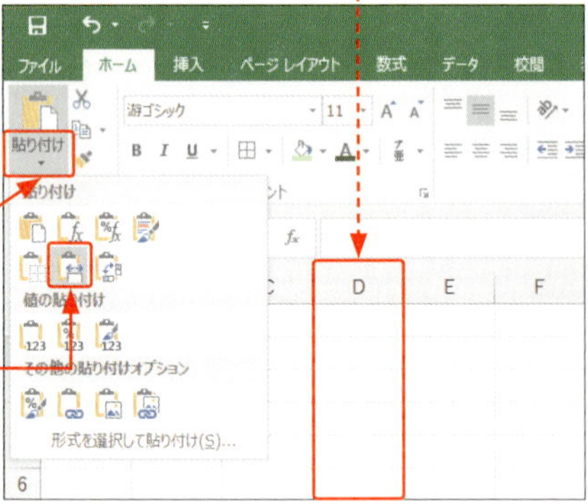

7 コピーしたセル範囲と同じ列幅で表が貼り付けられます。

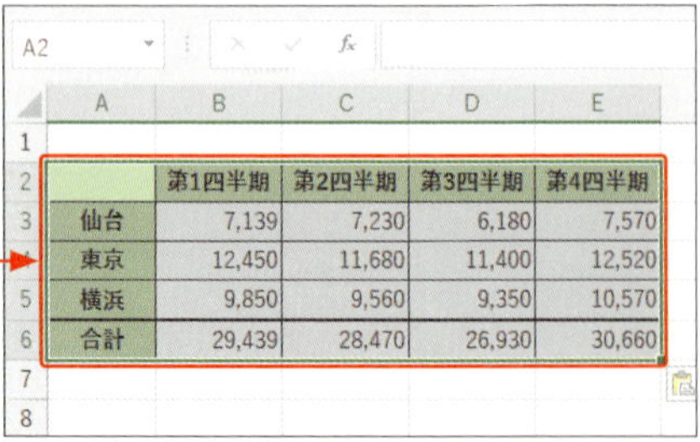

＜貼り付け＞で利用できる機能

＜貼り付け＞の下半分をクリックして表示されるメニューや、データを貼り付けたあとに表示される＜貼り付けのオプション＞(Ctrl)のメニューには、以下の機能が用意されています。

グループ	アイコン	項 目	概 要
貼り付け		貼り付け	セルのデータすべてを貼り付けます。
		数式	セルの数式だけを貼り付けます。
		数式と数値の書式	セルの数式と数値の書式を貼り付けます。
		元の書式を保持	もとの書式を保持して貼り付けます。
		罫線なし	罫線を除く、書式や値を貼り付けます。
		元の列幅を保持	もとの列幅を保持して貼り付けます。
		行列を入れ替える	行と列を入れ替えてすべてのデータを貼り付けます。
値の貼り付け		値	セルの値だけを貼り付けます。
		値と数値の書式	セルの値と数値の書式を貼り付けます。
		値と元の書式	セルの値ともとの書式を貼り付けます。
その他の貼り付けオプション		書式設定	セルの書式のみを貼り付けます。
		リンク貼り付け	もとのデータを参照して貼り付けます。
		図	もとのデータを図として貼り付けます。
		リンクされた図	もとのデータをリンクされた図として貼り付けます。

書式のみコピーして貼り付ける

セルに設定した罫線や背景色、配置などの書式を別のセルに繰り返し設定するのは手間がかかります。このようなときは、**書式だけをコピーして貼り付ける**と効率的です。

1 セルの書式をコピーして貼り付ける

1 書式をコピーするセル範囲を選択します。

2 <ホーム>タブをクリックして、

3 <書式のコピー／貼り付け>をクリックすると、

セルに背景色と罫線を設定しています。

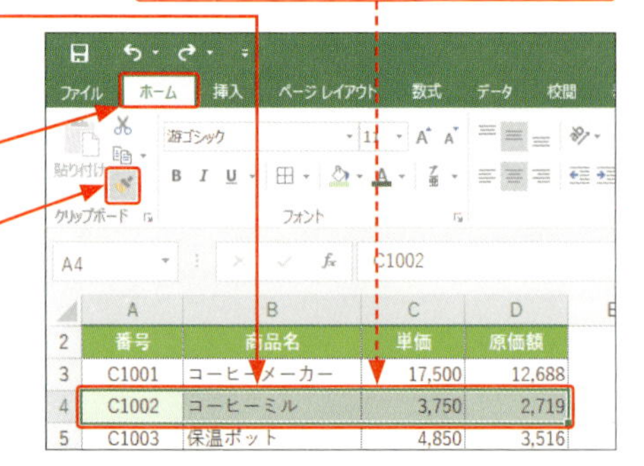

4 書式がコピーされ、マウスポインターの形が変わります。

	A	B	C	D
2	番号	商品名	単価	原価額
3	C1001	コーヒーメーカー	17,500	12,688
4	C1002	コーヒーミル	3,750	2,719
5	C1003	保温ポット	4,850	3,516
6	04		3,990	2,893
7	C1005	フードプロセッサ	35,200	25,520

5 貼り付ける位置でクリックすると、

6 書式だけが貼り付けられます。

	A	B	C	D
2	番号	商品名	単価	原価額
3	C1001	コーヒーメーカー	17,500	12,688
4	C1002	コーヒーミル	3,750	2,719
5	C1003	保温ポット	4,850	3,516
6	C1004	お茶ミル	3,990	2,893
7	C1005	フードプロセッサ	35,200	25,520

Memo

書式をコピーするそのほかの方法

書式のみをコピーするには、右の手順のほかに、<貼り付け>のメニューから<書式設定>を指定する方法もあります(P.207参照)。

2 書式を連続して貼り付ける

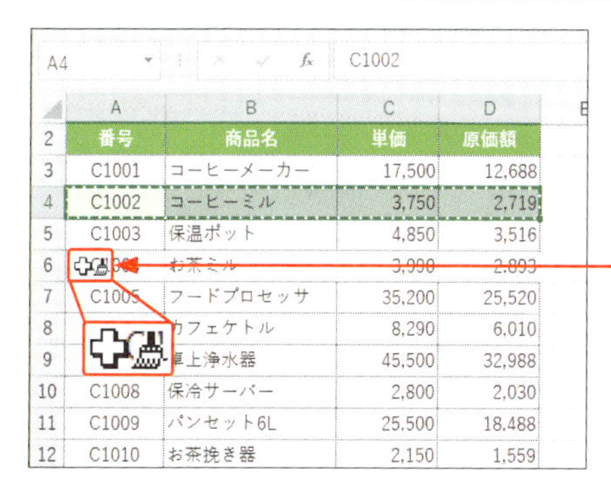

A4 ／ C1002

	A	B	C	D
2	番号	商品名	単価	原価額
3	C1001	コーヒーメーカー	17,500	12,688
4	C1002	コーヒーミル	3,750	2,719
5	C1003	保温ポット	4,850	3,516
6	C1004	お茶ミル	3,990	2,893
7	C1005	フードプロセッサ	35,200	25,520
8		カフェケトル	8,290	6,010
9		卓上浄水器	45,500	32,988
10	C1008	保冷サーバー	2,800	2,030
11	C1009	パンセット6L	25,500	18,488
12	C1010	お茶挽き器	2,150	1,559

1 P.208の手順3で＜書式のコピー／貼り付け＞をダブルクリックします。

2 書式がコピーされ、マウスポインターの形が変わります。貼り付ける位置でクリックすると、

A6 ／ C1004

	A	B	C	D
2	番号	商品名	単価	原価額
3	C1001	コーヒーメーカー	17,500	12,688
4	C1002	コーヒーミル	3,750	2,719
5	C1003	保温ポット	4,850	3,516
6	C1004	お茶ミル	3,990	2,893
7	C1005	フードプロセッサ	35,200	25,520
8	C1006	カフェケトル	8,290	6,010
9	C1007	卓上浄水器	45,500	32,988
10	C1008	保冷サーバー	2,800	2,030
11	C1009	パンセット6L	25,500	18,488
12	C1010	お茶挽き器	2,150	1,559

3 書式だけが貼り付けられます。

4 マウスポインターの形がのままなので、続けて書式を貼り付けることができます。

Hint

書式の連続貼り付けを中止するには?

書式の連続貼り付けを中止するには、Escを押すか、＜書式のコピー／貼り付け＞を再度クリックします。

Memo

コピーできる書式

＜書式のコピー／貼り付け＞では、次の書式をコピーできます。

①表示形式　②フォント
③罫線の設定　④文字の色やセルの背景色
⑤文字の配置、折り返し　⑥セルの結合
⑦文字サイズ、スタイル、文字飾り

23 条件にもとづいて書式を設定する

条件付き書式を利用すると、条件に一致するセルに書式を設定して目立たせることができます。また、データを相対評価して、カラーバーやアイコンでセルの値を視覚的に表現することもできます。

1 特定の値より大きいとき色を付ける

1 セル範囲［B3:D5］を選択して、

2 <ホーム>タブをクリックします。

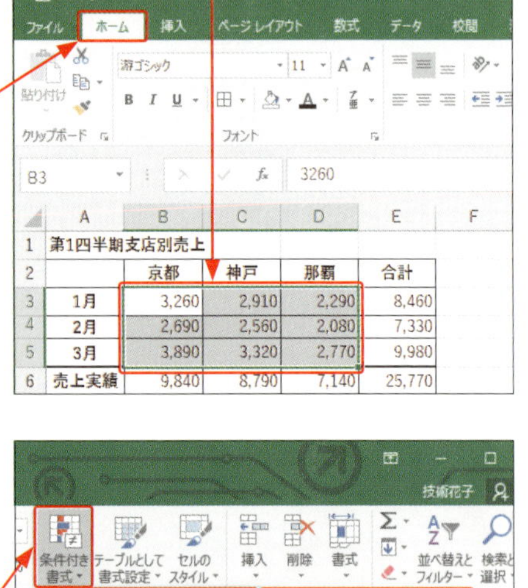

Keyword

条件付き書式

「条件付き書式」とは、指定した条件にもとづいてセルを強調表示したり、データを相対的に評価して視覚化する機能のことです。

3 <条件付き書式>をクリックして、

4 <セルの強調表示ルール>にマウスポインターを合わせ、

5 <指定の値より大きい>をクリックします。

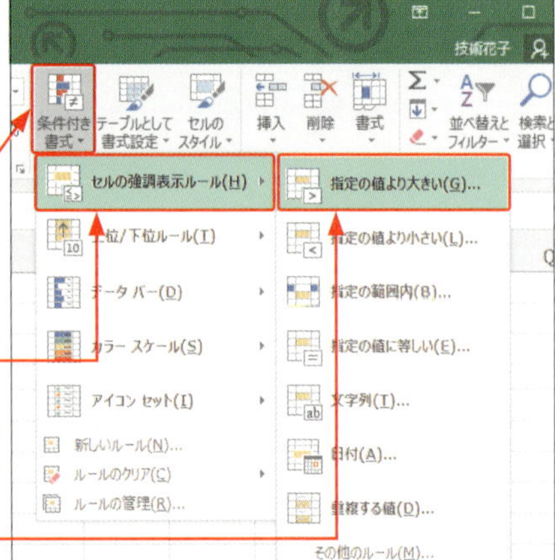

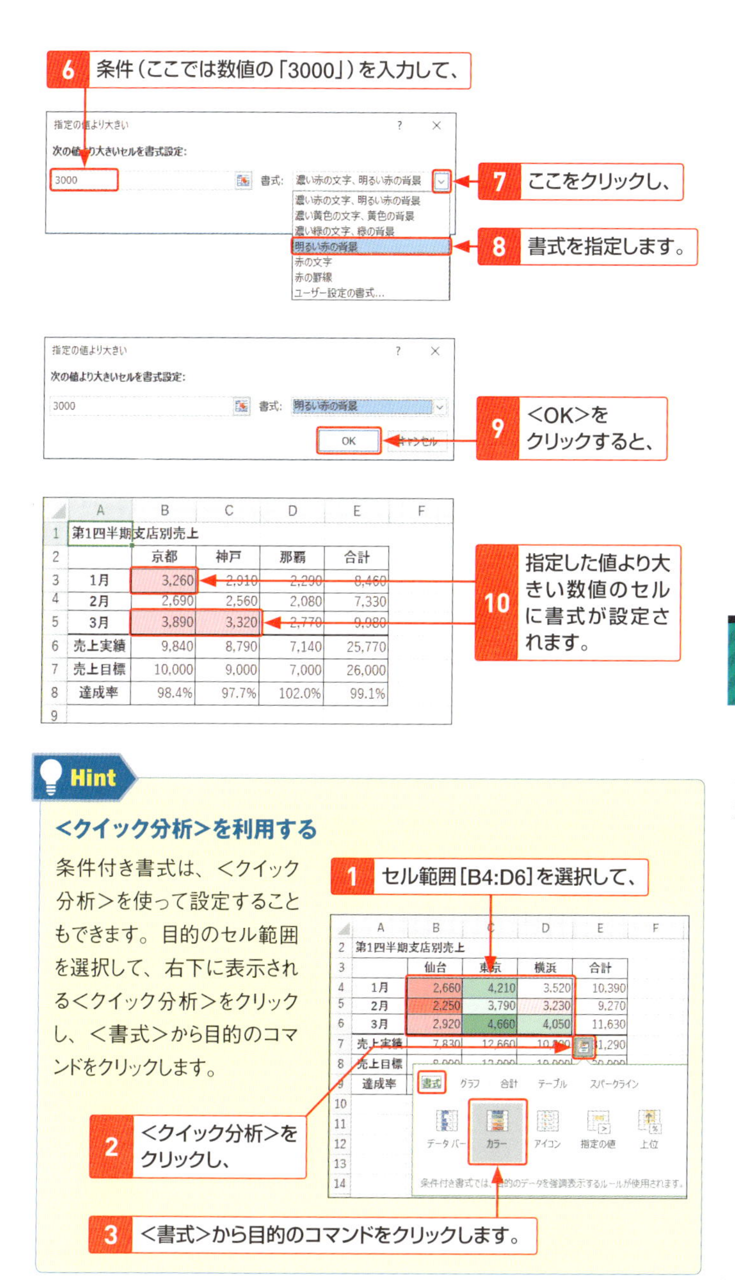

	A	B	C	D	E	F
1	第1四半期支店別売上					
2		京都	神戸	那覇	合計	
3	1月	3,260	2,910	2,290	8,460	
4	2月	2,690	2,560	2,080	7,330	
5	3月	3,890	3,320	2,770	9,980	
6	売上実績	9,840	8,790	7,140	25,770	
7	売上目標	10,000	9,000	7,000	26,000	
8	達成率	98.4%	97.7%	102.0%	99.1%	
9						

Hint

<クイック分析>を利用する

条件付き書式は、<クイック分析>を使って設定することもできます。目的のセル範囲を選択して、右下に表示される<クイック分析>をクリックし、<書式>から目的のコマンドをクリックします。

2 数値の大小に応じて色を付ける

セルにデータバーを表示します。

1 セル範囲［D3:D8］を選択して、

2 ＜ホーム＞タブをクリックします。

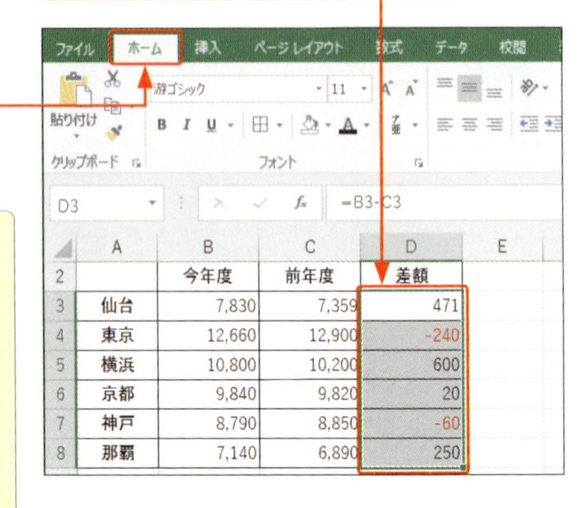

	A	B	C	D
2		今年度	前年度	差額
3	仙台	7,830	7,359	471
4	東京	12,660	12,900	-240
5	横浜	10,800	10,200	600
6	京都	9,840	9,820	20
7	神戸	8,790	8,850	-60
8	那覇	7,140	6,890	250

Keyword

データバー

「データバー」とは、値の大小に応じてセルにグラデーションや単色でカラーバーを表示する機能のことです。

3 ＜条件付き書式＞をクリックして、

4 ＜データバー＞にマウスポインターを合わせ、

5 目的のデータバーをクリックすると、

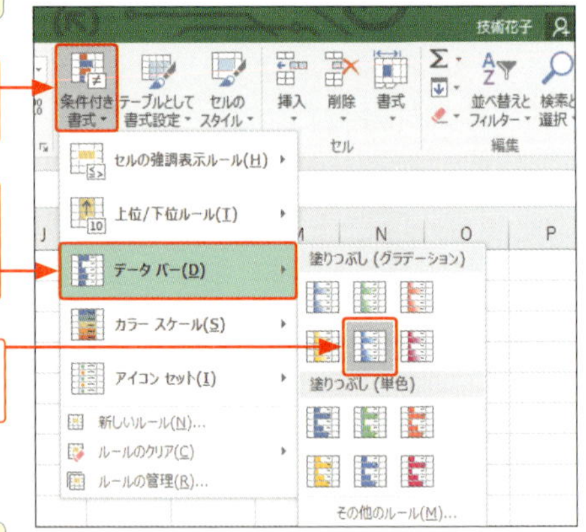

6 値の大小に応じたカラーバーが表示されます。

	A	B	C	D
2		今年度	前年度	差額
3	仙台	7,830	7,359	471
4	東京	12,660	12,900	-240
5	横浜	10,800	10,200	600
6	京都	9,840	9,820	20
7	神戸	8,790	8,850	-60
8	那覇	7,140	6,890	250

Hint

条件付き書式を解除するには？

書式を解除したいセルを選択して、＜条件付き書式＞→＜ルールのクリア＞→＜選択したセルからルールをクリア＞の順にクリックします。

第4章

セル・シート・ブックの操作

Section 24 セルを挿入・削除する

行単位や列単位だけでなく、セル単位でも挿入や削除を行うことができます。**セル単位で挿入や削除を行う**場合は、**挿入や削除後のセルの移動方向を指定する**必要があります。

1 セルを挿入する

1 セルをクリックして、

2 <ホーム>タブをクリックし、

3 <挿入>の下半分をクリックして、

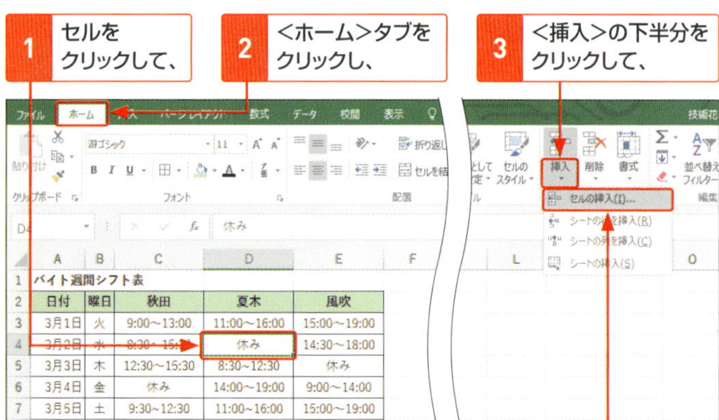

4 <セルの挿入>をクリックします。

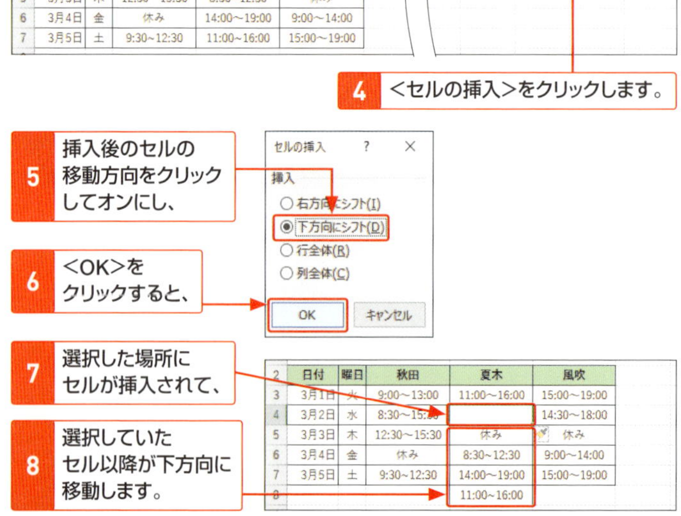

5 挿入後のセルの移動方向をクリックしてオンにし、

6 <OK>をクリックすると、

7 選択した場所にセルが挿入されて、

8 選択していたセル以降が下方向に移動します。

2 セルを削除する

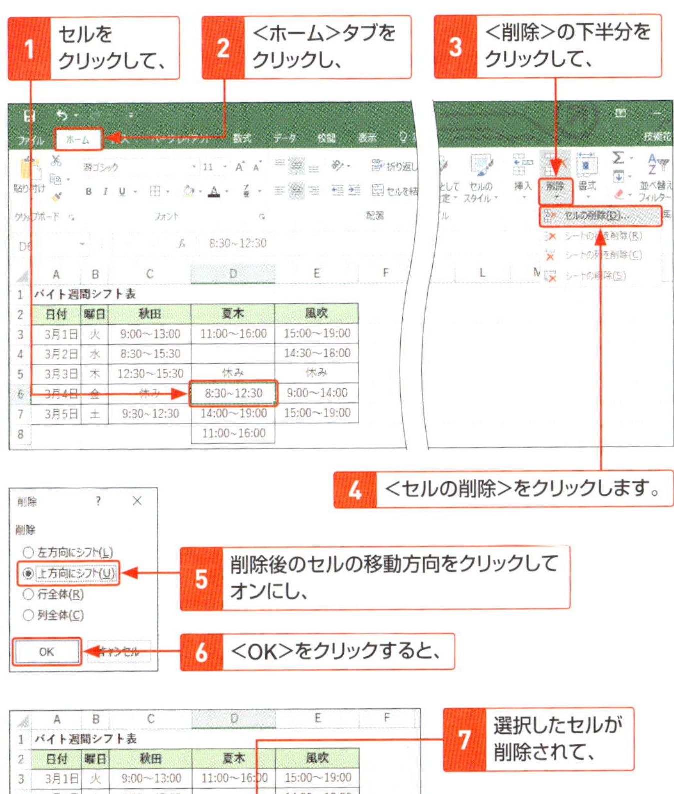

	A	B	C	D	E
1	バイト週間シフト表				
2	日付	曜日	秋田	夏木	風吹
3	3月1日	火	9:00~13:00	11:00~16:00	15:00~19:00
4	3月2日	水	8:30~15:30		14:30~18:00
5	3月3日	木	12:30~15:30	休み	休み
6	3月4日	金	休み	14:00~19:00	9:00~14:00
7	3月5日	土	9:30~12:30	11:00~16:00	15:00~19:00
8					

Hint

挿入したセルの書式を設定する

挿入したセルの上のセル（または左のセル）に書式が設定されていると、<挿入オプション>が表示されます。これを利用すると、挿入したセルの書式を変更することができます。

木	風吹	
16:00		
	15:00~19:00	
み	14:30~18:00	上と同じ書式を適用(A)
19:00	休み	下と同じ書式を適用(B)
16:00	9:00~14:00	書式のクリア(C)
	15:00~19:00	

25 セルを結合する

隣り合う複数のセルは、結合して1つのセルとして扱うことができます。結合したセル内の文字の配置は、通常のセルと同じように任意に設定することができます。

1 セルを結合して文字を中央に揃える

1 隣接する複数のセルを選択します。

2 <ホーム>タブをクリックして、

3 <セルを結合して中央揃え>をクリックすると、

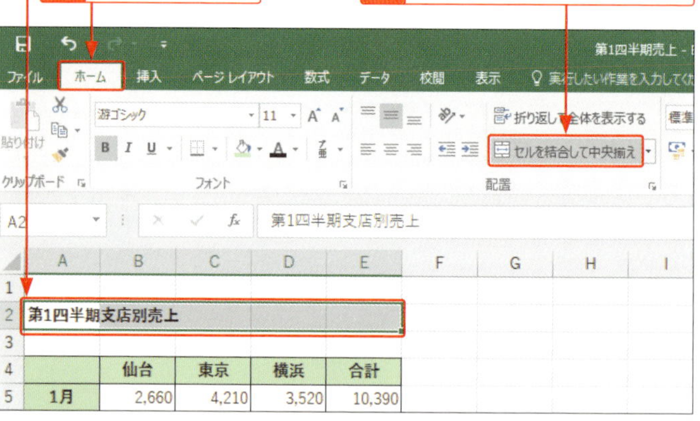

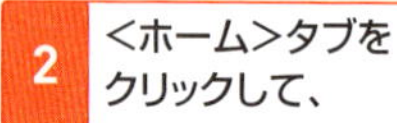

4 セルが結合され、文字が自動的に中央揃えになります。

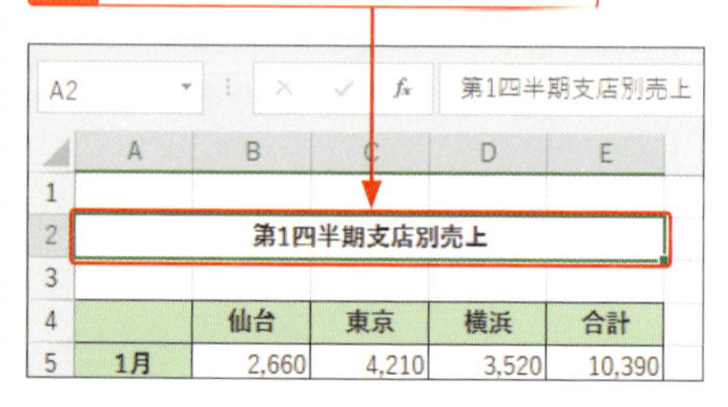

Memo

結合するセルにデータがある場合には?

結合するセルの選択範囲に複数のデータが存在する場合は、左上端のセルのデータのみが保持されます。

2 セルを結合する

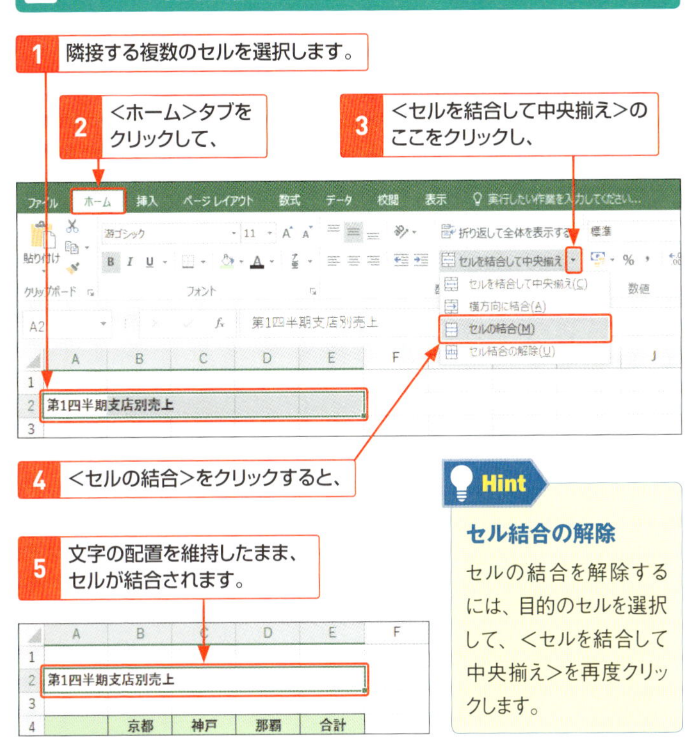

Hint

セル結合の解除

セルの結合を解除するには、目的のセルを選択して、<セルを結合して中央揃え>を再度クリックします。

選択範囲を行単位で結合する

行単位で結合したいセル範囲を選択して、上記の手順4で<横方向に結合>をクリックすると、選択したセル範囲が行単位で結合されます。

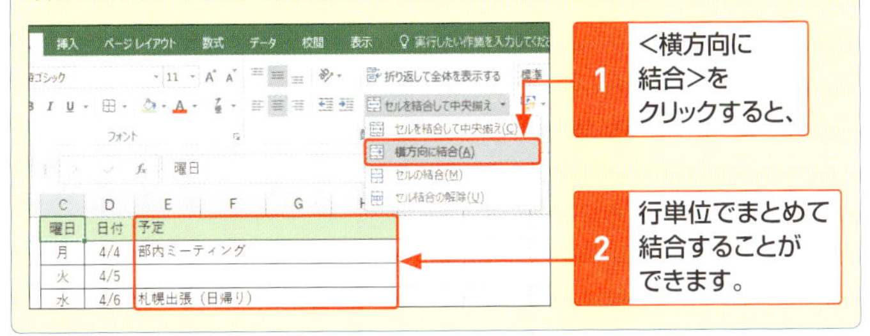

26 行や列を挿入・削除する

表を作成したあとで項目を追加する必要が生じた場合は、**行や列を挿入**してデータを追加します。また、不要な項目がある場合は、**行単位や列単位で削除**することができます。

1 行や列を挿入する

行を挿入する

1 行番号をクリックして、行を選択します。

2 <ホーム>タブをクリックして、

3 <挿入>の下半分をクリックし、

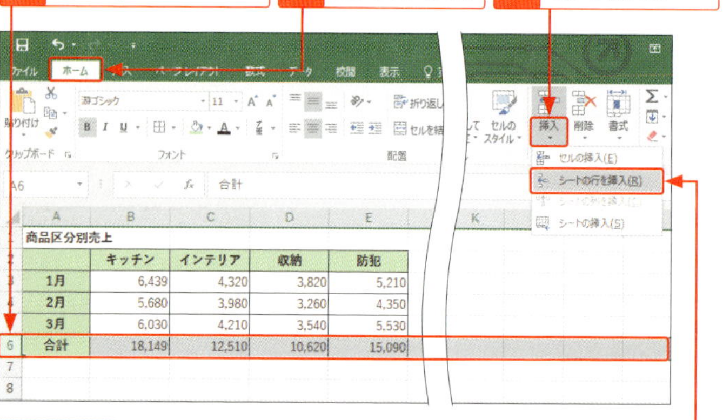

4 <シートの行を挿入>をクリックすると、

5 選択した行の上に行が挿入されます。

	A	B	C	D	E
1	商品区分別売上				
2		キッチン	インテリア	収納	防犯
3	1月	6,439	4,320	3,820	5,210
4	2月	5,680	3,980	3,260	4,350
5	3月	6,030	4,210	3,540	5,530
6					
7	合計	18,149	12,510	10,620	15,090
8					

P.219のStepUp参照

Memo

列の挿入

列を挿入する場合は、列番号をクリックして列を選択し、手順4で<シートの列を挿入>をクリックします。

2 行や列を削除する

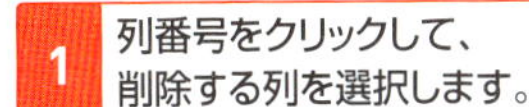

1 列番号をクリックして、削除する列を選択します。

2 <ホーム>タブをクリックして、

3 <削除>の下半分をクリックし、

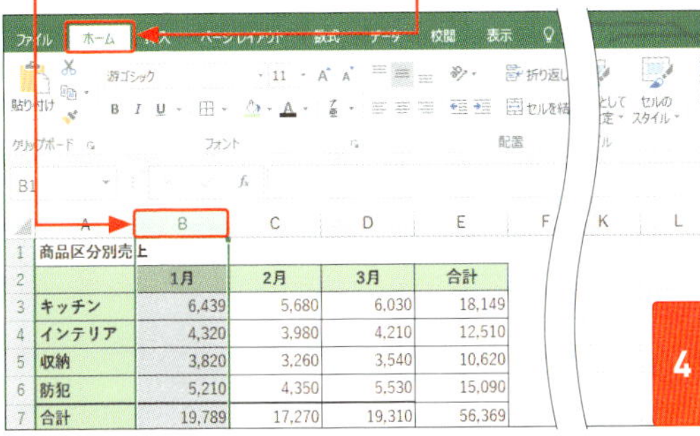

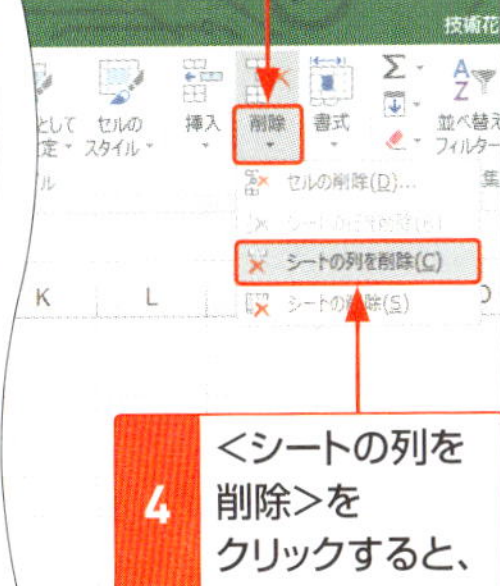

4 <シートの列を削除>をクリックすると、

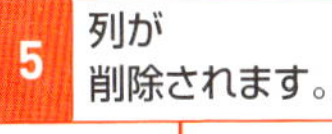

数式が入力されている場合は、自動的に再計算されます。

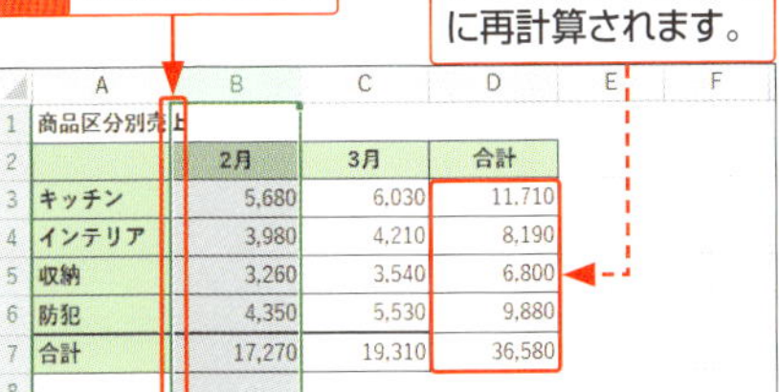

Memo

行の削除

行を削除する場合は、行番号をクリックして行を選択し、手順4で<シートの行を削除>をクリックします。

StepUp

挿入した行や列の書式を設定できる

挿入した周囲のセルに書式が設定されていた場合、挿入した行や列には、上の行（または左の列）の書式が適用されます。書式を変更したい場合は、行や列を挿入した際に表示される<挿入オプション>をクリックして設定します。

行を挿入した場合

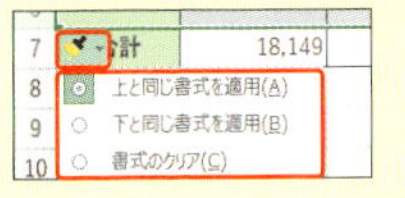

列を挿入した場合

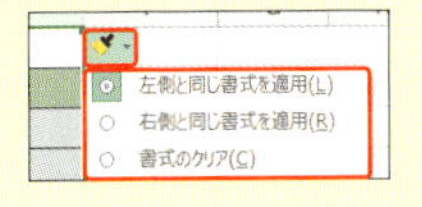

挿入した行や列の書式を変更できます。

第4章 セル・シート・ブックの操作

列幅や行の高さを調整する

数値や文字がセルにおさまりきらない場合や、表の体裁を整えたい場合は、列幅や行の高さを変更します。セルのデータに合わせて列幅を調整することもできます。

1 列幅を変更する

1 幅を変更する列番号の境界にマウスポインターを合わせ、形が┿に変わった状態で、

	A	B	C	D	E
1					
2	第1四半期支店別売上				
3					
4		京都	神戸	那覇	合計
5	1月	3,260	2,910	2,290	8
6	2月	2,690	2,560	2,080	7
7	3月	3,890	3,320	2,770	9

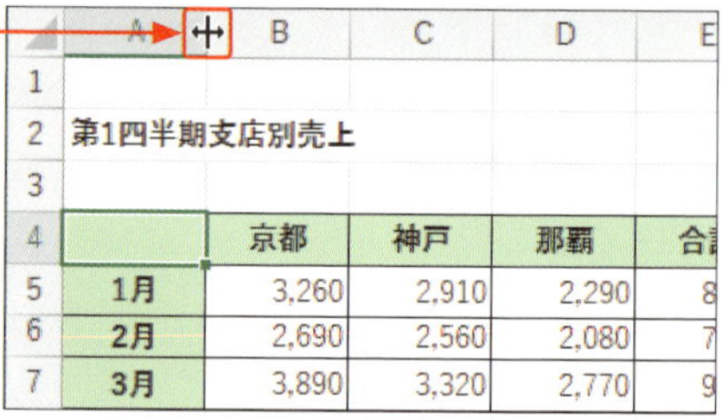

ドラッグ中に列の幅が数値で表示されます。

A4 幅: 12.00 (101 ピクセル)

2 ドラッグすると、

	A	B	C	D	
1					
2	第1四半期支店別売上				
3					
4		京都	神戸	那覇	合計
5	1月	3,260	2,910	2,290	8
6	2月	2,690	2,560	2,080	7
7	3月	3,890	3,320	2,770	9

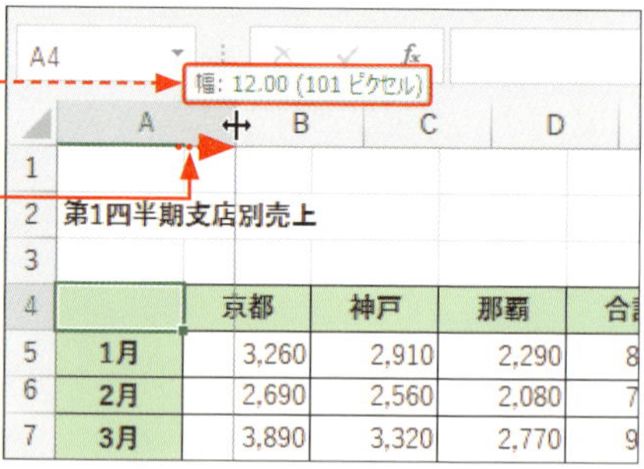

> **Memo**
>
> **行の高さの変更**
>
> 行番号の境界にマウスポインターを合わせて、形が╋に変わった状態でドラッグすると、行の高さを変更できます。

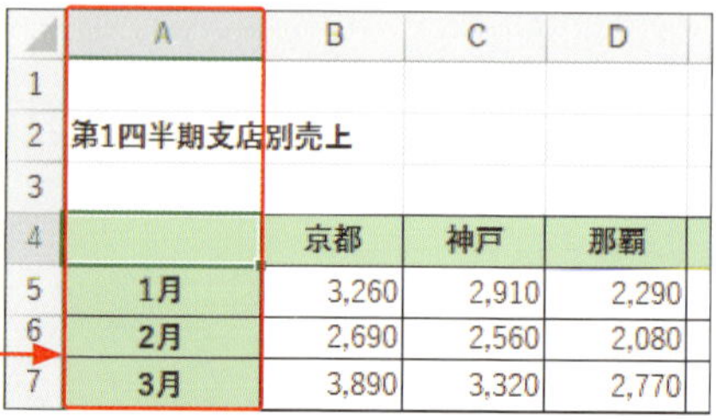

	A	B	C	D
1				
2	第1四半期支店別売上			
3				
4		京都	神戸	那覇
5	1月	3,260	2,910	2,290
6	2月	2,690	2,560	2,080
7	3月	3,890	3,320	2,770

3 列の幅が変更されます。

2 データに列幅を合わせる

	A	B	C	D	
1					
2	商品売上				
3					
4		1月	2月	3月	合
5	キッチン	6,439	5,680	6,030	1
6	インテリア	4,320	3,980	4,210	1
7	収納	3,820	3,260	3,540	1
8	防犯	5,210	4,350	5,530	1
9	合計	19,789	17,270	19,310	5

1 列番号の境界にマウスポインターを合わせ、形が✢に変わった状態でダブルクリックすると、

2 セルのデータに合わせて、列の幅が変更されます。

	A	B	C	D
1				
2	商品売上			
3				
4		1月	2月	3月
5	キッチン	6,439	5,680	6,030
6	インテリア	4,320	3,980	4,210
7	収納	3,820	3,260	3,540
8	防犯	5,210	4,350	5,530
9	合計	19,789	17,270	19,310

対象となる列内のセルで、もっとも長い文字に合わせて列幅が自動的に調整されます。

Hint

複数の行や列を同時に変更するには?

複数の行または列を選択した状態で境界をドラッグすると、複数の行の高さや列幅を同時に変更できます。

Hint

列幅や行の高さの表示単位

変更中の列幅や行の高さは、マウスポインターの右上に数値で表示されます。列幅はセル内に表示できる半角文字の「文字数」で(P.220の手順2の図参照)、行の高さは「ポイント数」で表されます。カッコの中にはピクセル数が表示されます。

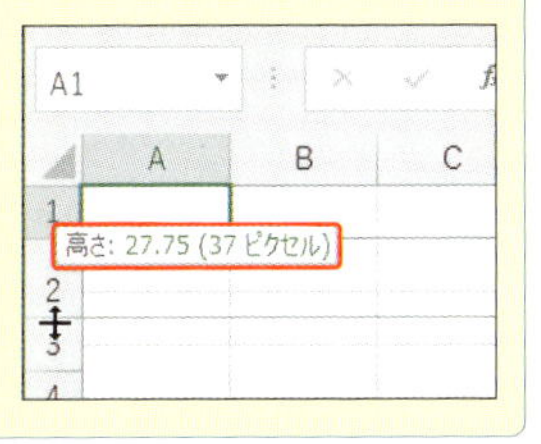

28 見出し行列を固定する

大きな表の場合、スクロールすると見出しが見えなくなり、データが何を表すのかわからなくなることがあります。見出しの行や列を固定すると、常に表示させておくことができます。

1 見出しの行を固定する

この見出しの行を固定します。

	A	B	C	D	E	F	
1	顧客No.	名前	フリガナ	郵便番号	住所1	住所2	
2	1	阿川 真一	アガワ シンイチ	112-0012	東京都文京区大塚x-x-x		03
3	2	浅田 祐樹	アサマ マユミ	352-0032	埼玉県新座市新堀xx	欅工房	04
4	3	新田 光彦	アラタ ミツヒコ	167-0034	東京都杉並区桃井x-x	桃井ハイツ	09

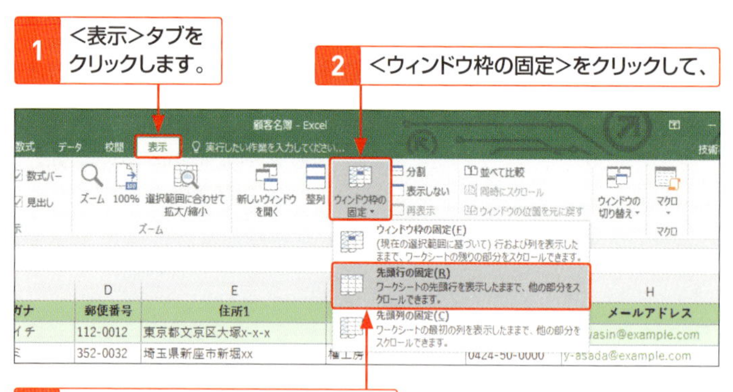

1 <表示>タブをクリックします。

2 <ウィンドウ枠の固定>をクリックして、

3 <先頭行の固定>をクリックすると、

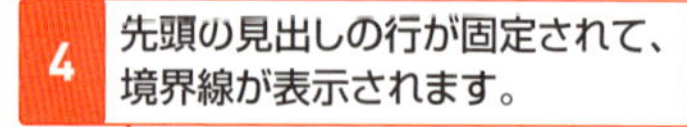

4 先頭の見出しの行が固定されて、境界線が表示されます。

境界線より下のウィンドウ枠内がスクロールします。

	A	B	C	D	G	H	I
1	顧客No.	名前	フリガナ	郵便番号	電話番号	メールアドレス	
17	16	尾崎 圭子	オザキ ケイコ	273-0132	7-441-0000	kei-ozaki@example.com	
18	17	小田 真琴	オダ マコト	101-005	03-5283-0000	makoto-oga@example.com	
19	18	籠宮 清司	カゴミヤ キヨシ	101-00	03-3518-0000	kagomiya-k@example.com	
20	19	片柳 満ちる	カタヤナギ ミチル	273-01	047-441-0000	mkatayanagi@example.com	
21	20	加藤 美優	カトウ ミユ	135-00	090-8502-0000	miyuka@example.com	

2 行と列を同時に固定する

この2つのセルを固定します。

1 このセルをクリックして、

2 <表示>タブをクリックします。

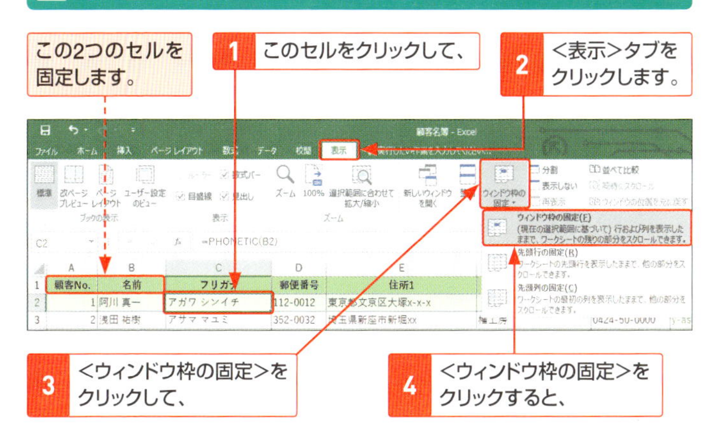

3 <ウィンドウ枠の固定>をクリックして、

4 <ウィンドウ枠の固定>をクリックすると、

5 この2つのセルが固定され、

6 選択したセルの上側と左側に境界線が表示されます。

7 このペアの矢印だけが連動してスクロールします。

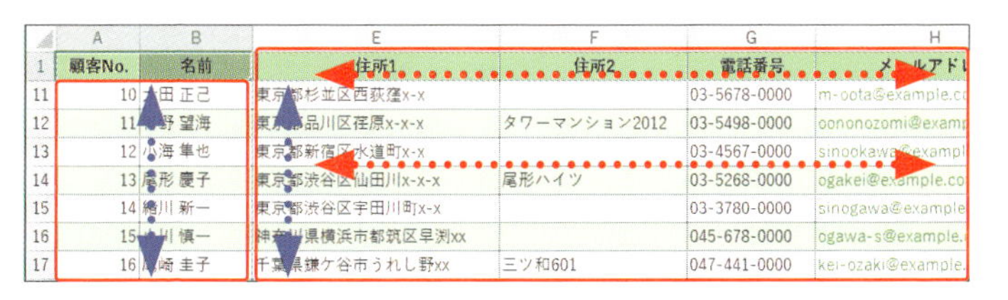

見出し行の固定を解除するには?

見出し行の固定を解除するには、<表示>タブの<ウィンドウ枠の固定>をクリックして、<ウィンドウ枠固定の解除>をクリックします。

シートを追加・移動・コピーする

標準設定では、新規に作成したブックには1枚のワークシートが表示されていますが、必要に応じて追加したり削除したりすることができます。また、移動やコピーしたりすることもできます。

1 ワークシートを追加する

シートの最後に追加する

1 ＜新しいシート＞をクリックすると、

2 新しいワークシートがシートの後ろに追加されます。

選択したシートの前に追加する

1 シート見出しをクリックします。

2 ＜ホーム＞タブの＜挿入＞の下半分をクリックして、

3 ＜シートの挿入＞をクリックすると、

4 選択したシートの前に新しいワークシートが追加されます。

2 シートを削除する

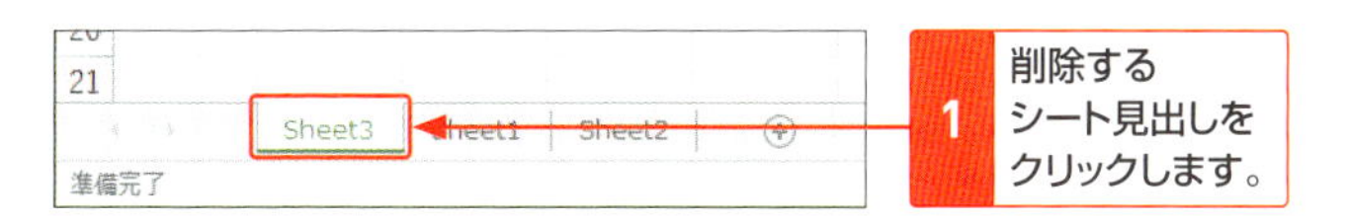

1 削除するシート見出しをクリックします。

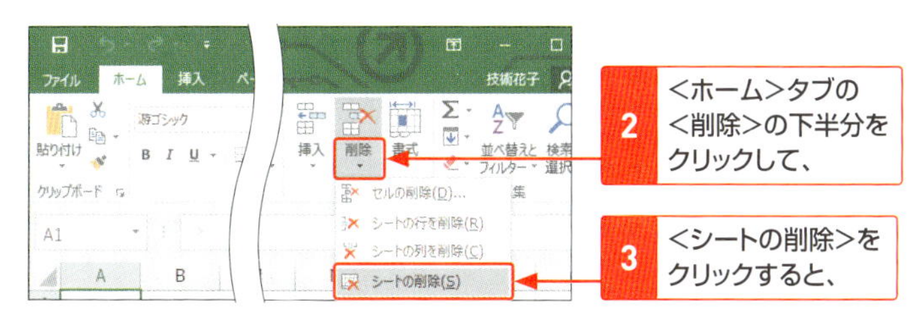

2 <ホーム>タブの<削除>の下半分をクリックして、

3 <シートの削除>をクリックすると、

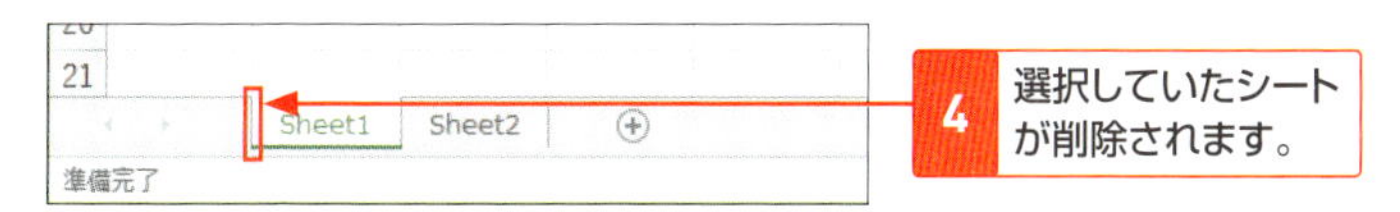

4 選択していたシートが削除されます。

3 シートを移動・コピーする

1 シート見出し上でマウスのボタンを押したままにすると、マウスポインターの形が変わります。

2 移動先へドラッグすると、

3 シートの移動先に▼マークが表示され、

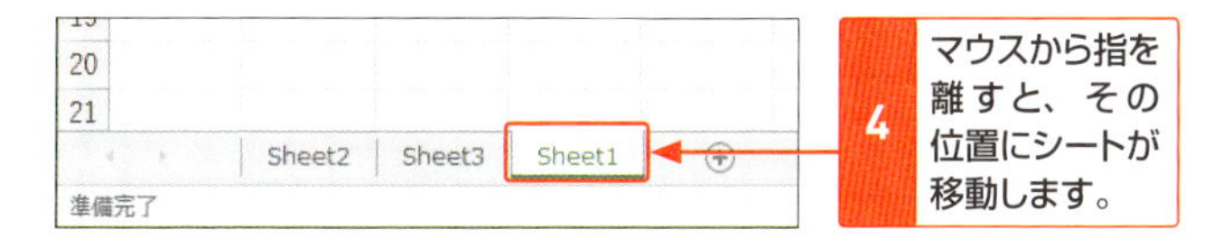

4 マウスから指を離すと、その位置にシートが移動します。

Memo

シートのコピー

シートをコピーするには、移動と同様の手順でシート見出しをドラッグし、コピー先で Ctrl を押しながら、マウスのボタンを離します。

30 シートやブックを保護する

重要なデータをほかの人に変更されたりしないように、保護することができます。表全体を保護するには**シートの保護**を、シートの追加や削除などをできなくするには**ブックの保護**を設定します。

1 シートを保護する

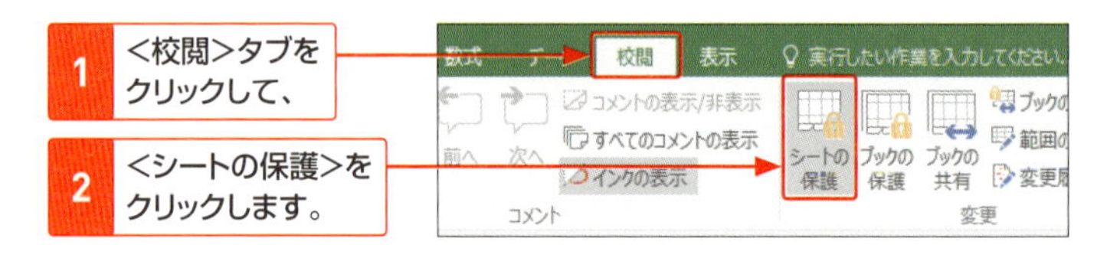

1 <校閲>タブをクリックして、

2 <シートの保護>をクリックします。

3 ここをクリックしてオンにし、

4 パスワードを入力します（省略可）。

5 許可する操作をクリックしてオンにし、

6 <OK>をクリックします。

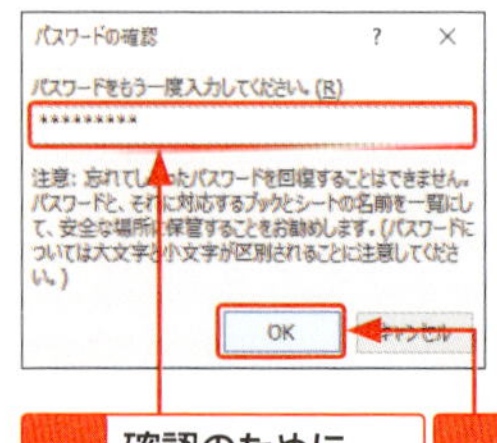

7 確認のために同じパスワードを再度入力して、

8 <OK>をクリックすると、シートが保護されます。

> **Hint**
>
> **シートの保護を解除するには？**
>
> シートの保護を解除するには、<校閲>タブの<シート保護の解除>をクリックして、パスワードを入力し、<OK>をクリックします。

2 ブックを保護する

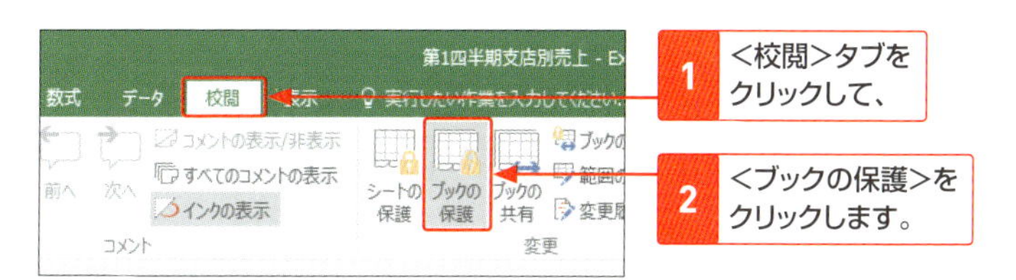

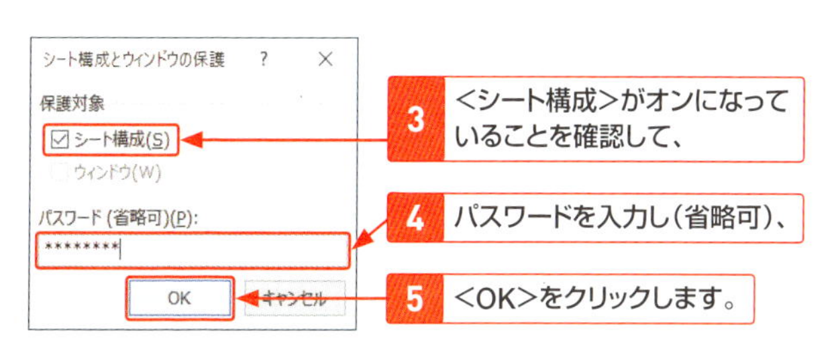

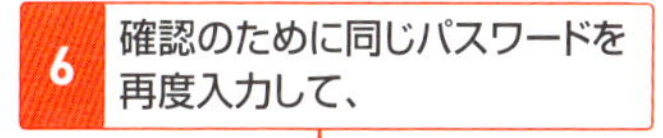

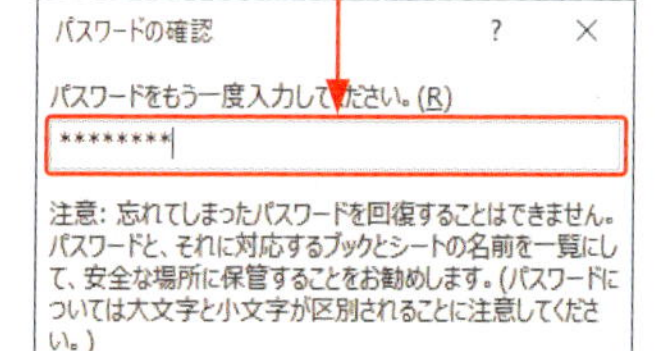

7 <OK>をクリックすると、ブックが保護されます。

Memo

シート名を変更する

シート見出しをダブルクリックするとシート名が入力できるようになります。入力後に Enter を押すと、シート名が変更されます。

Hint

ブックの保護を解除するには?

ブックの保護を解除するには、<校閲>タブの<ブックの保護>をクリックして、パスワードを入力し、<OK>をクリックします。

ブック保護の解除
パスワード(P): ********
OK　キャンセル

Section 31

ウィンドウを分割・整列する

ウィンドウを上下や左右に分割して2つの領域に分けて表示させると、ワークシート内の離れた部分を同時に見ることができて便利です。1つのブックを複数のウィンドウで表示させることもできます。

1 ウィンドウを上下に分割する

1 分割したい位置の下の行番号をクリックします。

2 <表示>タブをクリックして、

3 <分割>をクリックすると、

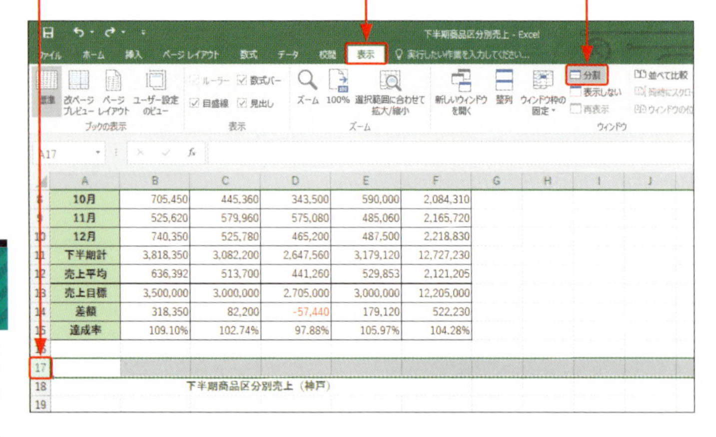

	A	B	C	D	E	F	G	H	I	J
8	10月	705,450	445,360	343,500	590,000	2,084,310				
9	11月	525,620	579,960	575,080	485,060	2,165,720				
10	12月	740,350	525,780	465,200	487,500	2,218,830				
11	下半期計	3,818,350	3,082,200	2,647,560	3,179,120	12,727,230				
12	売上平均	636,392	513,700	441,260	529,853	2,121,205				
13	売上目標	3,500,000	3,000,000	2,705,000	3,000,000	12,205,000				
14	差額	318,350	82,200	-57,440	179,120	522,230				
15	達成率	109.10%	102.74%	97.88%	105.97%	104.28%				
16										
17										
18				下半期商品区分別売上（神戸）						
19										

4 ウィンドウが指定した位置で上下に分割され、分割バーが表示されます。

	A	B	C	D	E	F
8	10月	705,450	445,360	343,500	590,000	2,08
9	11月	525,620	579,960	575,080	485,060	2,16
10	12月	740,350	525,780	465,200	487,500	2,21
11	下半期計	3,818,350	3,082,200	2,647,560	3,179,120	12,72
12	売上平均	636,392	513,700	441,260	529,853	2,12
13	売上目標	3,500,000	3,000,000	2,705,000	3,000,000	12,20
14	差額	318,350	82,200	-57,440	179,120	52
15	達成率	109.10%	102.74%	97.88%	105.97%	10
16						
17						
18				下半期商品区分別売上（神戸）		
19						

Hint

ウィンドウの分割を解除するには?

分割を解除するには、選択されている<分割>を再度クリックするか、分割バーをダブルクリックします。

2 1つのブックを左右に並べる

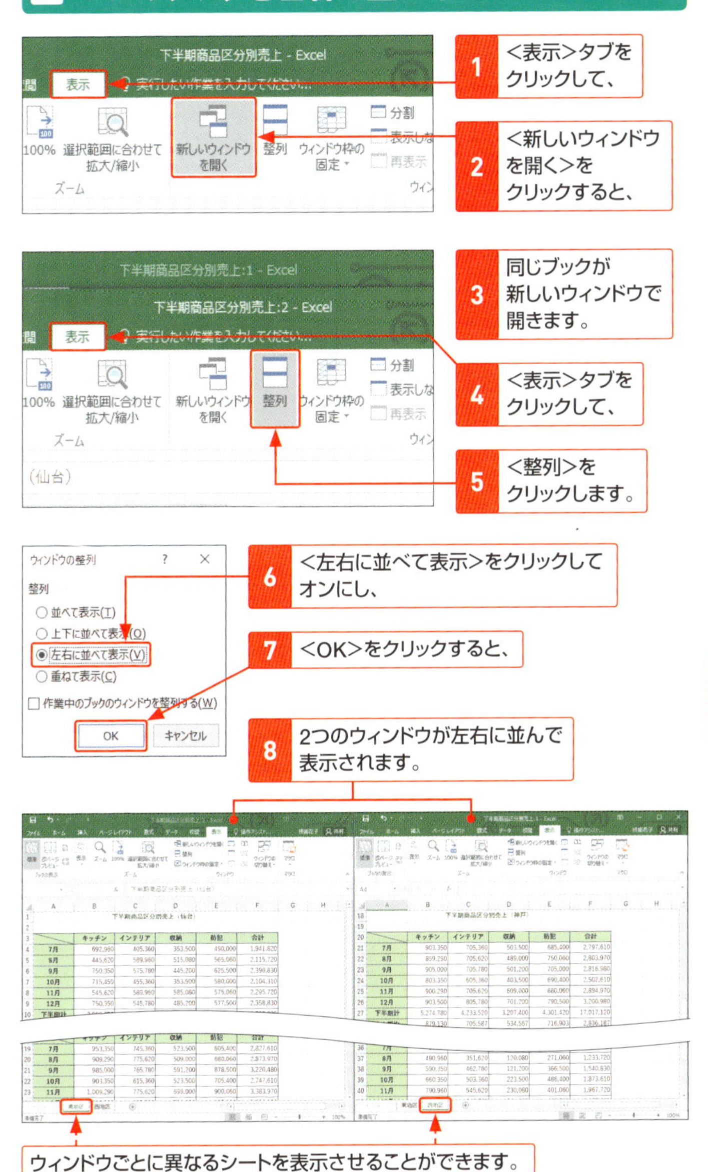

データを並べ替える

データベース形式の表では、**データを昇順や降順で並べ替え**たり、**五十音順で並べ替え**たりすることができます。並べ替えを行う際は、基準となるフィールド(列)を指定します。

■データベース形式の表とは?

「データベース形式の表」とは、列ごとに同じ種類のデータが入力され、先頭行に列の見出しとなる列ラベル(列見出し)が入力されている一覧表のことです。

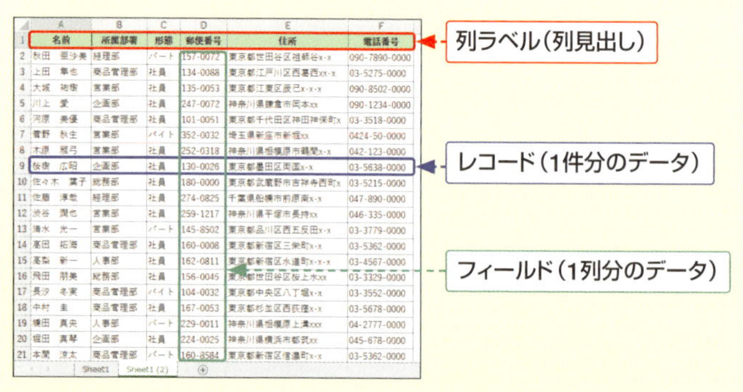

1 データを昇順や降順で並べ替える

> **Memo**
> **データを並べ替えるには?**
> データベース形式の表を並べ替えるには、基準となるフィールドのセルをあらかじめ選択しておく必要があります。

1 並べ替えの基準となるフィールドの任意のセルをクリックします。

A1 名前

	A	B	C	D
1	名前	所属部署	形態	郵便番号
2	飛田　朋美	総務部	社員	156-0045
3	河原　美優	商品管理部	社員	101-0051
4	堀田　真琴	企画部	社員	224-0025
5	桜樹　広昭	企画部	社員	130-0026

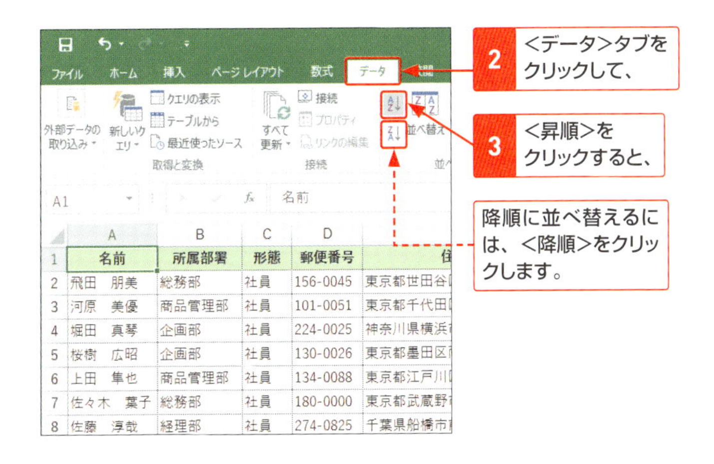

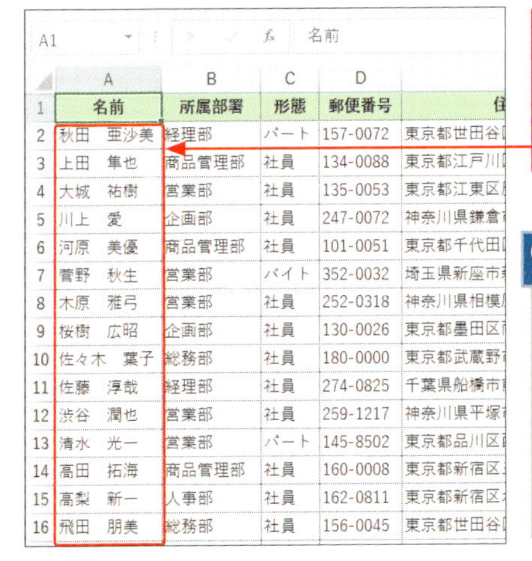

4 指定したセルを含むフィールドを基準にして、表全体が昇順に並べ替えられます。

Hint

昇順と降順の並べ替えのルール

昇順では、0～9、A～Z、日本語の順で、降順では逆の順番で並べ替えられます。

Hint

データが正しく並べ替えられない!

データベース形式の表内のセルが結合されていたり、空白の行や列があったりする場合は、表全体のデータを並べ替えることはできません。並べ替えを行う際は、表内にこのような行や列、セルがないかどうかを確認しておきます。また、ほかのアプリで作成したファイルのデータをコピーした場合は、ふりがな情報が保存されていないため、正しく並べ替えができないことがあります。

条件に合ったデータを取り出す

データの数が多い表では、目的のデータを探すのに手間がかかります。このような場合は、オートフィルターを利用すると、条件に合ったデータをかんたんに取り出すことができます。

1 フィルターでデータを抽出する

Keyword

オートフィルター

「オートフィルター」とは、フィールドの項目を基準として、指定した条件に合ったデータだけを表示する機能のことです。

Hint

オートフィルターを解除するには?

オートフィルターを解除するには、再度＜フィルター＞をクリックします。

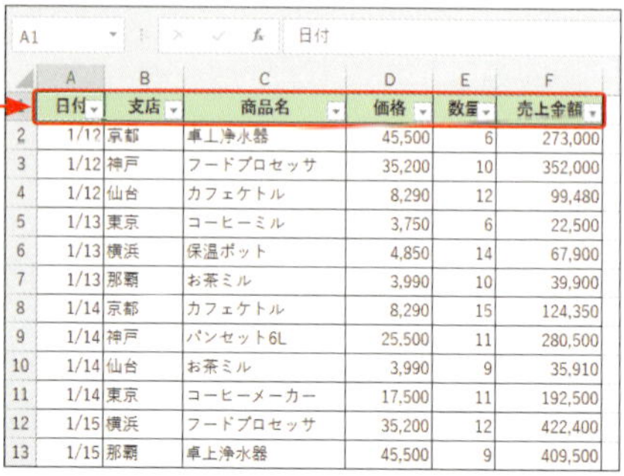

1 表内のセルをクリックします。

2 ＜データ＞タブをクリックして、

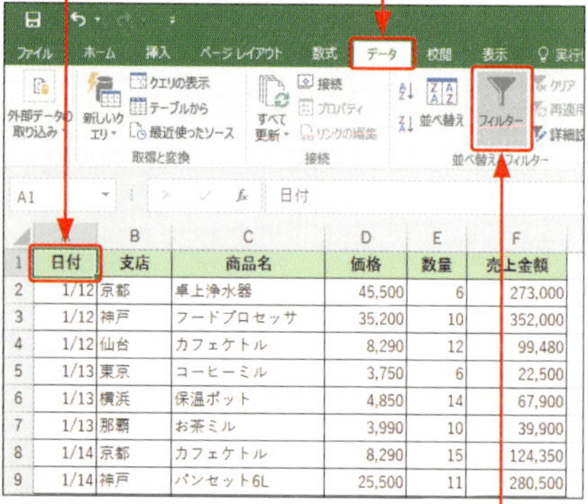

ファイル　ホーム　挿入　ページ レイアウト　数式　データ　校閲　表示
外部データの取り込み　新しいクエリ　クエリの表示　テーブルから　最近使ったソース　取得と変換　すべて更新　接続　プロパティ　リンクの編集　接続　並べ替え　フィルター　クリア　再適用　詳細設定　並べ替えとフィルター
A1　日付

	A	B	C	D	E	F
1	日付	支店	商品名	価格	数量	売上金額
2	1/12	京都	卓上浄水器	45,500	6	273,000
3	1/12	神戸	フードプロセッサ	35,200	10	352,000
4	1/12	仙台	カフェケトル	8,290	12	99,480
5	1/13	東京	コーヒーミル	3,750	6	22,500
6	1/13	横浜	保温ポット	4,850	14	67,900
7	1/13	那覇	お茶ミル	3,990	10	39,900
8	1/14	京都	カフェケトル	8,290	15	124,350
9	1/14	神戸	パンセット6L	25,500	11	280,500

3 ＜フィルター＞をクリックすると、

4 すべての列ラベルにフィルターボタンが表示され、オートフィルターが利用できるようになります。

A1　日付

	A	B	C	D	E	F
1	日付	支店	商品名	価格	数量	売上金額
2	1/12	京都	卓上浄水器	45,500	6	273,000
3	1/12	神戸	フードプロセッサ	35,200	10	352,000
4	1/12	仙台	カフェケトル	8,290	12	99,480
5	1/13	東京	コーヒーミル	3,750	6	22,500
6	1/13	横浜	保温ポット	4,850	14	67,900
7	1/13	那覇	お茶ミル	3,990	10	39,900
8	1/14	京都	カフェケトル	8,290	15	124,350
9	1/14	神戸	パンセット6L	25,500	11	280,500
10	1/14	仙台	お茶ミル	3,990	9	35,910
11	1/14	東京	コーヒーメーカー	17,500	11	192,500
12	1/15	横浜	フードプロセッサ	35,200	12	422,400
13	1/15	那覇	卓上浄水器	45,500	9	409,500

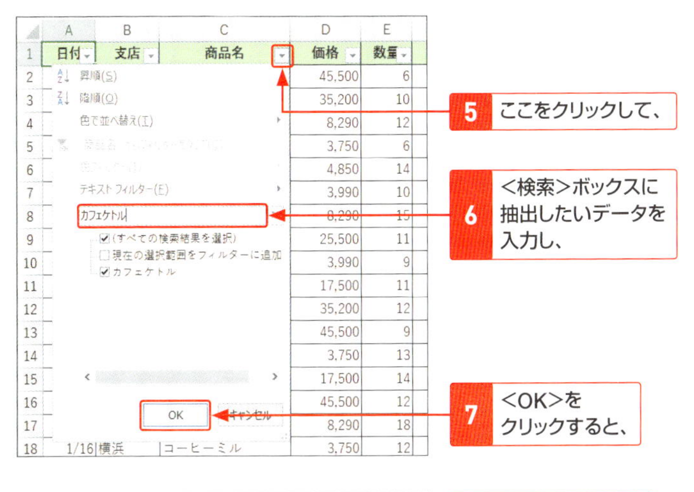

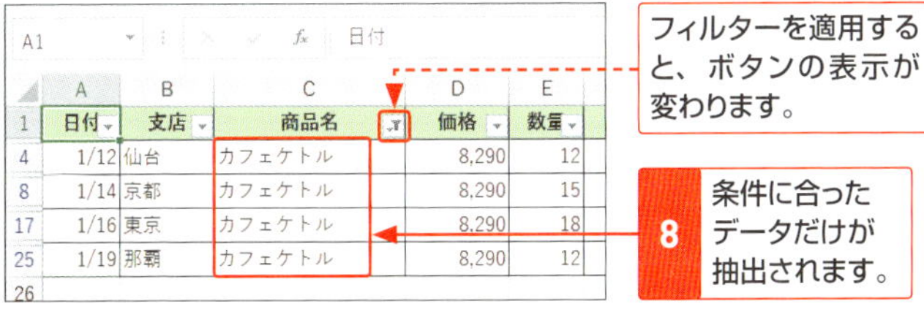

Hint

フィルターの条件をクリアするには?

データを抽出したあとに、オートフィルターを設定したまま、すべてのデータを表示するには、 をクリックして、<"商品名"からフィルターをクリア>をクリックします。

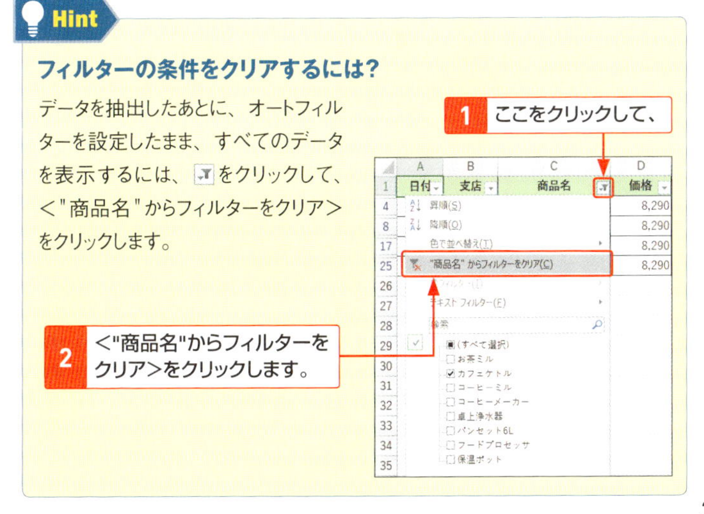

2 複数の条件からデータを抽出する

「価格」が20,000以上40,000以下のデータを抽出します。

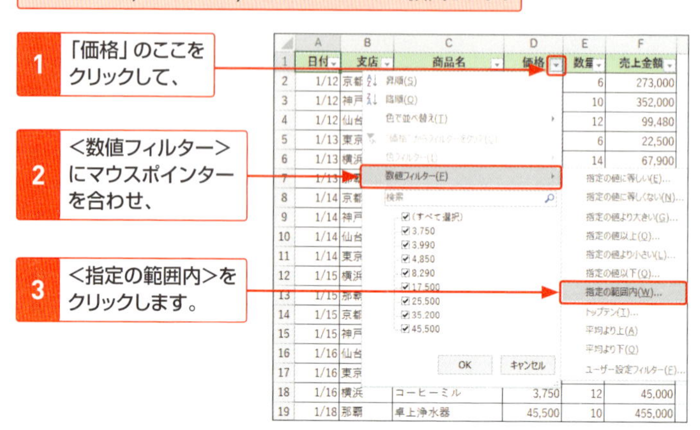

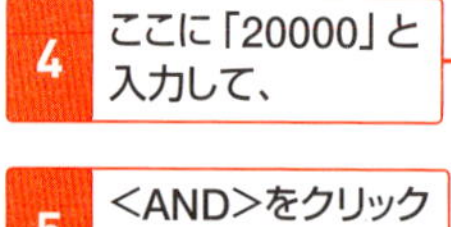

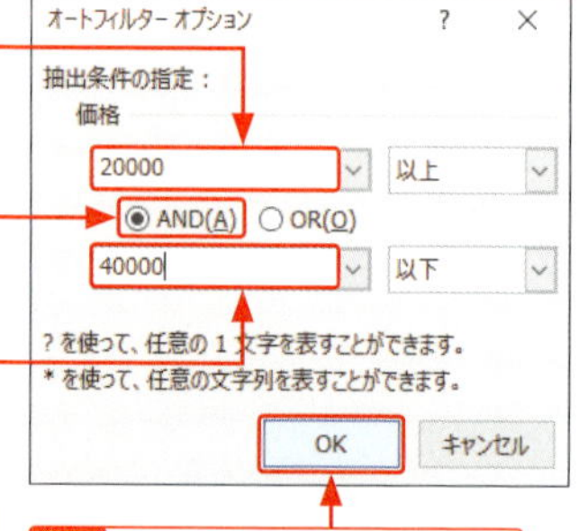

5 <AND>をクリックしてオンにします。

6 ここに「40000」と入力して、

7 <OK>をクリックすると、

8 「価格」が「20,000以上かつ40,000以下」のデータが抽出されます。

	A	B	C	D	E	F
1	日付	支店	商品名	価格	数量	売上金額
3	1/12	神戸	フードプロセッサ	35,200	10	352,000
9	1/14	神戸	パンセット6L	25,500	11	280,500
12	1/15	横浜	フードプロセッサ	35,200	12	422,400
21	1/18	神戸	フードプロセッサ	35,200	10	352,000
23	1/19	東京	パンセット6L	25,500	19	484,500
24	1/19	横浜	フードプロセッサ	35,200	10	352,000
26						
27						

StepUp

2つの条件を指定する

手順5で<OR>をオンにすると、「20,000以下または40,000以上」などの条件でデータを抽出できます。ANDは「かつ」、ORは「または」と読み替えるとわかりやすいでしょう。

第5章

数式・関数の利用

34 数式を入力する

数値を計算するには、結果を表示するセルに数式を入力します。数式は、セル内に数値や算術演算子を入力して計算するほかに、数値のかわりにセル参照を指定して計算することができます。

■数式とは

「数式」とは、さまざまな計算をするための計算式のことです。「=」(等号)と数値データ、算術演算子と呼ばれる記号(*、/、+、-など)を入力して結果を求めます。数値を入力するかわりにセル番地などを指定して計算することもできます。「=」や数値、算術演算子などは、すべて半角で入力します。

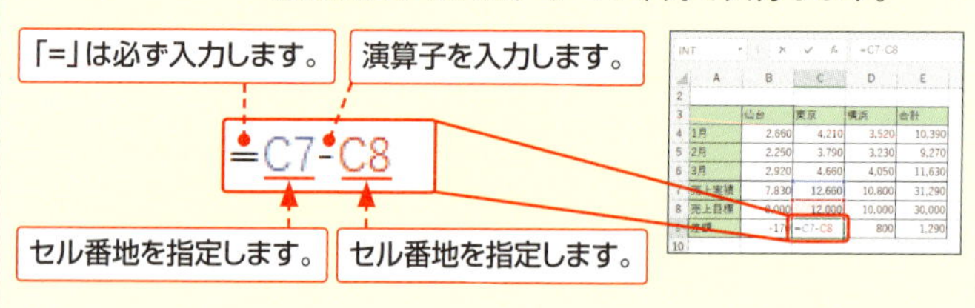

1 数式を入力する

Memo

文字書式とセルの背景色

この章で使用している表には、数値に桁区切りスタイルを、セルに背景色を設定しています。これらの文字とセルの書式については、第4章で解説します。

セル[B9]にセル[B7]の売上実績とセル[B8]の売上目標の差額を計算します。

1 差額を計算するセルをクリックして、半角で「=」を入力します。

INT =

	A	B	C	D	E	F	G
2							
3		仙台	東京	横浜	合計		
4	1月	2,660	4,210	3,520	10,390		
5	2月	2,250	3,790	3,230	9,270		
6	3月	2,920	4,660	4,050	11,630		
7	売上実績	7,830	12,660	10,800	31,290		
8	売上目標	8,000	12,000	10,000	30,000		
9	差額	=					
10							

2 続いて半角で「7830-8000」と入力して、

	A	B	C	D	E	F
2						
3		仙台	東京	横浜	合計	
4	1月	2,660	4,210	3,520	10,390	
5	2月	2,250	3,790	3,230	9,270	
6	3月	2,920	4,660	4,050	11,630	
7	売上実績	7,830	12,660	10,800	31,290	
8	売上目標	8,000	12,000	10,000	30,000	
9	差額	=7830-8000				
10						

3 Enter を押すと、

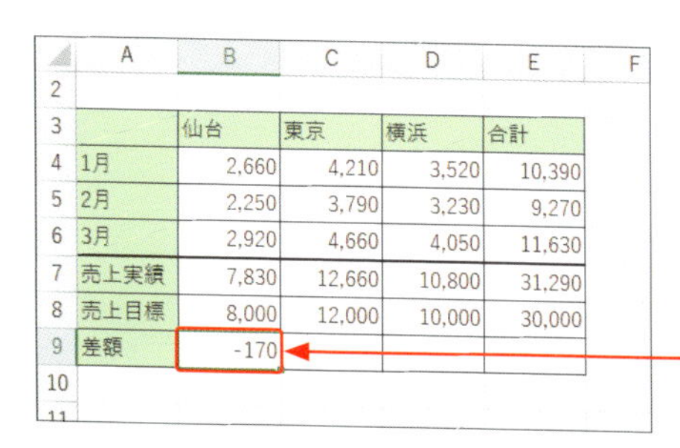

	A	B	C	D	E	F
2						
3		仙台	東京	横浜	合計	
4	1月	2,660	4,210	3,520	10,390	
5	2月	2,250	3,790	3,230	9,270	
6	3月	2,920	4,660	4,050	11,630	
7	売上実績	7,830	12,660	10,800	31,290	
8	売上目標	8,000	12,000	10,000	30,000	
9	差額	-170				
10						

4 計算結果が表示されます。

> **Keyword**
>
> **算術演算子**
>
> 「算術演算子」(演算子)とは、数式の中の算術演算に用いられる記号のことで、以下のようなものがあります。
>
> \+　足し算
> −　引き算
> *　かけ算
> /　割り算
> ^　べき乗
> %　パーセンテージ

2 セル参照を利用する

セル[C9]にセル[C7]の売上実績とセル[C8]の売上目標の差額を計算します。

1 差額を計算するセルに、半角で「=」を入力します。

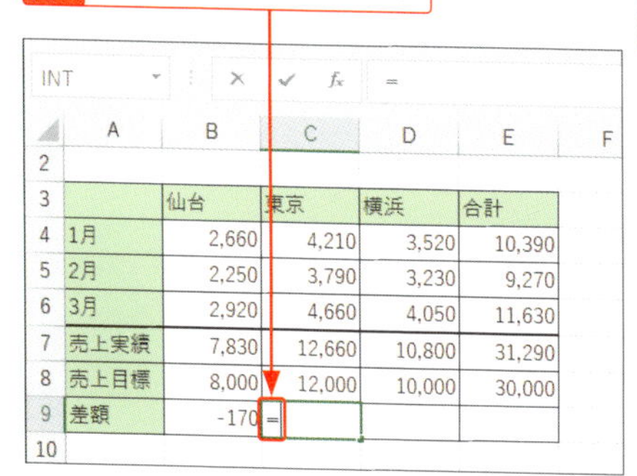

INT　×　✓　fx　=

	A	B	C	D	E	F
2						
3		仙台	東京	横浜	合計	
4	1月	2,660	4,210	3,520	10,390	
5	2月	2,250	3,790	3,230	9,270	
6	3月	2,920	4,660	4,050	11,630	
7	売上実績	7,830	12,660	10,800	31,290	
8	売上目標	8,000	12,000	10,000	30,000	
9	差額	-170	=			
10						

> **Keyword**
>
> **セル参照**
>
> 「セル参照」とは、数式の中で数値のかわりにセル番地を指定することです。セル参照を利用すると、データを修正した場合、計算結果が自動的に更新されます。

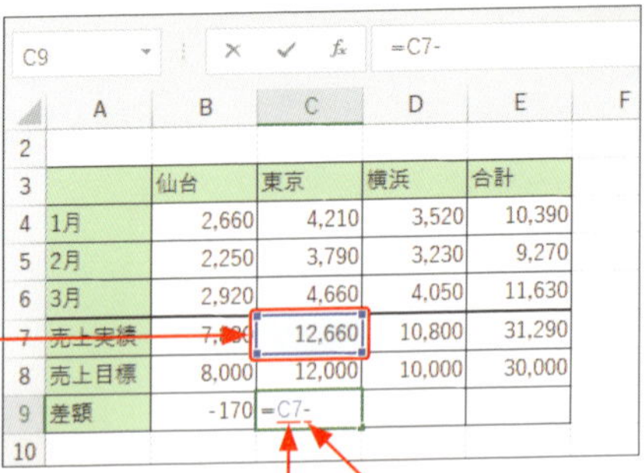

C9	=C7-

	A	B	C	D	E
2					
3		仙台	東京	横浜	合計
4	1月	2,660	4,210	3,520	10,390
5	2月	2,250	3,790	3,230	9,270
6	3月	2,920	4,660	4,050	11,630
7	売上実績	7,830	12,660	10,800	31,290
8	売上目標	8,000	12,000	10,000	30,000
9	差額	-170	=C7-		
10					

2 参照するセルをクリックすると、

3 クリックしたセルのセル番地が入力されます。

4 「-」(マイナス)を入力して、

5 参照するセルをクリックすると、

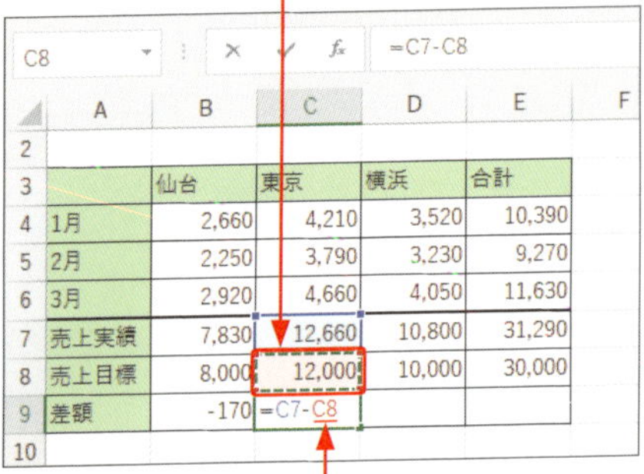

C8	=C7-C8

	A	B	C	D	E
2					
3		仙台	東京	横浜	合計
4	1月	2,660	4,210	3,520	10,390
5	2月	2,250	3,790	3,230	9,270
6	3月	2,920	4,660	4,050	11,630
7	売上実績	7,830	12,660	10,800	31,290
8	売上目標	8,000	12,000	10,000	30,000
9	差額	-170	=C7-C8		
10					

6 クリックしたセルのセル番地が入力されます。

7 Enter を押すと、

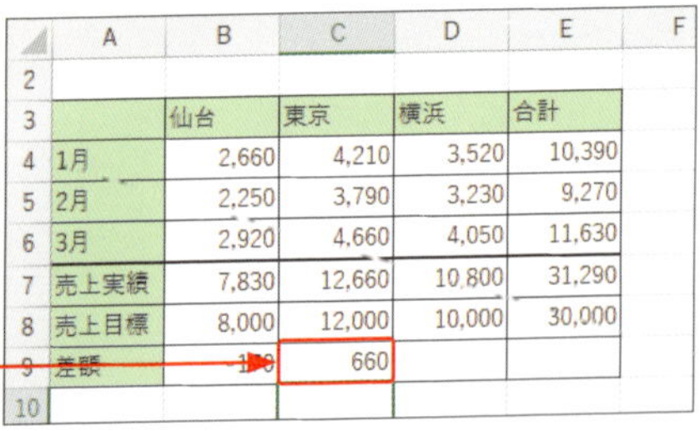

	A	B	C	D	E
2					
3		仙台	東京	横浜	合計
4	1月	2,660	4,210	3,520	10,390
5	2月	2,250	3,790	3,230	9,270
6	3月	2,920	4,660	4,050	11,630
7	売上実績	7,830	12,660	10,800	31,290
8	売上目標	8,000	12,000	10,000	30,000
9	差額	-170	660		
10					

8 計算結果が表示されます。

Keyword

セル番地

「セル番地」とは、列番号と行番号で表すセルの位置のことです。たとえば[C7]は、列「C」と行「7」の交差するセルを指します。

Hint

数式の入力を取り消すには?

数式の入力を途中で取り消したい場合は、Esc を押します。

3 数式をコピーする

セル［C9］には、「=C7-C8」という数式が入力されています。

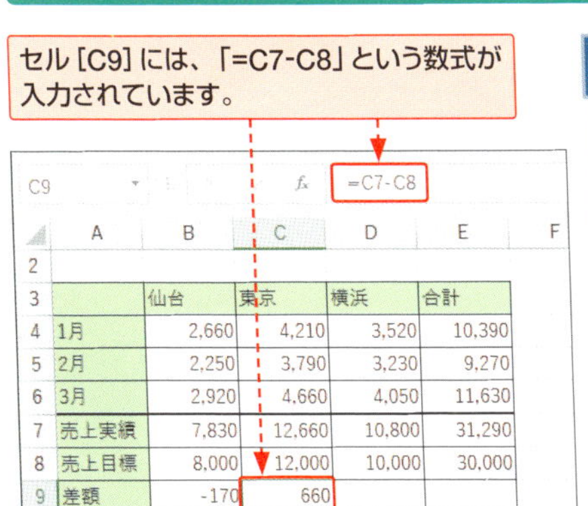

C9 | fx | =C7-C8

	A	B	C	D	E
2					
3		仙台	東京	横浜	合計
4	1月	2,660	4,210	3,520	10,390
5	2月	2,250	3,790	3,230	9,270
6	3月	2,920	4,660	4,050	11,630
7	売上実績	7,830	12,660	10,800	31,290
8	売上目標	8,000	12,000	10,000	30,000
9	差額	-170	660		
10					

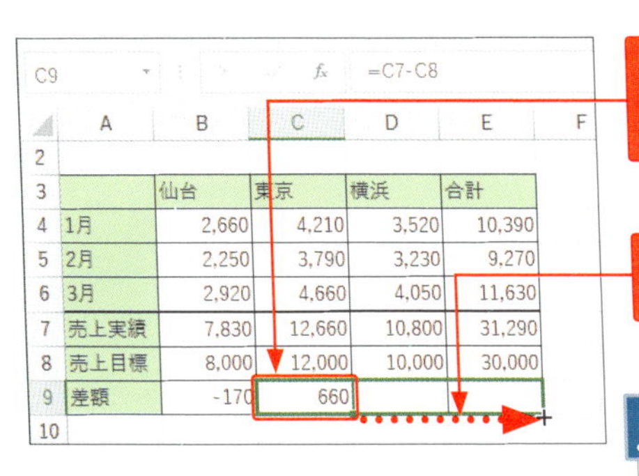

C9 | fx | =C7-C8

	A	B	C	D	E
2					
3		仙台	東京	横浜	合計
4	1月	2,660	4,210	3,520	10,390
5	2月	2,250	3,790	3,230	9,270
6	3月	2,920	4,660	4,050	11,630
7	売上実績	7,830	12,660	10,800	31,290
8	売上目標	8,000	12,000	10,000	30,000
9	差額	-170	660		
10					

1 数式が入力されているセル［C9］をクリックして、

2 フィルハンドルをドラッグすると、

たとえばセル［E9］の数式は、セル［E7］とセル［E8］の差額を計算する数式に変わります。

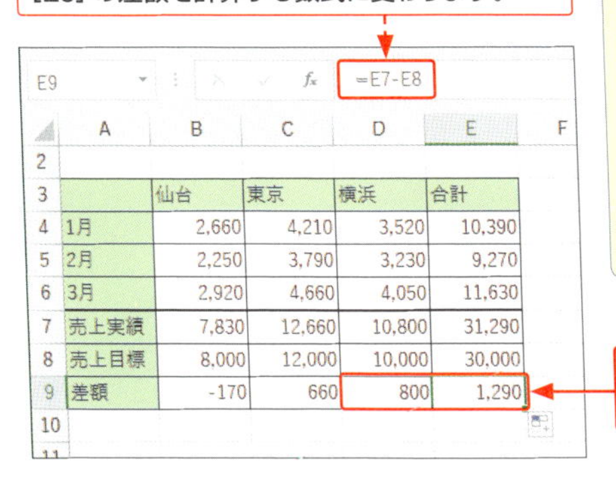

E9 | fx | =E7-E8

	A	B	C	D	E
2					
3		仙台	東京	横浜	合計
4	1月	2,660	4,210	3,520	10,390
5	2月	2,250	3,790	3,230	9,270
6	3月	2,920	4,660	4,050	11,630
7	売上実績	7,830	12,660	10,800	31,290
8	売上目標	8,000	12,000	10,000	30,000
9	差額	-170	660	800	1,290
10					

3 数式がコピーされます。

Memo

数式をコピーする

数式をコピーするには、数式が入力されているセル範囲を選択し、フィルハンドル（セルの右下隅にあるグリーンの四角形）をコピー先までドラッグします。

Memo

数式が入力されているセルのコピー

数式が入力されているセルをコピーすると、参照先のセルもそのセルと相対的な位置関係が保たれるように、セル参照が自動的に変化します。

35 計算する範囲を変更する

数式内のセル番地に対応するセル範囲は**色付きの枠（カラーリファレンス）**で囲まれて表示されます。この**枠をドラッグ**することで、計算する範囲を変更することができます。

1 参照先のセル範囲を変更する

セル［B2］の数式が参照しているセル［E5］をセル［E8］に変更します。

INT　=E5

	A	B	C	D	E
1					
2	当月売上	=E5		累計売上	26,930
3					
4		仙台	東京	横浜	合計
5	7月	2,320	4,100	3,120	9,540
6	8月	1,850	3,500	[illegible]	8,200
7	9月	2,010	3,800	[illegible]	9,190
8	10月	2,580	4,120	[illegible]	10,260
9	11月	2,140	3,850	3,120	9,110
10	12月	2,850	4,550	3,890	11,290
11					
12					

1 このセルをダブルクリックして、カラーリファレンスを表示します。

2 参照先のセル範囲を示す枠にマウスポインターを合わせると、ポインターの形が変わるので、

3 セル［E8］までカラーリファレンスの枠をドラッグします。

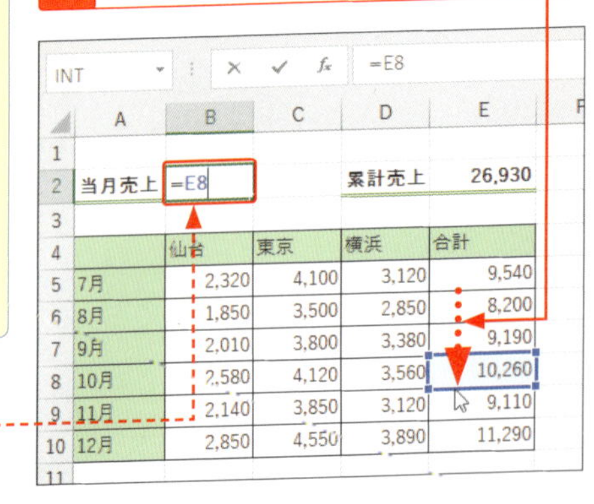

枠を移動すると、数式のセル番地も変更されます。

Keyword

カラーリファレンス

「カラーリファレンス」とは、数式内のセル番地とそれに対応するセル範囲に色を付けて、対応関係を示す機能のことです。

2 参照先のセル範囲を広げる

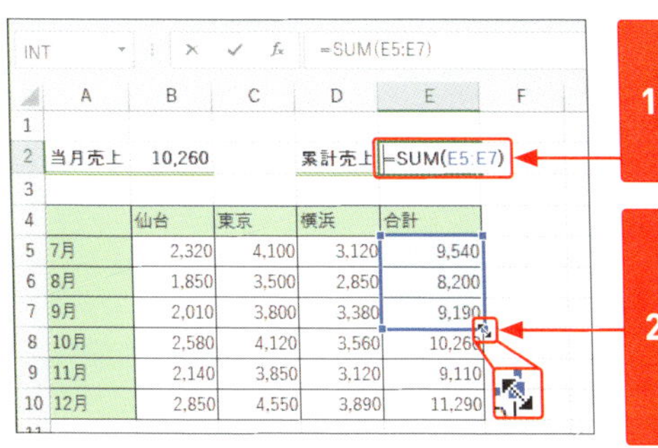

1 このセルをダブルクリックして、カラーリファレンスを表示します。

2 参照先のセル範囲を示す枠の右下隅のハンドルにマウスポインターを合わせると、ポインターの形が変わるので、

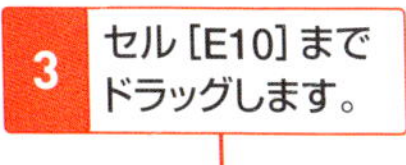

4 Enter を押すと、

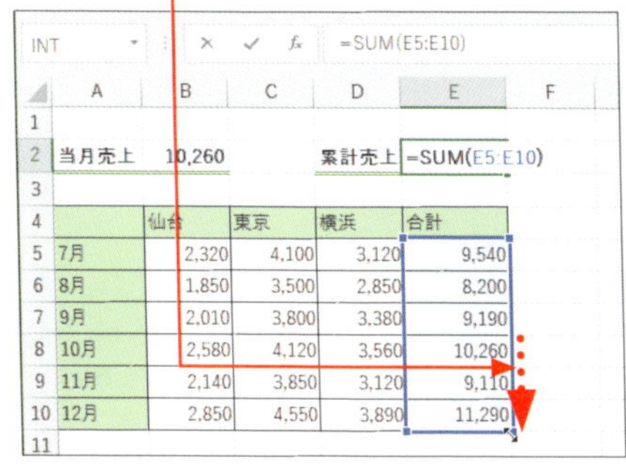

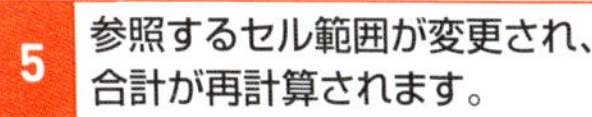

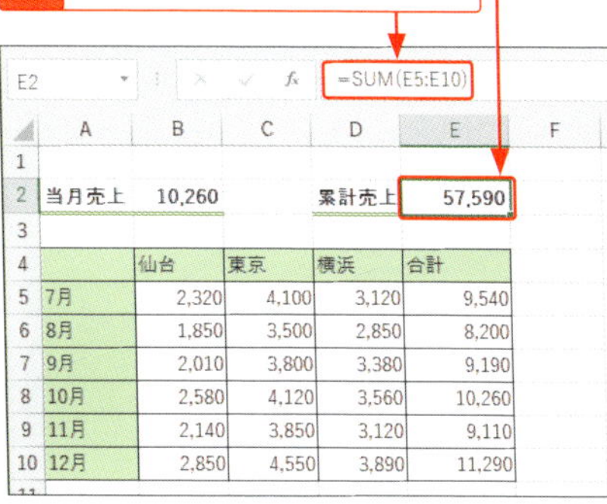

> **Memo**
>
> **セル範囲の指定**
>
> 連続するセル範囲を指定するときは、開始セルと終了セルを「:」(コロン)で区切ります。たとえば手順 1 の図では、セル[E5]、[E6]、[E7]の値の合計を求めているので、「E5:E7」と指定しています。

> **Memo**
>
> **参照先はどの方向にも広げられる**
>
> カラーリファレンスに表示される四隅のハンドルをドラッグすることで、参照先をどの方向にも広げる(狭める)ことができます。

Section 36 計算式をコピーして再利用する

セルの参照方式には、相対参照、絶対参照、複合参照があり、目的に応じて使い分けることができます。ここでは、3種類の参照方式の違いと、参照方式の切り替え方法を確認しておきましょう。

1 相対参照・絶対参照・複合参照

相対参照

相対参照でセル[A1]を参照する数式をセル[B2]にコピーすると、参照先が[A2]に変化します。

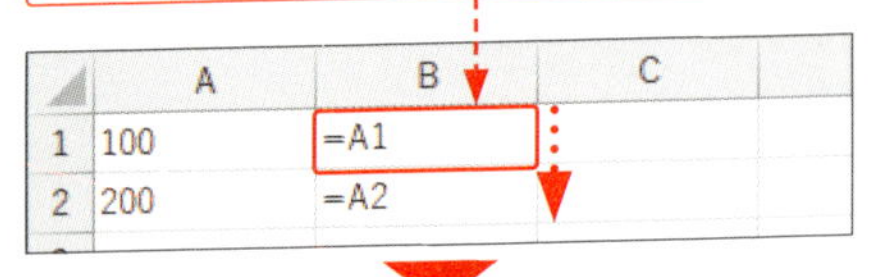

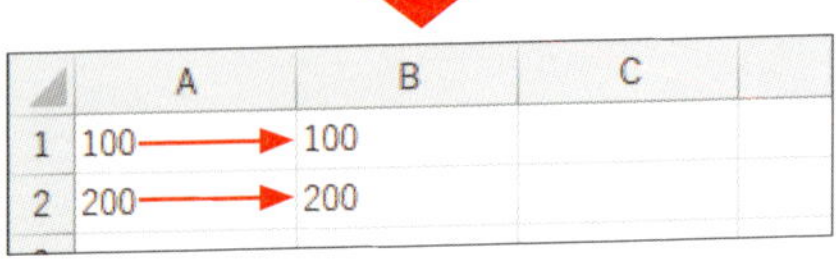

> **Keyword**
>
> **相対参照**
>
> 「相対参照」とは、数式が入力されているセルを基点として、ほかのセルの位置を相対的な位置関係で指定する参照方式のことです。

絶対参照

絶対参照でセル[A1]を参照する数式をセル[B2]にコピーしても、参照先は[A1]のまま固定されます。

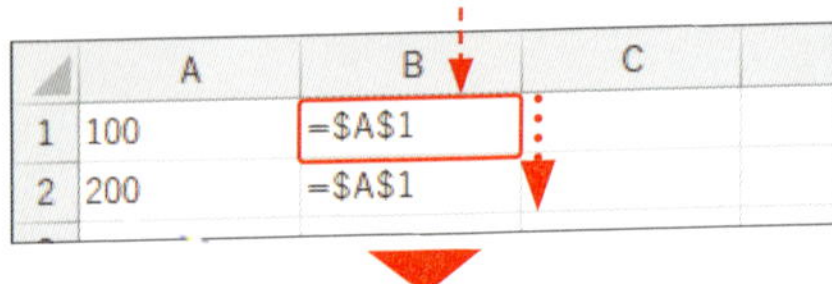

	A	B	C
1	100	100	
2	200	100	

> **Keyword**
>
> **絶対参照**
>
> 「絶対参照」とは、参照するセル番地を固定する参照方式のことです。数式をコピーしても、参照するセル番地は変わりません。

複合参照

行だけを絶対参照にして、セル [A1] を参照する数式をセル [B2] とセル [C1] [C2] にコピーすると、参照先の行だけが固定されます。

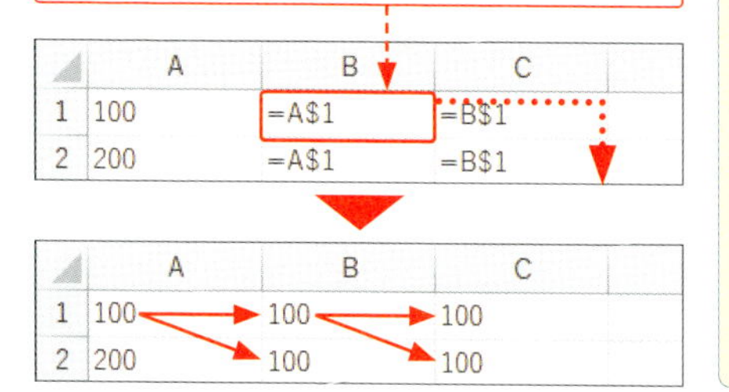

2 参照方式を切り替える

1 「=」を入力して、参照先のセル（ここではセル [A1]）をクリックします。

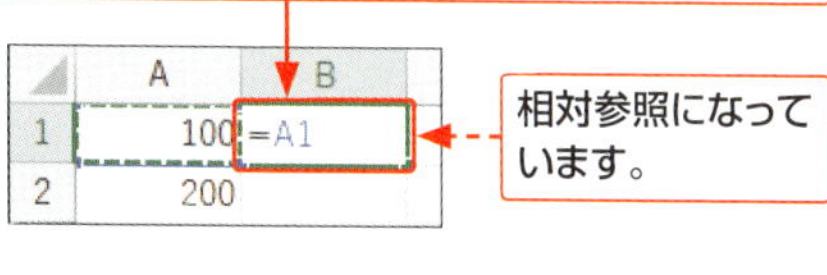

相対参照になっています。

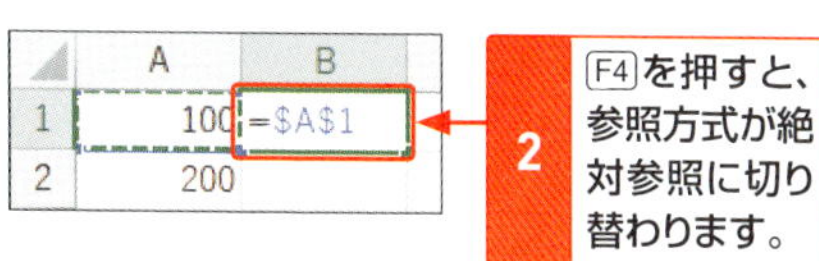

2 F4を押すと、参照方式が絶対参照に切り替わります。

3 続けてF4を押すと、「列が相対参照、行が絶対参照」の複合参照に切り替わります。

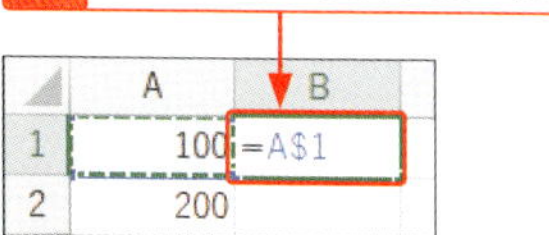

4 続けてF4を押すと、「列が絶対参照、行が相対参照」の複合参照に切り替わります。

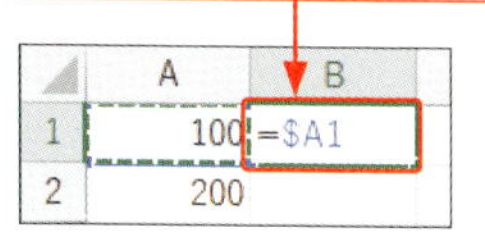

Keyword

複合参照

「複合参照」とは、相対参照と絶対参照を組み合わせた参照方式のことです。「列が相対参照、行が絶対参照」「列が絶対参照、行が相対参照」の２種類があります。

Memo

参照方式の切り替え

参照方式の切り替えは、F4を使うとかんたんです。F4を押すたびに参照方式が切り替わります。

Hint

あとから参照方式を変更するには?

入力を確定してしまったセル番地の参照方式を変更するには、目的のセルをダブルクリックしてから、変更したいセル番地をドラッグして選択し、F4を押します。

	A	B	C
1	100	=A1	
2	200		

セル指定を固定して計算する

初期設定では相対参照が使用されているので、コピー先のセル番地に合わせて参照先のセルが自動的に変更されます。**特定のセルを常に参照させたい**場合は、**絶対参照**を利用します。

1 相対参照でコピーする

売値×原価率から原価額を求めます。

参照先のセル

1 原価額を求めるために、セル[B5]とセル[C2]を参照した数式(ここでは「=B5*C2」)を入力します。

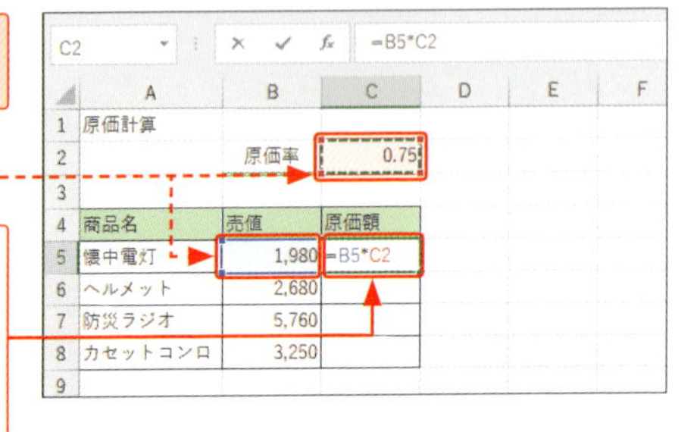

C2 =B5*C2

	A	B	C	D	E	F
1	原価計算					
2		原価率	0.75			
3						
4	商品名	売値	原価額			
5	懐中電灯	1,980	=B5*C2			
6	ヘルメット	2,680				
7	防災ラジオ	5,760				
8	カセットコンロ	3,250				
9						

2 Enter を押して、計算結果を求め、

3 数式を入力したセルをコピーします。

C5 =B5*C2

	A	B	C	D	E	F
1	原価計算					
2		原価率	0.75			
3						
4	商品名	売値	原価額			
5	懐中電灯	1,980	1,485			
6	ヘルメット	2,680				
7	防災ラジオ	5,760				
8	カセットコンロ	3,250				
9						

Memo

相対参照の利用

セル[C5]をセル範囲[C6:C8]にコピーすると、相対参照を使用しているために、計算結果が正しく求められません。

C5 =B5*C2

	A	B	C	D	E	F
1	原価計算					
2		原価率	0.75			
3						
4	商品名	売値	原価額			
5	懐中電灯	1,980	1,485			
6	ヘルメット	2,680	0			
7	防災ラジオ	5,760	#VALUE!			
8	カセットコンロ	3,250	4,826,250			
9						

4 正しい計算結果が表示されません。

2 絶対参照でコピーする

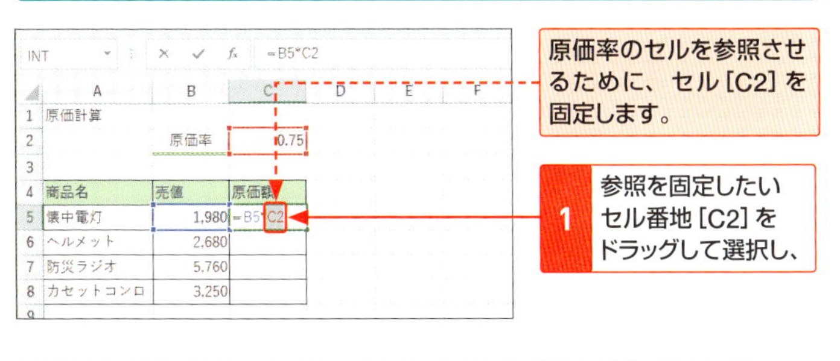

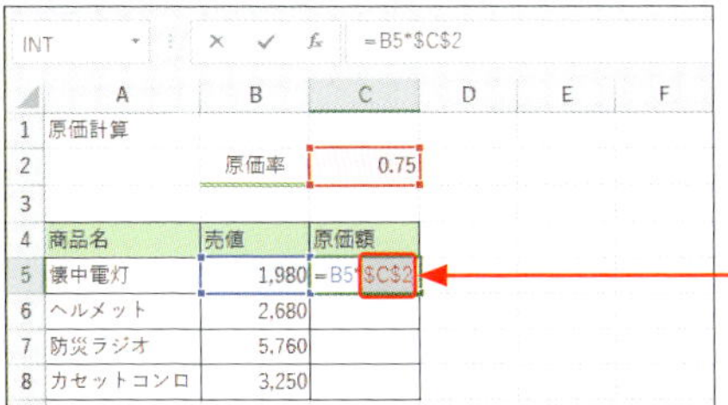

2 F4を押すと、

3 セル[C2]が[C2]に変わり、絶対参照になります。

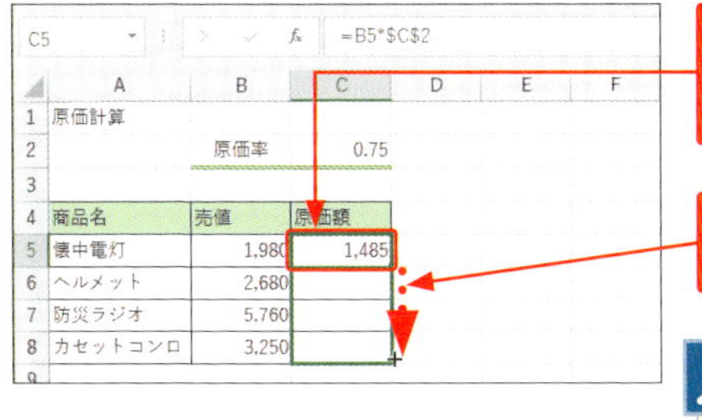

4 Enterを押して、計算結果を表示します。

5 数式を入力したセルをコピーすると、

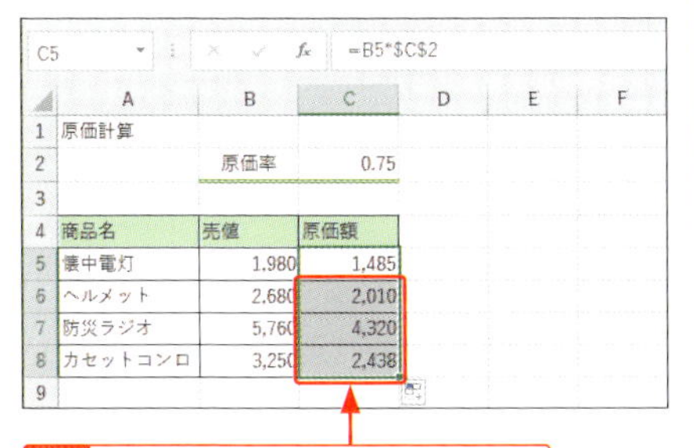

6 正しい計算結果が表示されます。

Memo

絶対参照の利用

参照を固定したいセル[C2]を絶対参照に変更すると、セル[C5]の数式をセル範囲[C6:C8]にコピーしても、セル[C2]へのセル参照が保持され、計算が正しく行われます。

行や列の指定を固定して計算する

セル参照が入力されたセルをコピーするときに、**行と列のどちらか一方を絶対参照**にして、**もう一方を相対参照**にしたい場合は、複合参照を利用します。

1 複合参照でコピーする

1 「=B5」と入力して、F4を3回押すと、

2 列［B］が絶対参照、行［5］が相対参照になります。

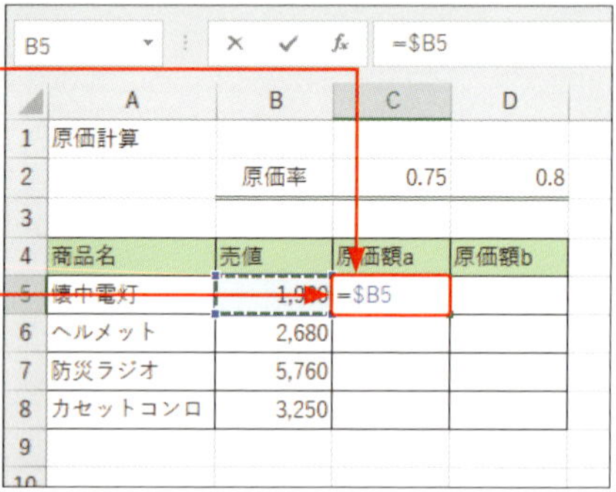

B5 =$B5

	A	B	C	D
1	原価計算			
2		原価率	0.75	0.8
3				
4	商品名	売値	原価額a	原価額b
5	懐中電灯	1,980	=$B5	
6	ヘルメット	2,680		
7	防災ラジオ	5,760		
8	カセットコンロ	3,250		
9				
10				

3 「*C2」と入力して、F4を2回押すと、

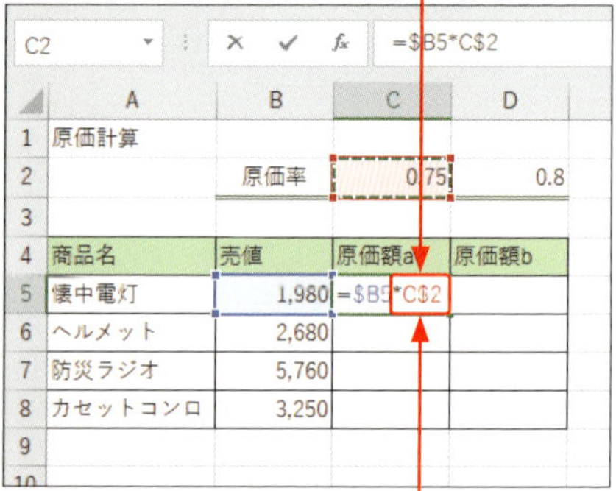

C2 =$B5*C$2

	A	B	C	D
1	原価計算			
2		原価率	0.75	0.8
3				
4	商品名	売値	原価額a	原価額b
5	懐中電灯	1,980	=$B5*C$2	
6	ヘルメット	2,680		
7	防災ラジオ	5,760		
8	カセットコンロ	3,250		
9				
10				

4 列［C］が相対参照、行［2］が絶対参照になります。

Memo 複合参照の利用

列［B］に「売値」、行［2］に「原価率」を入力し、それぞれの項目が交差する位置に原価額を求める表を作成する場合、原価額を求める数式は、常に列［B］と行［2］のセルを参照する必要があります。このようなときは、列または行のいずれかの参照先を固定する複合参照を利用します。

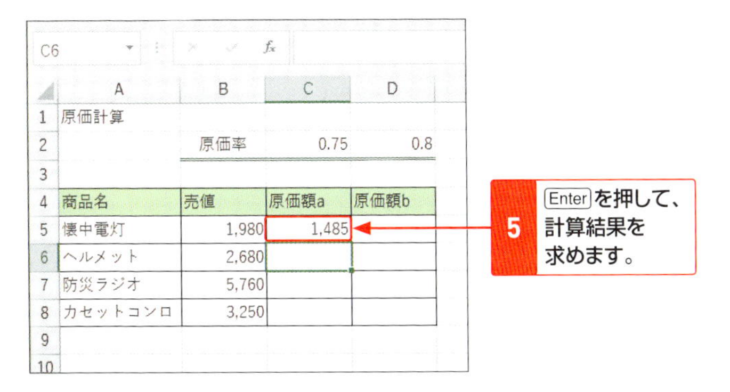

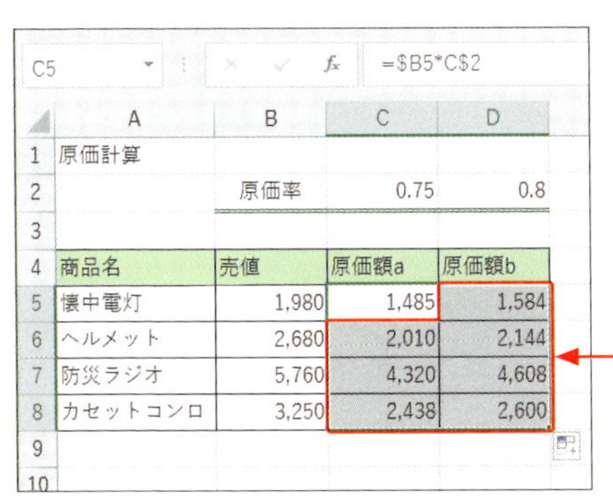

6 セル[C5]の数式を、計算するセル範囲にコピーします。

数式を表示して確認する

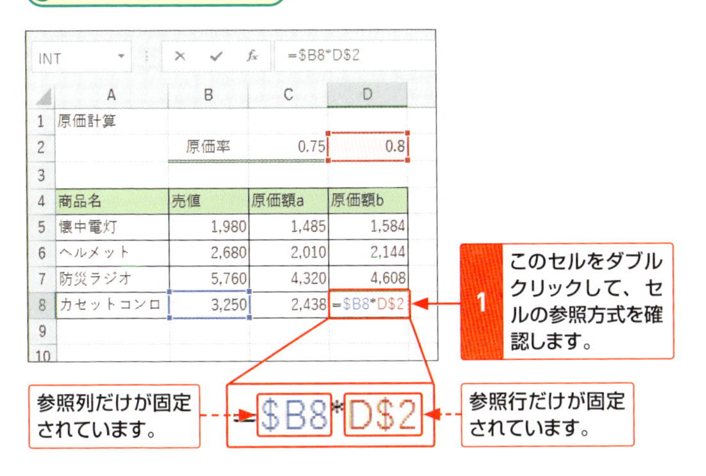

39 合計や平均を計算する

表を作成する際は、行や列の合計を求める作業が頻繁に行われます。この場合は<オートSUM>を利用すると、数式を入力する手間が省け、計算ミスを防ぐことができます。

1 連続したセルの合計を求める

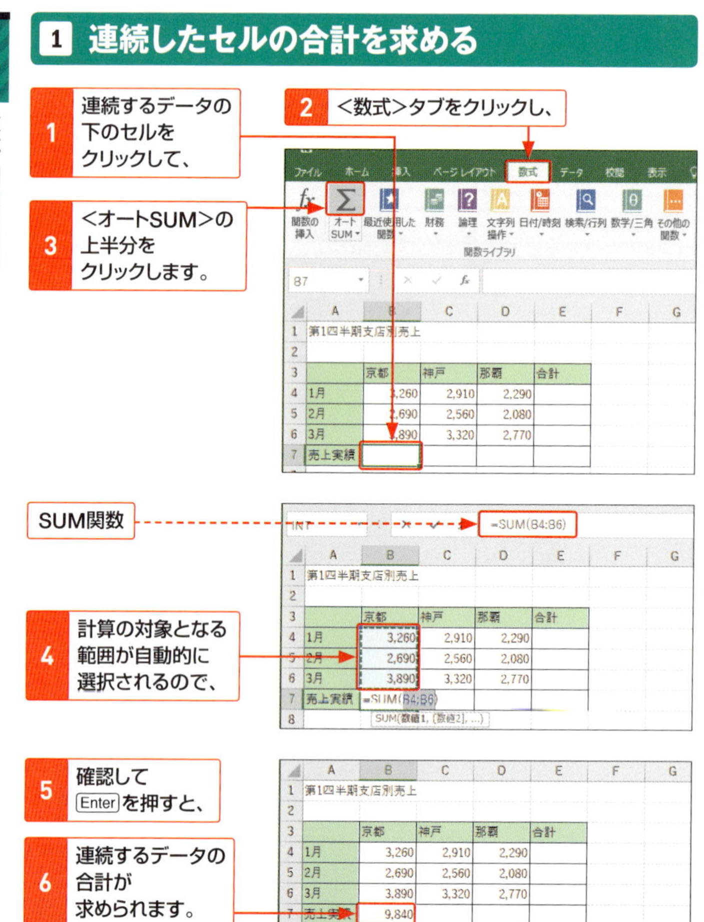

2 離れたセルの合計を求める

1 合計を入力するセルをクリックして、

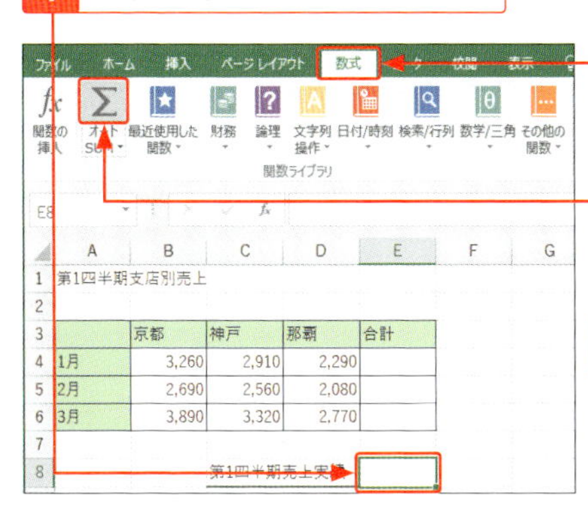

2 <数式>タブをクリックし、

3 <オートSUM>の上半分をクリックします。

B4 =SUM(B4:D6)

	A	B	C	D	E
1	第1四半期支店別売上				
2					
3		京都	神戸	那覇	合計
4	1月	3,260	2,910	2,290	
5	2月	2,690	2,560	2,080	
6	3月	3,890	3,320	2,770	
7					
8			第1四半期売上実績		=SUM(B4:D6)

SUM(数値1, [数値2], ...)

4 合計の対象とするデータのセル範囲をドラッグして、

5 Enter を押すと、

6 指定したセル範囲の合計が求められます。

Memo

セル範囲をドラッグして指定する

離れた位置にあるセルや、別のワークシートに合計を求める場合は、セル範囲をドラッグして指定します。

Keyword

SUM関数

<オートSUM>を利用して合計を求めたセルには、引数(P.252参照)に指定された数値やセル範囲の合計を求める「SUM関数」が入力されています。<オートSUM>は、<ホーム>タブの<編集>グループから利用することもできます。

書式：＝SUM(数値1, [数値2] ,…)

3 複数の行列の合計をまとめて求める

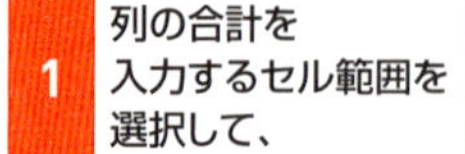

1 列の合計を入力するセル範囲を選択して、

2 <数式>タブをクリックし、

3 <オートSUM>の上半分をクリックすると、

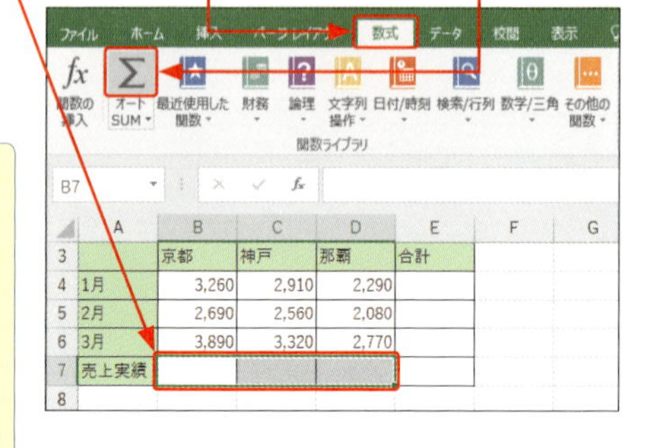

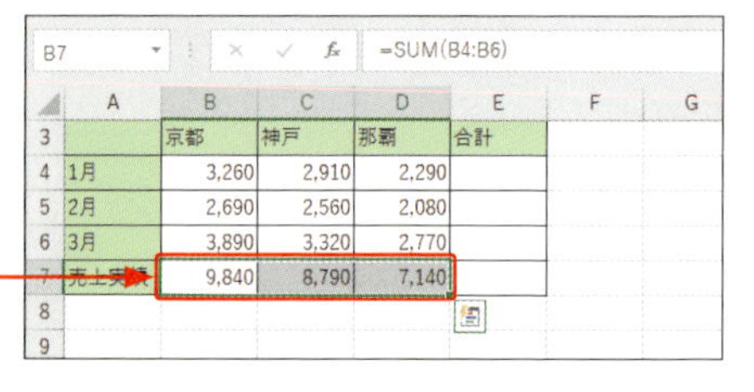

4 選択したすべてのセルに列の合計が求められます。

Memo

複数の行の合計を求める

同様の操作を行に対して行うと、複数の行の合計をまとめて求めることができます。

Hint

<クイック分析>の利用

Excel 2016では、連続したセル範囲の合計や平均を求める場合に、<クイック分析>を利用することができます。

1 合計の対象とするセル範囲をドラッグして、<クイック分析>をクリックし、

2 <合計>をクリックして、

3 目的のコマンド（ここでは<合計>）をクリックします。

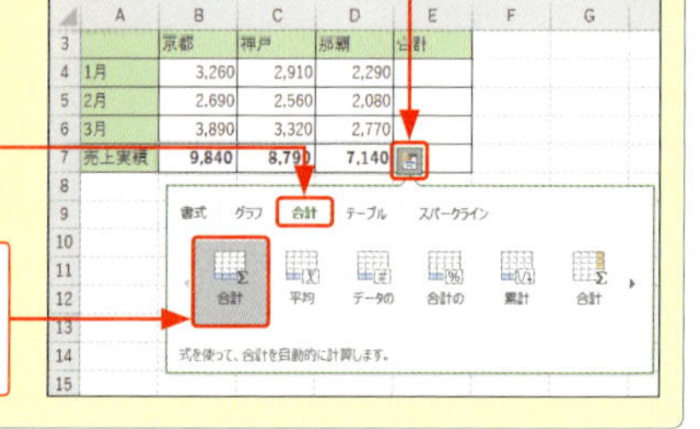

4 平均を求める

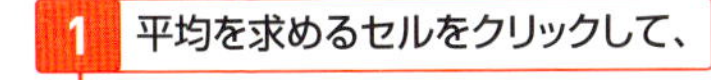

1 平均を求めるセルをクリックして、

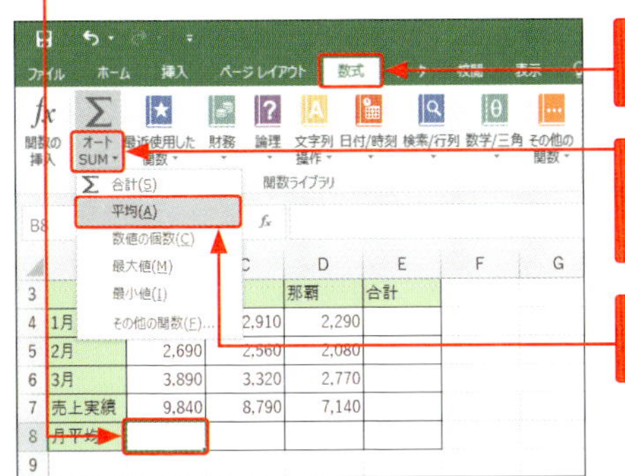

2 <数式>タブをクリックし、

3 <オートSUM>の下半分をクリックして、

4 <平均>をクリックします。

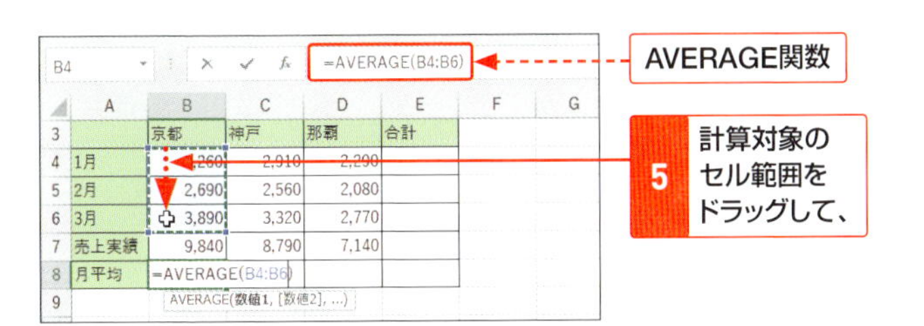

5 計算対象のセル範囲をドラッグして、

	A	B	C	D	E
3		京都	神戸	那覇	合計
4	1月	3,260	2,910	2,290	
5	2月	2,690	2,560	2,080	
6	3月	3,890	3,320	2,770	
7	売上実績	9,840	8,790	7,140	
8	月平均	3,280			
9					

6 Enter を押すと、

7 指定したセル範囲の平均が求められます。

Keyword

AVERAGE関数

「AVERAGE関数」は、引数に指定された数値やセル範囲の平均を求める関数です。

書式：＝AVERAGE(数値1, [数値2] ,…)

Section 40 関数を入力する

関数とは、**特定の計算を自動的に行うためにExcelにあらかじめ用意されている機能**のことです。関数を利用すれば、面倒な計算や各種作業をかんたんに効率的に行うことができます。

■関数の書式

関数は、先頭に「=」（等号）を付けて関数名を入力し、後ろに引数をカッコ「( )」で囲んで指定します。引数とは、計算や処理に必要な数値やデータのことです。引数の数が複数ある場合は、引数と引数の間を「,」（カンマ）で区切ります。引数に連続する範囲を指定する場合は、開始セルと終了セルを「:」（コロン）で区切ります。関数名や記号はすべて半角で入力します。

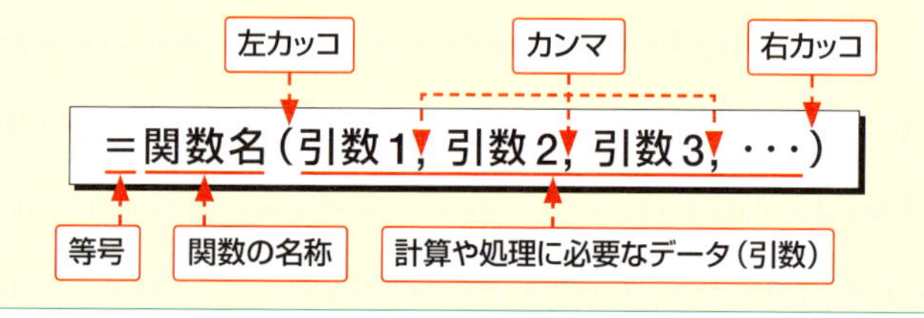

1 <関数ライブラリ>から関数を入力する

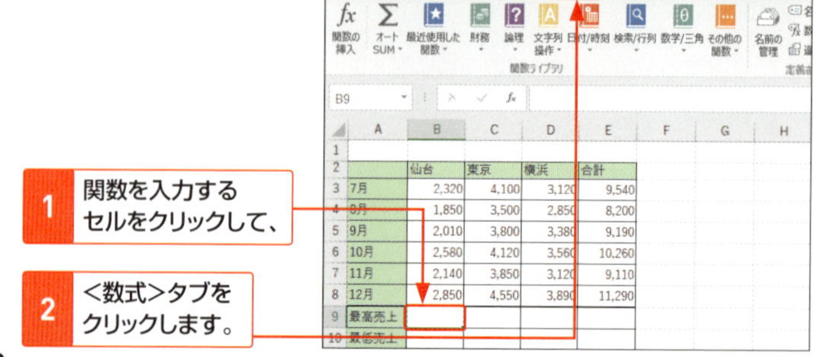

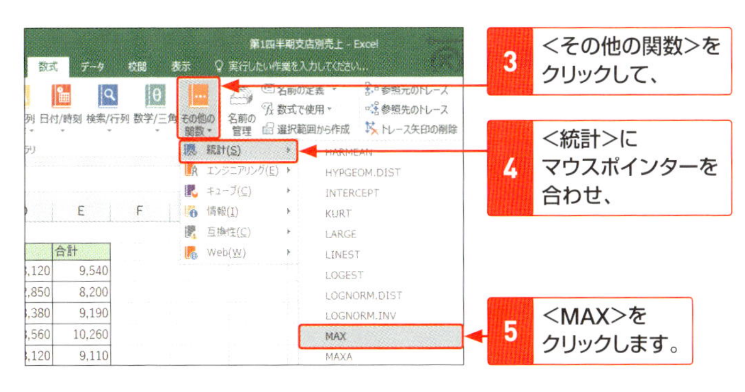

3 <その他の関数>をクリックして、

4 <統計>にマウスポインターを合わせ、

5 <MAX>をクリックします。

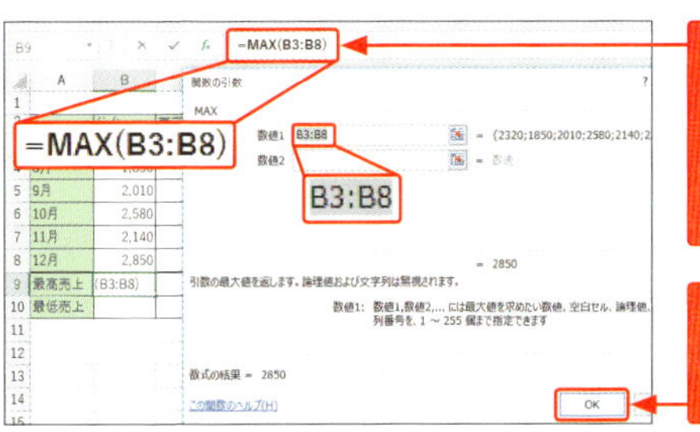

6 <関数の引数>ダイアログボックスが表示され、関数と引数が自動的に入力されます。

7 計算するセル範囲を確認して、<OK>をクリックすると、

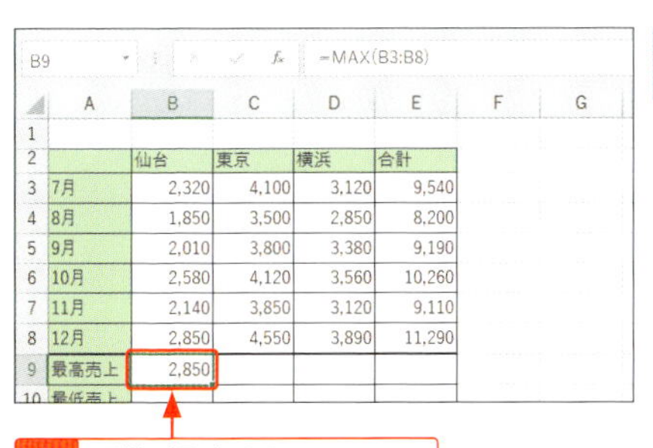

	A	B	C	D	E
1					
2		仙台	東京	横浜	合計
3	7月	2,320	4,100	3,120	9,540
4	8月	1,850	3,500	2,850	8,200
5	9月	2,010	3,800	3,380	9,190
6	10月	2,580	4,120	3,560	10,260
7	11月	2,140	3,850	3,120	9,110
8	12月	2,850	4,550	3,890	11,290
9	最高売上	2,850			
10	最低売上				

8 関数が入力され、計算結果が表示されます。

Memo

引数の指定

関数が入力されたセルの上方向または左方向のセルに数値が入力されていると、それらのセルが自動的に引数として選択されます。

Keyword

MAX関数

「MAX関数」は、引数に指定された数値やセル範囲の最大値を求める関数です。

書式：＝MAX(引数1,[引数2],…)

2 <関数の挿入>から関数を入力する

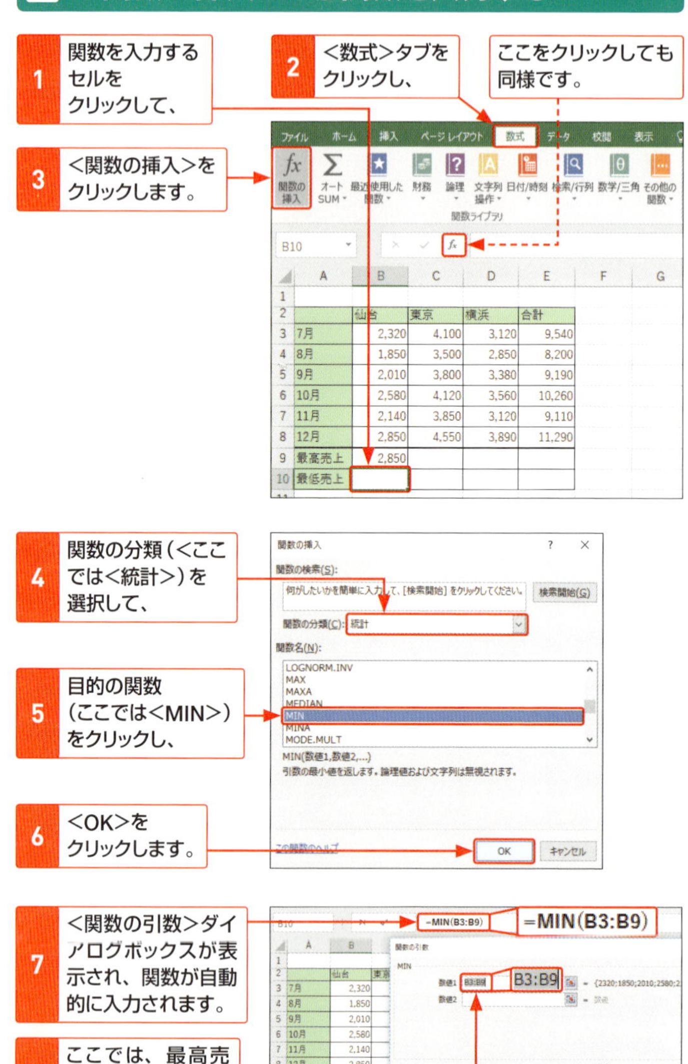

9 引数に指定するセル範囲をドラッグして選択し直します。

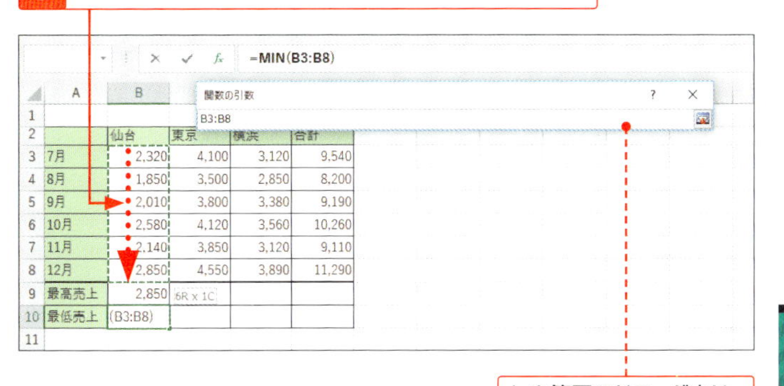

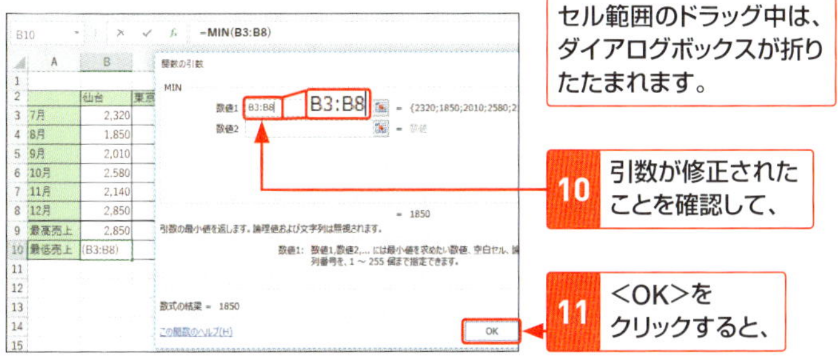

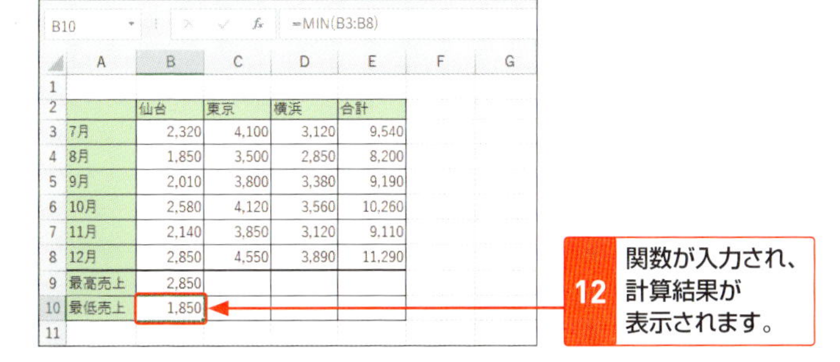

Keyword

MIN関数

「MIN関数」は、引数に指定された数値やセル範囲の最小値を求める関数です。

書式：＝MIN（引数1, [引数2] ,…）

3 関数を直接入力する

1 関数を入力するセルをクリックし、「=」(等号)に続けて関数を1文字以上入力すると、

2 「数式オートコンプリート」が表示されます。

3 入力したい関数をダブルクリックすると、

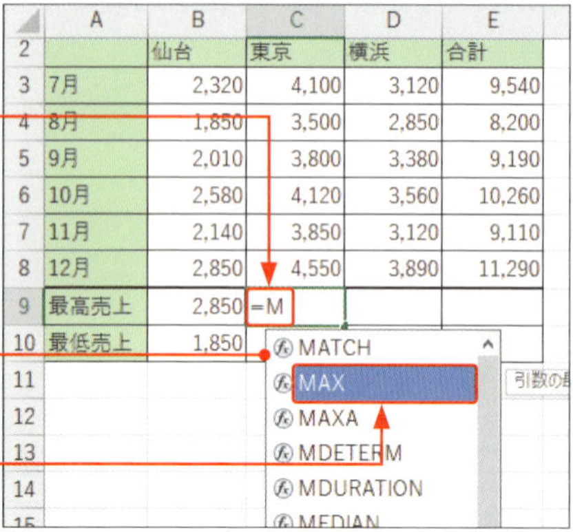

	A	B	C	D	E
2		仙台	東京	横浜	合計
3	7月	2,320	4,100	3,120	9,540
4	8月	1,850	3,500	2,850	8,200
5	9月	2,010	3,800	3,380	9,190
6	10月	2,580	4,120	3,560	10,260
7	11月	2,140	3,850	3,120	9,110
8	12月	2,850	4,550	3,890	11,290
9	最高売上	2,850	=M		
10	最低売上	1,850			

MATCH
MAX
MAXA
MDETERM
MDURATION
MEDIAN
引数の

4 関数名と「(」(左カッコ)が入力されます。

8	12月	2,850	4,550	3,890	11,290
9	最高売上	2,850	MAX(		
10	最低売上	1,850	MAX(数値1, [数値2], ...)		

5 引数をドラッグして指定し、

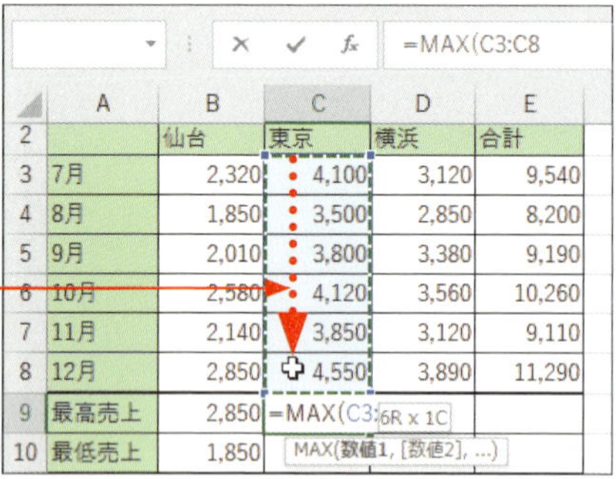

=MAX(C3:C8

	A	B	C	D	E
2		仙台	東京	横浜	合計
3	7月	2,320	4,100	3,120	9,540
4	8月	1,850	3,500	2,850	8,200
5	9月	2,010	3,800	3,380	9,190
6	10月	2,580	4,120	3,560	10,260
7	11月	2,140	3,850	3,120	9,110
8	12月	2,850	4,550	3,890	11,290
9	最高売上	2,850	=MAX(C3: 6R x 1C		
10	最低売上	1,850	MAX(数値1, [数値2], ...)		

6 「)」(右カッコ)を入力して、

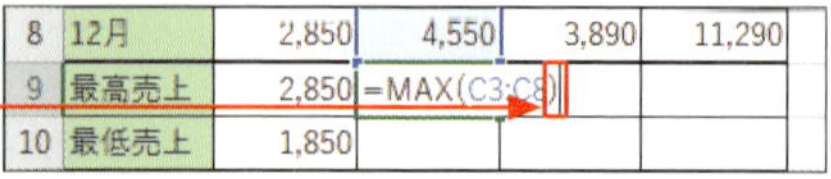

8	12月	2,850	4,550	3,890	11,290
9	最高売上	2,850	=MAX(C3:C8)		
10	最低売上	1,850			

7 Enter を押すと、

8 関数が入力され、計算結果が表示されます。

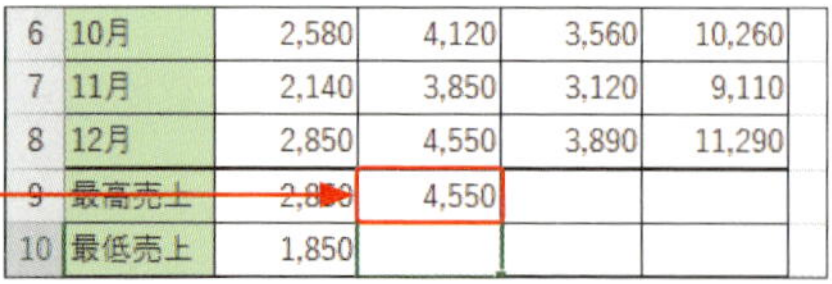

6	10月	2,580	4,120	3,560	10,260
7	11月	2,140	3,850	3,120	9,110
8	12月	2,850	4,550	3,890	11,290
9	最高売上	2,850	4,550		
10	最低売上	1,850			

第6章

グラフ・図形の利用とシートの印刷

41 グラフを作成する

グラフは、グラフのもとになるセル範囲を選択して、<おすすめグラフ>か、グラフの種類に対応したコマンドをクリックして、目的のグラフを選択するだけで、かんたんに作成できます。

1 <おすすめグラフ>を利用する

1 グラフのもとになるセル範囲を選択して、

2 <挿入>タブをクリックし、

3 <おすすめグラフ>をクリックします。

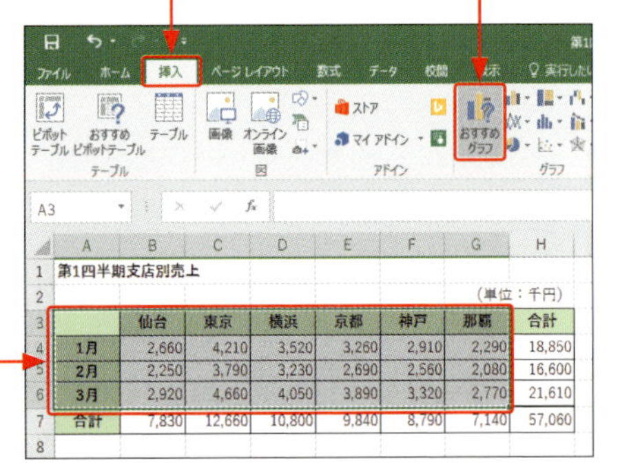

4 利用しているデータに適したグラフの候補が表示されるので、

5 作成したいグラフをクリックして、

6 <OK>をクリックすると、

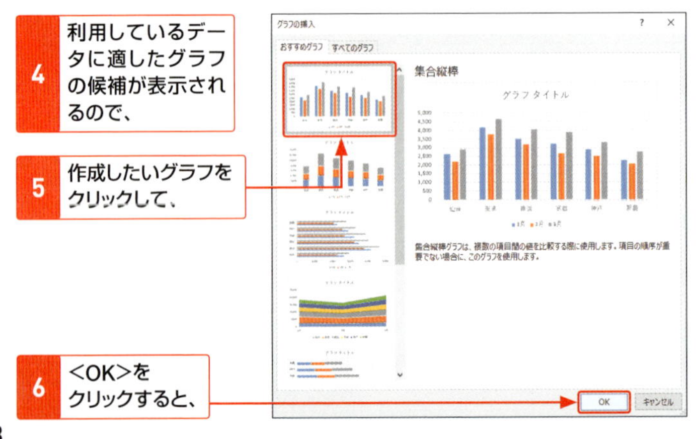

7 グラフが作成されます。

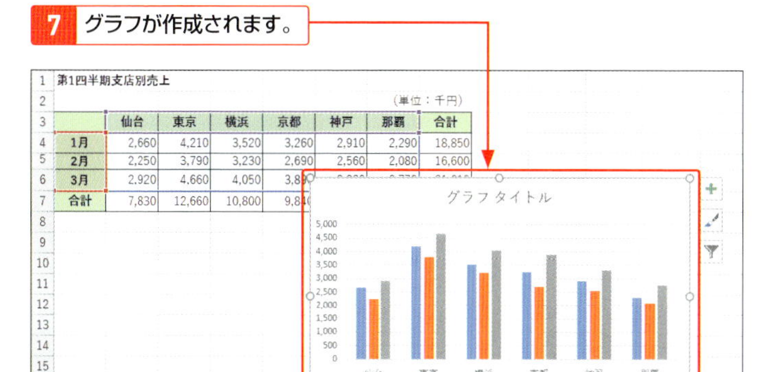

8 ここをクリックしてタイトルを入力し、

9 タイトル以外をクリックすると、タイトルが表示されます。

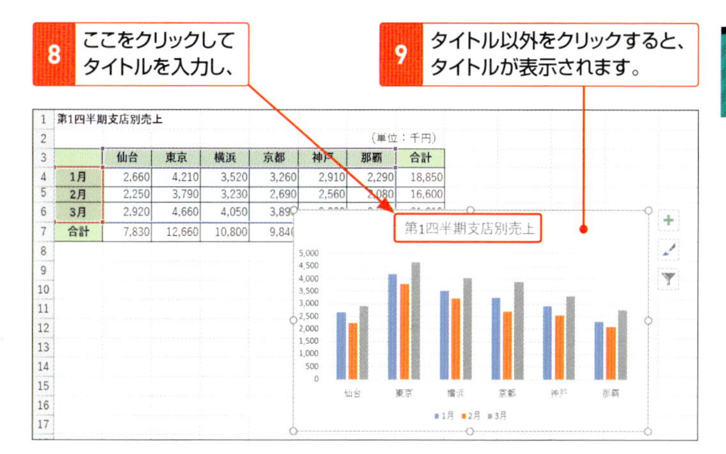

Memo

グラフの種類に対応したコマンドを使う

グラフは、<挿入>タブの<グラフ>グループに用意されているコマンドを使って作成することもできます。グラフのもとになるセル範囲を選択して、グラフの種類に対応したコマンドをクリックし、目的のグラフを選択します。

これらのコマンドを使ってもグラフを作成することができます。

グラフの位置やサイズを変更する

グラフは、グラフのもとデータがあるワークシートに表示されますが、**ほかのシートやグラフだけのシートに移動**することができます。グラフ全体やグラフ要素の**サイズを変更**することもできます。

1 グラフを移動する

1 グラフエリア（グラフ全体）の何もないところをクリックしてグラフを選択し、

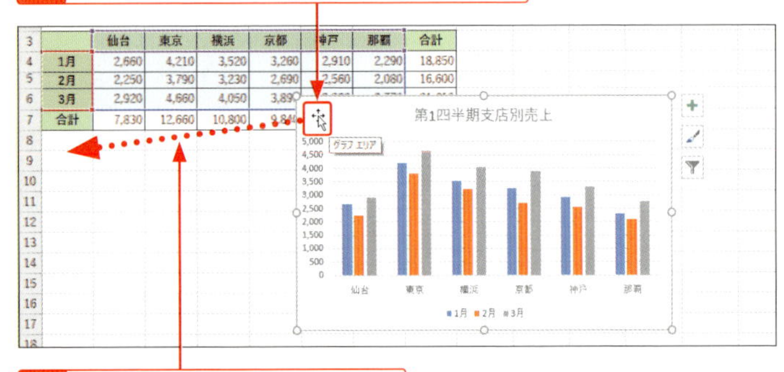

2 移動する場所までドラッグすると、

3 グラフが移動します。

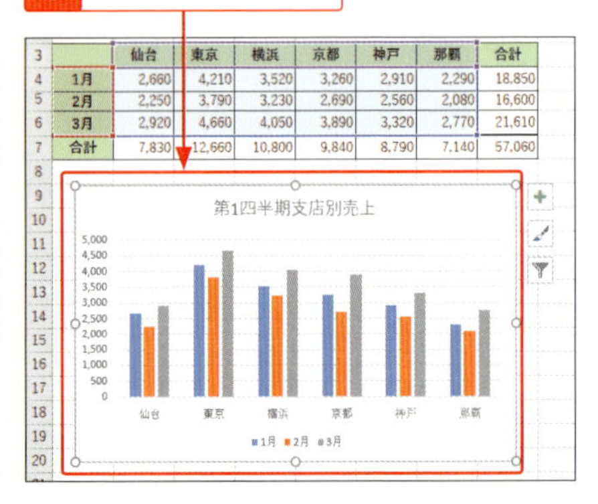

	仙台	東京	横浜	京都	神戸	那覇	合計
1月	2,660	4,210	3,520	3,260	2,910	2,290	18,850
2月	2,250	3,790	3,230	2,690	2,560	2,080	16,600
3月	2,920	4,660	4,050	3,890	3,320	2,770	21,610
合計	7,830	12,660	10,800	9,840	8,790	7,140	57,060

Memo

グラフ要素を移動する

グラフ内のグラフタイトルや凡例などのグラフ要素も移動できます。グラフ要素をクリックして、周囲に表示される枠線上にマウスポインターを合わせてドラッグします。

2 グラフのサイズを変更する

1 サイズを変更したいグラフをクリックします。

2 サイズ変更ハンドルにマウスポインターを合わせて、

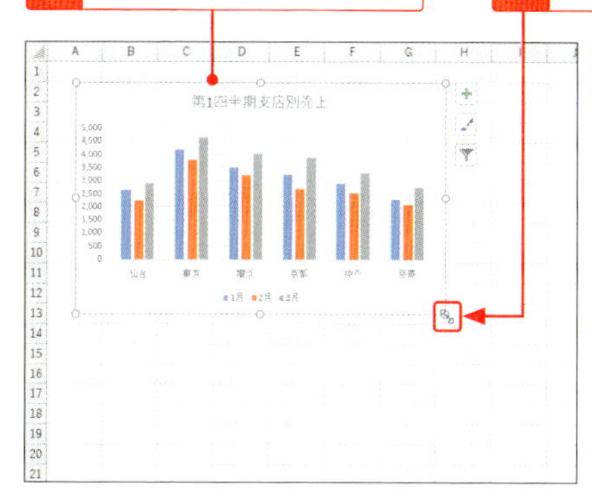

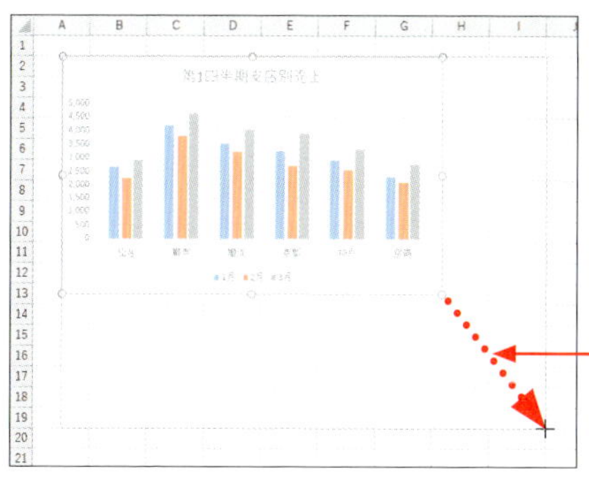

3 変更したい大きさになるまでドラッグすると、

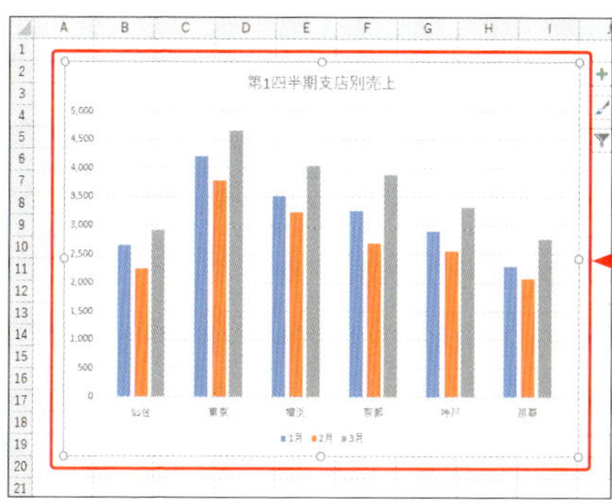

4 グラフのサイズが変更されます。

文字サイズや凡例などの表示サイズはもとのサイズのままです。

> **Memo**
>
> **グラフ要素のサイズを変更する**
>
> グラフ要素はサイズの変更もできます。グラフ要素をクリックし、サイズ変更ハンドルをドラッグします。移動やサイズ変更に失敗した時は＜元に戻す＞をクリックしましょう。

グラフのレイアウトやデザインを変更する

グラフのレイアウトやデザインは、あらかじめ用意されている<クイックレイアウト>や<グラフスタイル>から好みの設定を選ぶだけで、かんたんに変更することができます。

1 レイアウトを変更する

1 グラフをクリックして、

2 <デザイン>タブをクリックします。

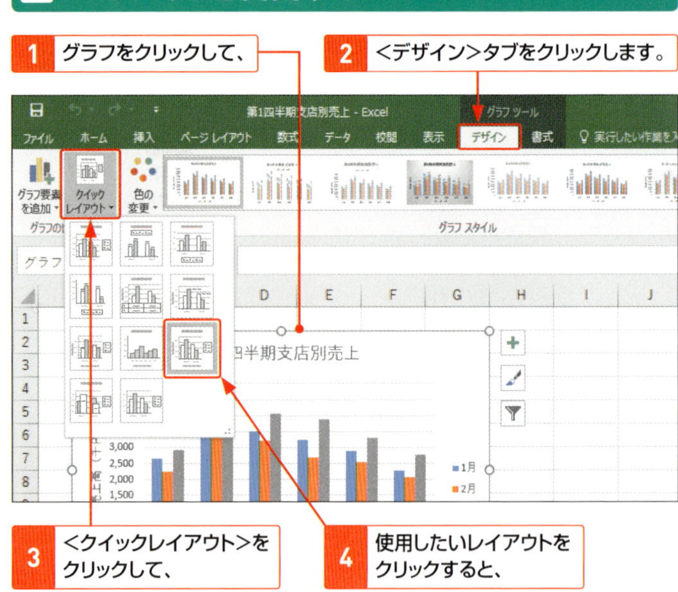

3 <クイックレイアウト>をクリックして、

4 使用したいレイアウトをクリックすると、

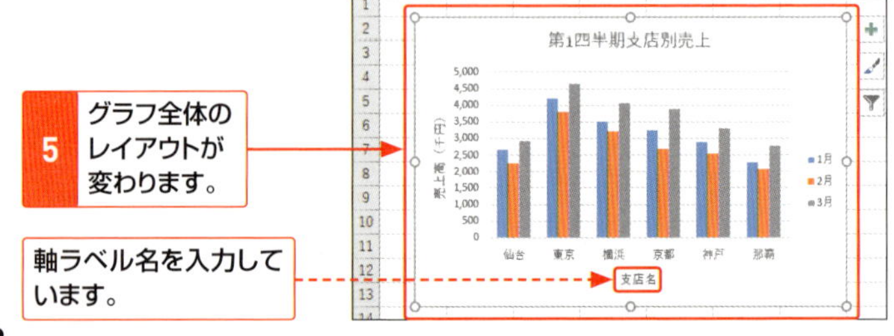

5 グラフ全体のレイアウトが変わります。

軸ラベル名を入力しています。

2 スタイルを変更する

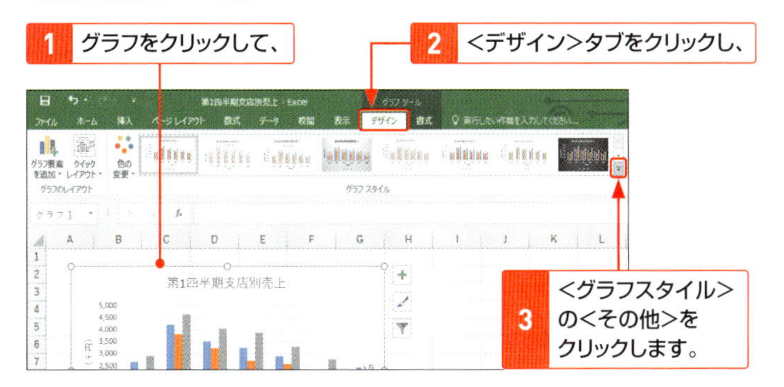

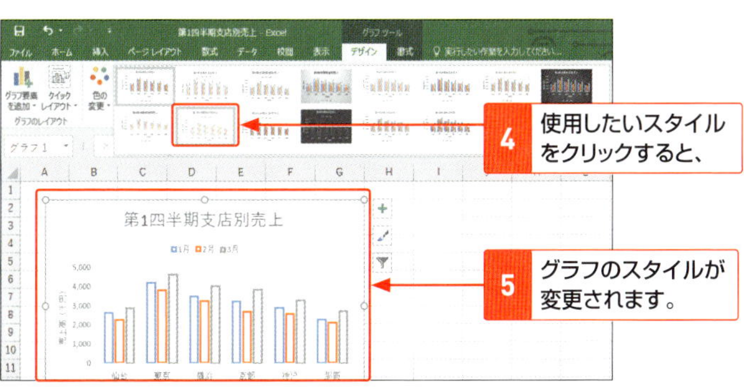

StepUp

グラフの色を変更する

グラフ全体の色味を変更することもできます。グラフをクリックして、<デザイン>タブの<色の変更>をクリックし、使用したい色をクリックします。

線や図形を描く

ワークシート上には、線、四角形、基本図形、フローチャートなど、さまざまな図形を描くことができます。図形は一覧できるので、描きたい図形をかんたんに選ぶことができます。

1 直線を描く

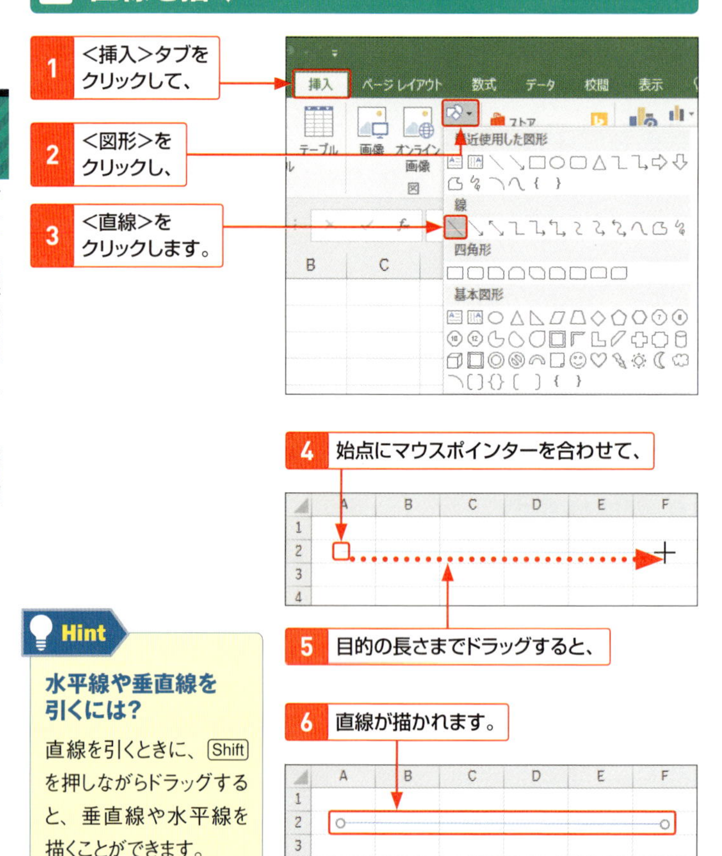

Hint

水平線や垂直線を引くには?

直線を引くときに、Shiftを押しながらドラッグすると、垂直線や水平線を描くことができます。

2 曲線を描く

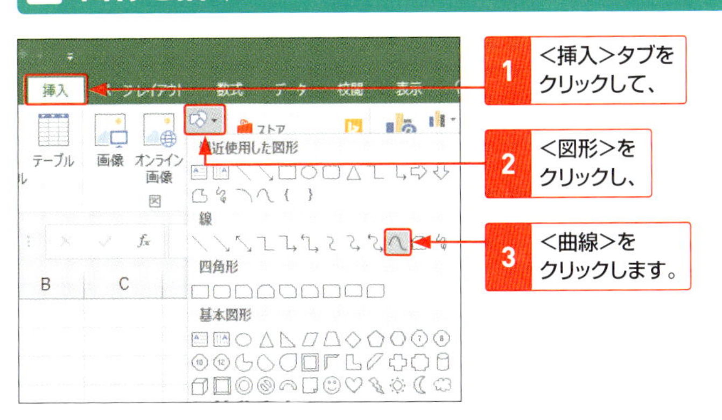

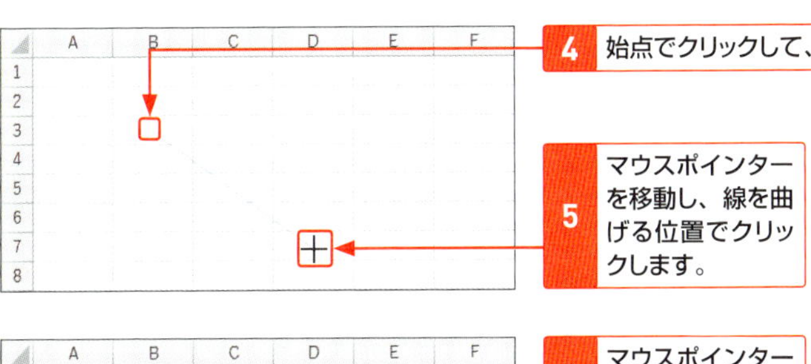

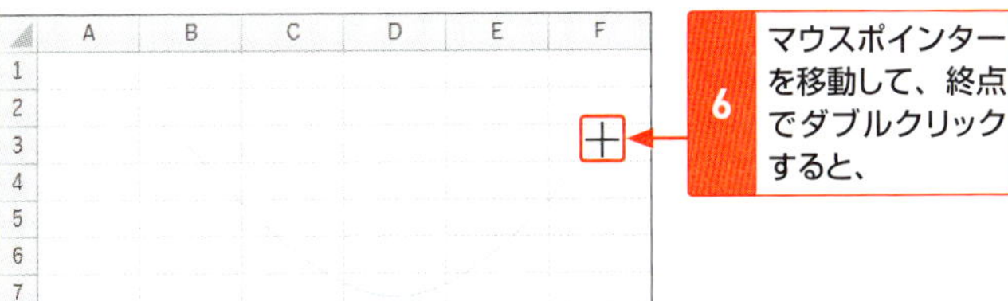

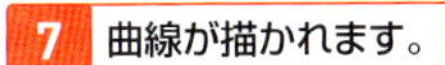

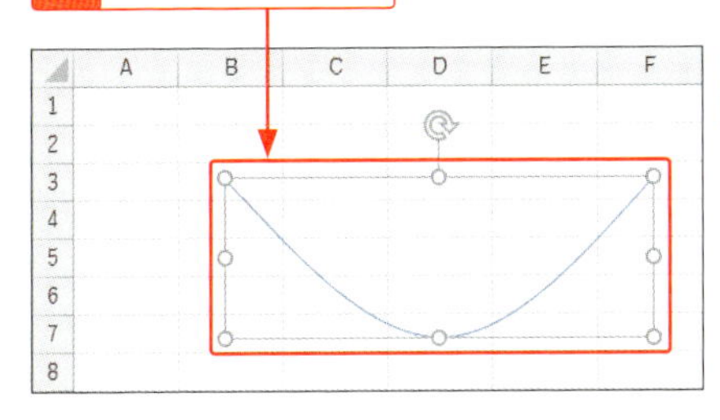

Hint

図形を削除するには?

図形を削除する場合は、図形をクリックして選択し、Delete を押します。

3 図形を描く

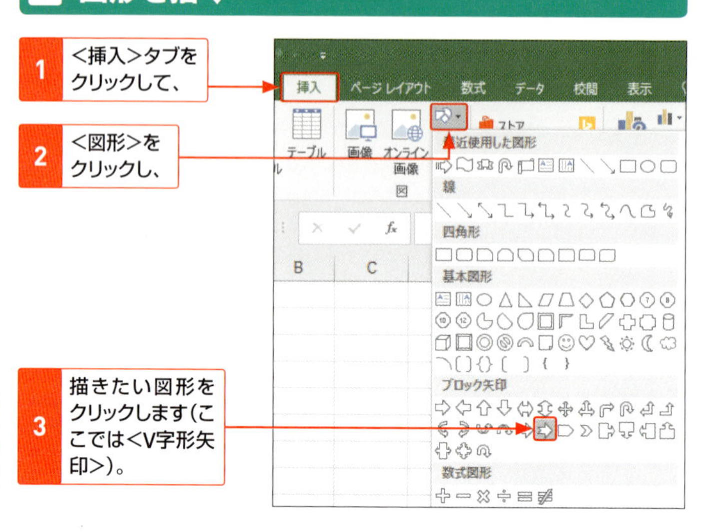

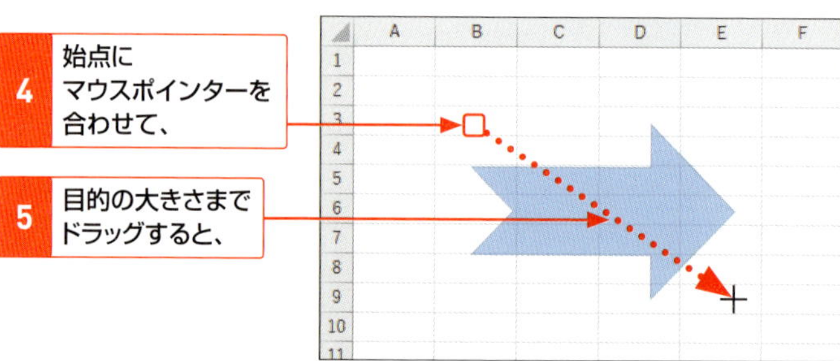

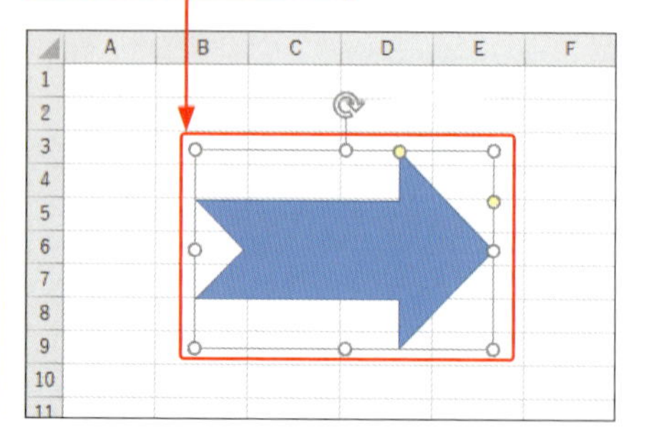

Hint

正円や正方形を描くには?

正円や正方形を描く場合は、<楕円>◯や<正方形／長方形>□をクリックし、Shiftを押しながらドラッグします。

4 図形に文字を入力する

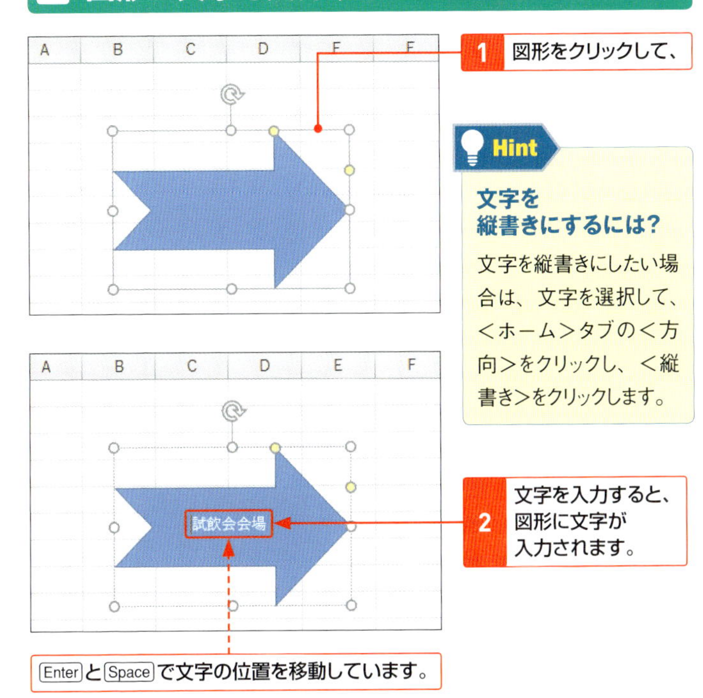

 で文字の位置を移動しています。

Hint

文字を縦書きにするには?

文字を縦書きにしたい場合は、文字を選択して、<ホーム>タブの<方向>をクリックし、<縦書き>をクリックします。

StepUp

同じ図形を続けて描くには?

同じ図形を続けて描く場合は、描きたい図形を右クリックし、<描画モードのロック>をクリックして描きます。描き終わったら、もう一度図形のコマンドをクリックするか Esc を押すと、描画モードが解除されます。

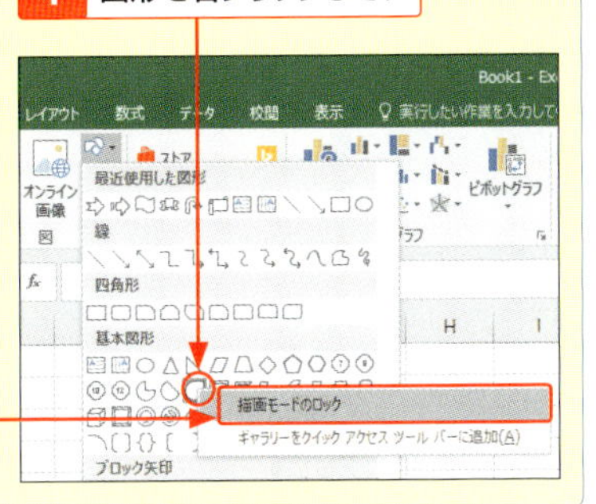

テキストボックスを挿入する

テキストボックスを利用すると、セルの位置やサイズに影響されることなく、自由に文字を配置することができます。入力した文字は、通常のセル内の文字と同様に編集することができます。

1 テキストボックスを作成する

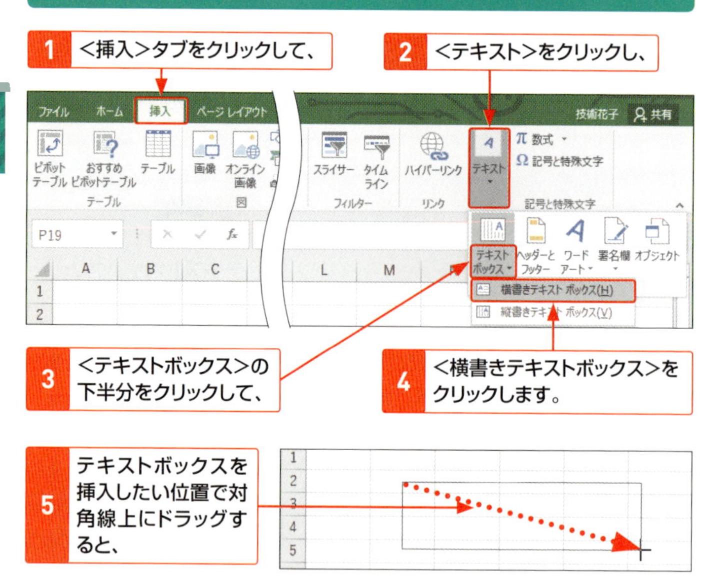

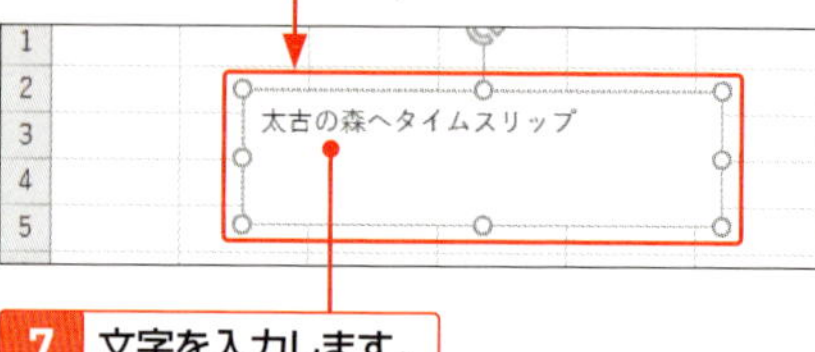

Memo

縦書きテキストボックスの挿入

縦書きの文字を入力する場合は、手順4で<縦書きテキストボックス>をクリックします。

2 文字の配置を変更する

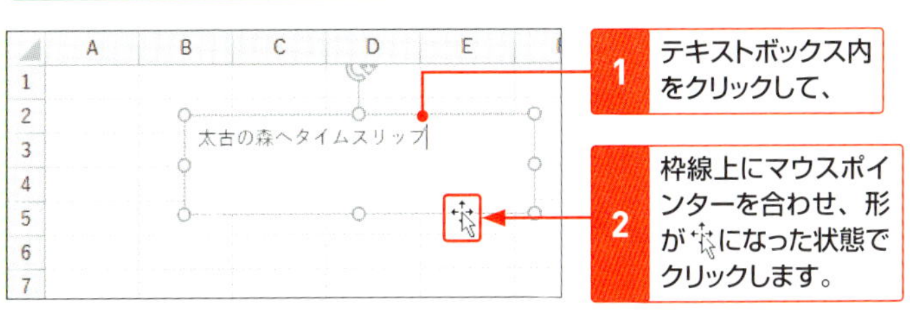

1 テキストボックス内をクリックして、

2 枠線上にマウスポインターを合わせ、形が✥になった状態でクリックします。

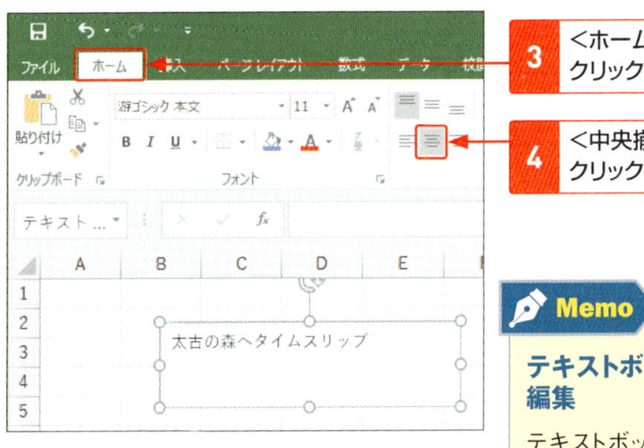

3 <ホーム>タブをクリックして、

4 <中央揃え>をクリックし、

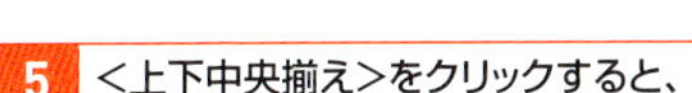

5 <上下中央揃え>をクリックすると、

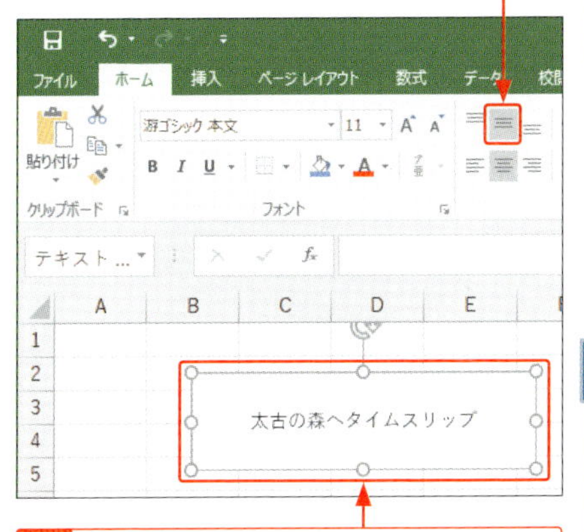

6 文字がテキストボックスの上下左右中央に配置されます。

Memo

テキストボックスの編集

テキストボックスは、図形と同様の方法で移動したり、サイズやスタイルを変更したりできます。

Memo

フォントの変更

フォントの種類やサイズはセル内のフォントと同じように変更できます。

46 ワークシートを印刷する

作成したワークシートを印刷する際は、印刷プレビューで印刷結果のイメージを確認します。印刷結果を確認しながら、用紙サイズや余白などの設定を行い、設定が完了したら印刷を行います。

1 印刷プレビューを表示する

Hint

複数ページのイメージを確認するには？

ワークシートが複数ページにまたがる場合は、印刷プレビューの左下にある<次のページ>、<前のページ>をクリックして確認します。

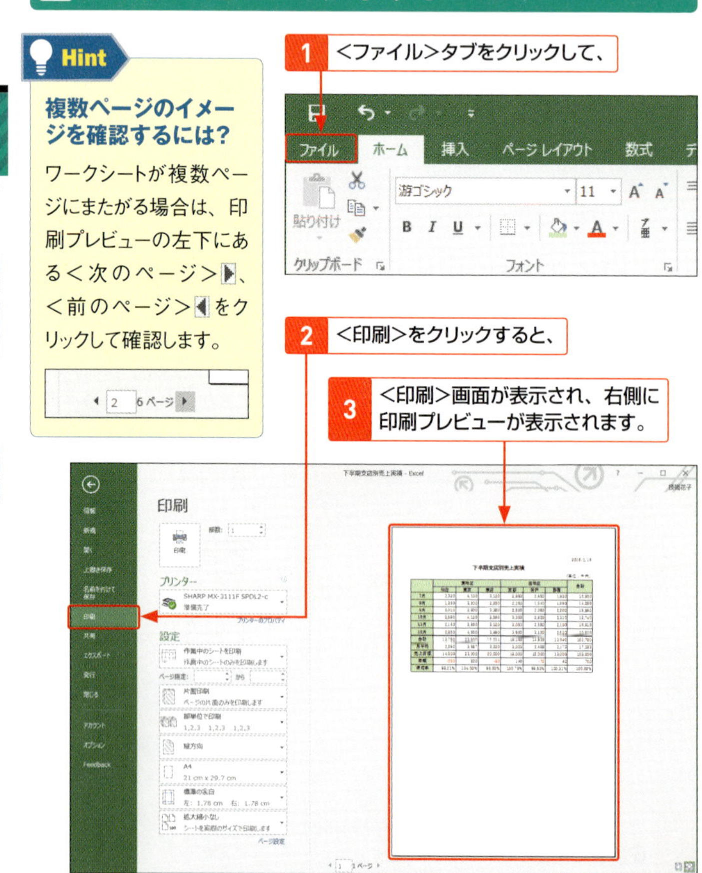

2 印刷設定を行う

1 <印刷>画面を表示します（P.270参照）。

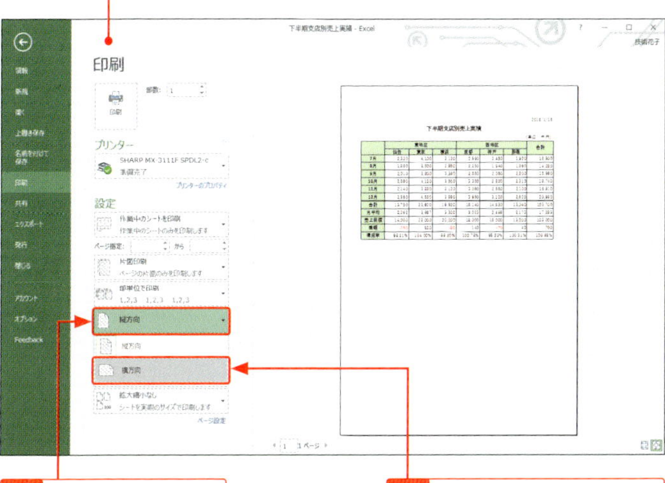

2 ここをクリックして、

3 印刷の向きを指定します。

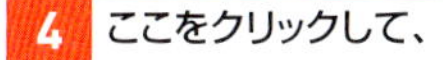

4 ここをクリックして、

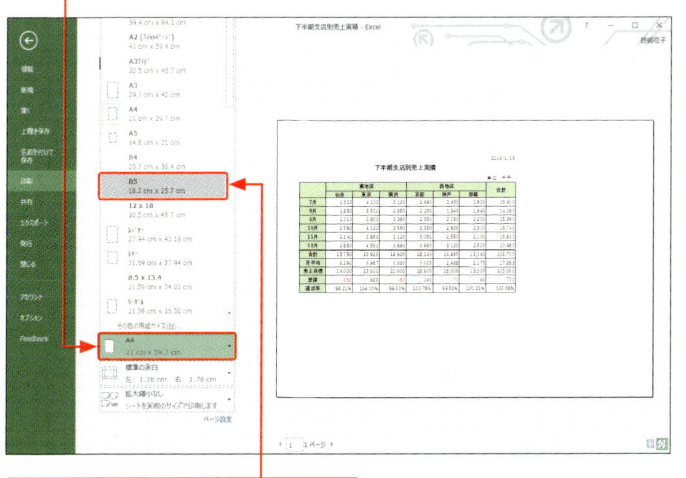

5 使用する用紙サイズを指定します。

6 ここをクリックして、

7 余白を指定します。

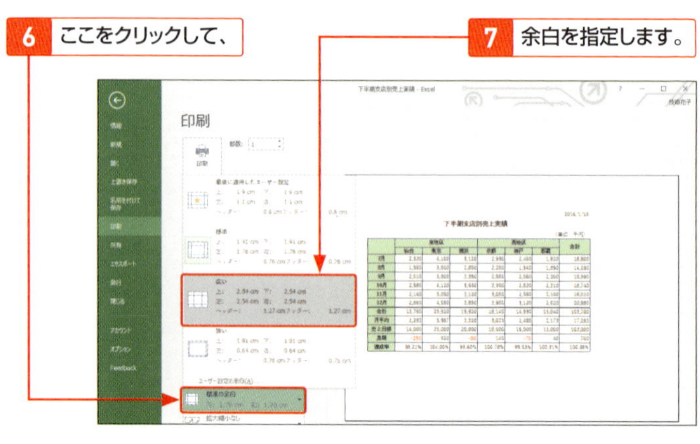

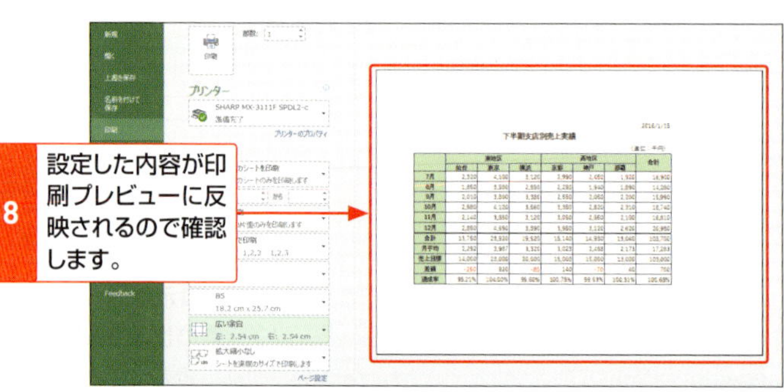

8 設定した内容が印刷プレビューに反映されるので確認します。

3 印刷する

1 プリンターを確認して、

2 印刷部数を指定し、

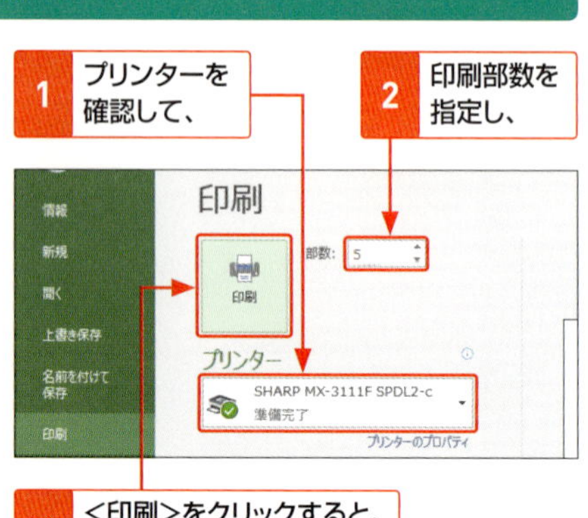

3 <印刷>をクリックすると、印刷が実行されます。

プリンターの設定を変更する

プリンターの設定を変更する場合は、<プリンターのプロパティ>をクリックして、プリンターのプロパティ画面を表示します。

Hint

データを1ページにおさめて印刷するには？

行や列が次のページに少しだけはみ出しているような場合は、右の操作を行うことで、1ページにおさめて印刷することができます。

1 ここをクリックして、

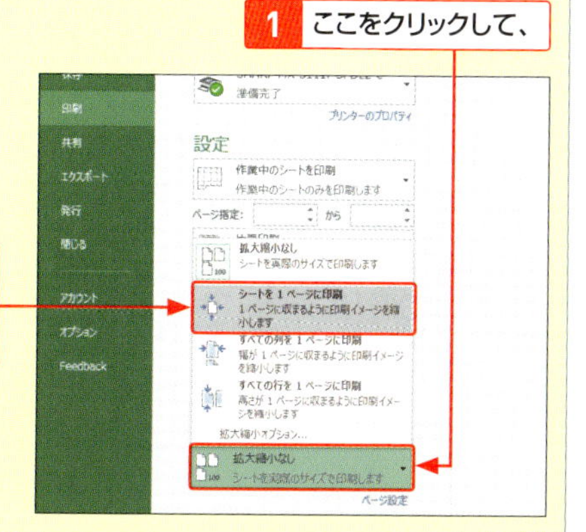

2 <シートを1ページに印刷>をクリックします。

StepUp

拡大／縮小印刷や印刷位置を設定する

<印刷>画面の下にある<ページ設定>をクリックすると表示される<ページ設定>ダイアログボックスの<ページ>を利用すると、表の拡大／縮小率を指定して印刷することができます。また、<余白>では、表を用紙の左右中央や天地中央に印刷されるように設定できます。

拡大／縮小率の設定

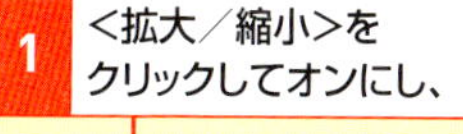

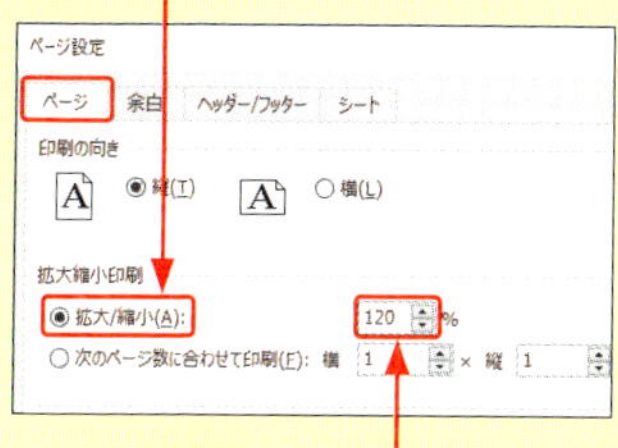

2 倍率を指定します。

印刷位置の設定

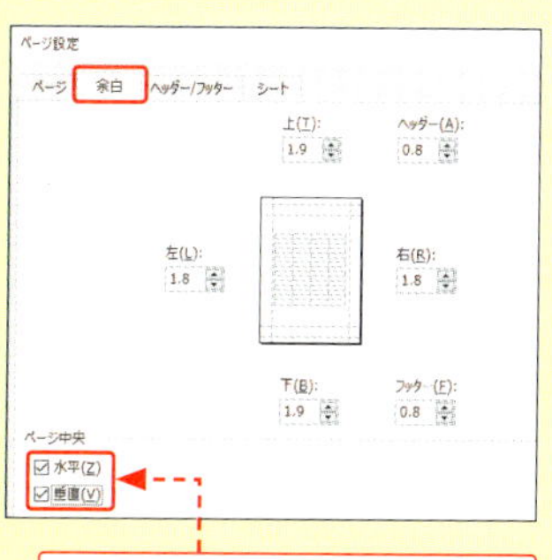

オンにすると、表を用紙の中央に印刷することができます。

指定した範囲だけを印刷する

大きな表の中の一部だけを印刷したい場合は、**指定したセル範囲だけを印刷**することができます。また、いつも同じ部分を印刷する場合は、セル範囲を**印刷範囲として設定**しておくと便利です。

1 選択したセル範囲を印刷する

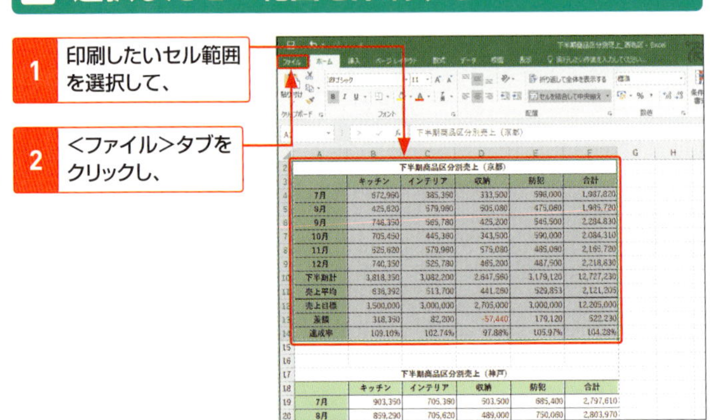

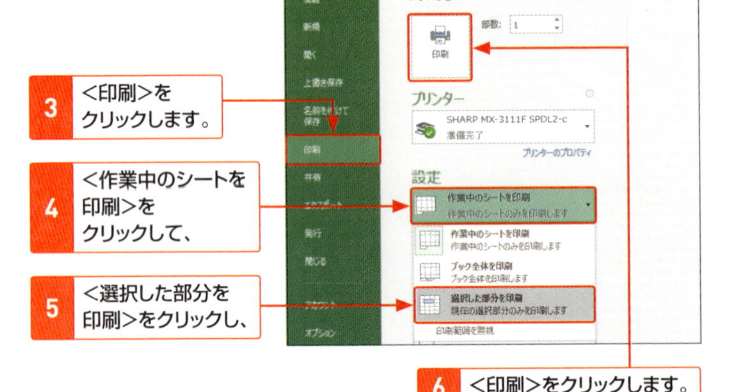

2 印刷範囲を設定する

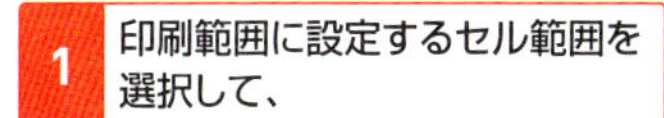

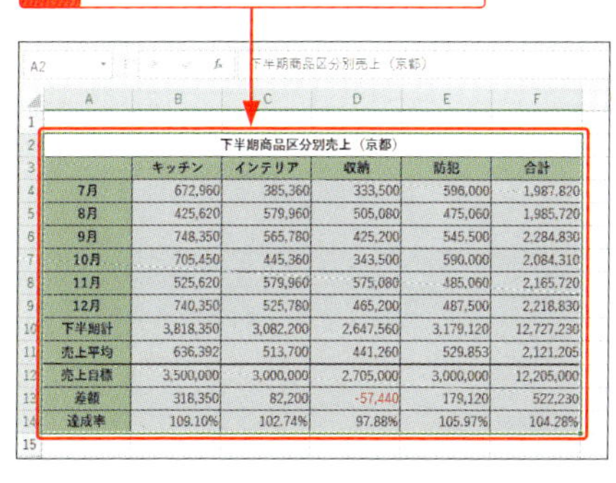

下半期商品区分別売上（京都）

	キッチン	インテリア	収納	防犯	合計
7月	672,960	385,360	333,500	596,000	1,987,820
8月	425,620	579,960	505,080	475,060	1,985,720
9月	748,350	565,780	425,200	545,500	2,284,830
10月	705,450	445,360	343,500	590,000	2,084,310
11月	525,620	579,960	575,080	485,060	2,165,720
12月	740,350	525,780	465,200	487,500	2,218,830
下半期計	3,818,350	3,082,200	2,647,560	3,179,120	12,727,230
売上平均	636,392	513,700	441,260	529,853	2,121,205
売上目標	3,500,000	3,000,000	2,705,000	3,000,000	12,205,000
差額	318,350	82,200	-57,440	179,120	522,230
達成率	109.10%	102.74%	97.88%	105.97%	104.28%

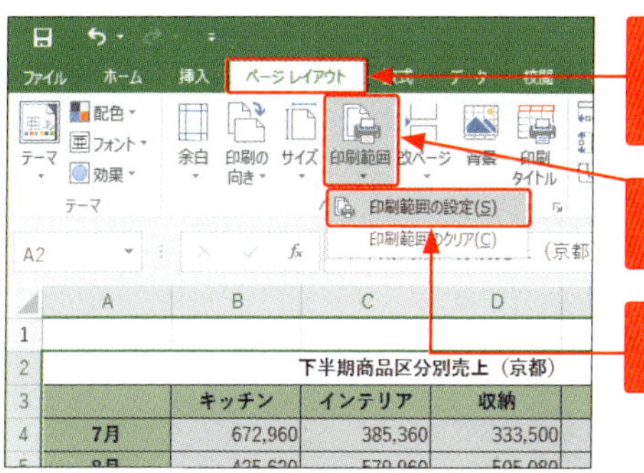

2 <ページレイアウト>タブをクリックします。

3 <印刷範囲>をクリックして、

4 <印刷範囲の設定>をクリックすると、

5 印刷範囲が設定されます。

Print_Area

下半期商品区分別売上（京都）

	キッチン	インテリア	収納	防犯	合計
7月	672,960	385,360	333,500	596,000	1,987,820
8月	425,620	579,960	505,080	475,060	1,985,720
9月	748,350	565,780	425,200	545,500	2,284,830
10月	705,450	445,360	343,500	590,000	2,084,310
11月	525,620	579,960	575,080	485,060	2,165,720
12月	740,350	525,780	465,200	487,500	2,218,830
下半期計	3,818,350	3,082,200	2,647,560	3,179,120	12,727,230
売上平均	636,392	513,700	441,260	529,853	2,121,205
売上目標	3,500,000	3,000,000	2,705,000	3,000,000	12,205,000
差額	318,350	82,200	-57,440	179,120	522,230
達成率	109.10%	102.74%	97.88%	105.97%	104.28%

<名前ボックス>に「Print_Area」と表示されます。

Memo

印刷範囲の設定

いつも同じ部分を印刷する場合は、印刷範囲を設定しておくと便利です。

Hint

印刷範囲の設定を解除するには?

印刷範囲の設定を解除するには、手順 **4** で<印刷範囲のクリア>をクリックします。

48 改ページ位置を設定する

サイズの大きい表を印刷すると、自動的にページが分割されますが、区切りのよい位置で分割されるとは限りません。このようなときは、改ページプレビューを利用して、改ページ位置を変更します。

1 改ページプレビューを表示する

1 <表示>タブをクリックして、

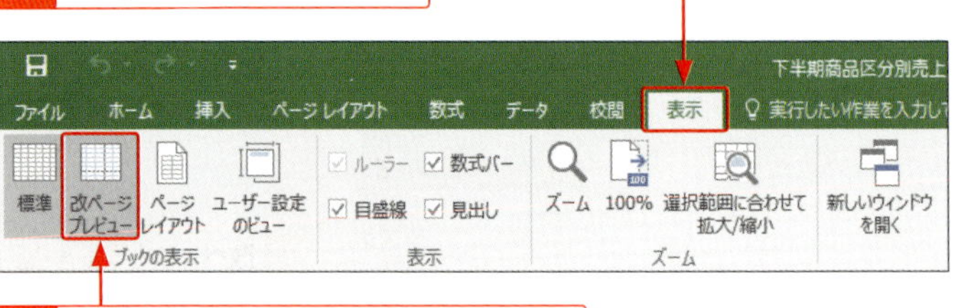

2 <改ページプレビュー>をクリックします。

3 改ページプレビューに切り替わり、印刷される領域が青い太枠で囲まれ、

	A	B	C	D	E	F
26	売上平均	965,880	752,253	604,567	792,403	3,115,10
27	売上目標	5,750,000	4,500,000	3,655,000	4,550,000	18,455,000
28	差額	45,280	13,520	-27,600	204,420	235,620
29	達成率	100.79%	100.30%	99.24%	104.49%	101.28%
30						
31						
32			上半期商品区分別売上（横浜）			
33						
34		キッチン	インテリア	収納	防犯	合計
35	7月	913,350	715,360	513,500	695,400	2,837,610
36	8月	869,290	725,620	499,000	660,060	2,753,970
37	9月	915,000	715,700	521,200	701,500	2,853,480
38	10月	813,350	615,360	433,500	591,400	2,453,610
39	11月	910,290	735,620	619,000	590,060	2,854,970
40	12月	923,500	825,780	721,200	901,500	3,371,980
41	下半期計	5,344,780	4,333,520	3,307,400	4,139,920	17,125,620
42	売上平均	890,797	722,253	551,233	689,987	2,854,270
43	売上目標	5,000,000	4,200,000	3,400,000	4,000,000	16,600,000
44	差額	344,780	133,520	-92,600	139,920	525,620
45	達成率	106.90%	103.18%	97.28%	103.50%	103.17%
46						

Sheet1

4 改ページ位置に破線が表示されます。

> **Memo**
>
> **改ページプレビュー**
>
> 改ページプレビューでは、改ページ位置やページ番号がワークシート上に表示されるので、どのページに何が印刷されるかを正確に把握することができます。

2 改ページ位置を移動する

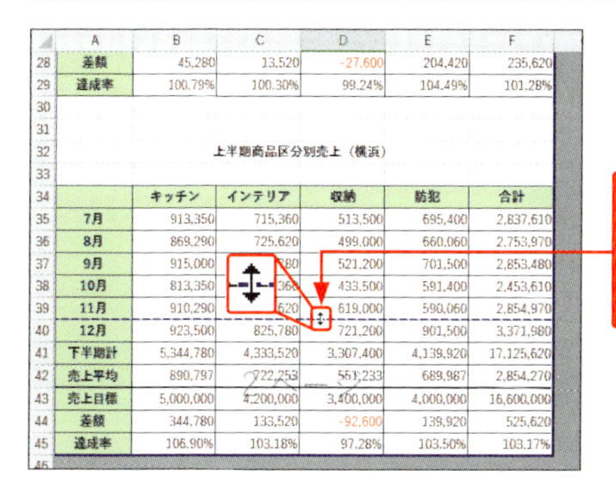

	A	B	C	D	E	F
28	差額	45,280	13,520	-27,600	204,420	235,620
29	達成率	100.79%	100.30%	99.24%	104.49%	101.28%
30						
31						
32			上半期商品区分別売上（横浜）			
33						
34		キッチン	インテリア	収納	防犯	合計
35	7月	913,350	715,360	513,500	695,400	2,837,610
36	8月	869,290	725,620	499,000	660,060	2,753,970
37	9月	915,000	[illegible]780	521,200	701,500	2,853,480
38	10月	813,350	[illegible]360	433,500	591,400	2,453,610
39	11月	910,290	[illegible]620	619,000	590,060	2,854,970
40	12月	923,500	825,780	721,200	901,500	3,371,980
41	下半期計	5,344,780	4,333,520	3,307,400	4,139,920	17,125,620
42	売上平均	890,797	722,253	551,233	689,987	2,854,270
43	売上目標	5,000,000	4,200,000	3,400,000	4,000,000	16,600,000
44	差額	344,780	133,520	-92,600	139,920	525,620
45	達成率	106.90%	103.18%	97.28%	103.50%	103.17%

1 改ページ位置を示す青い破線にマウスポインターを合わせて、

	A	B	C	D	E	F
28	差額	45,280	13,520	-27,600	204,420	235,620
29	達成率	100.79%	100.30%	99.24%	104.49%	101.28%
30						
31						
32			上半期商品区分別売上（横浜）			
33						
34		キッチン	インテリア	収納	防犯	合計
35	7月	913,350	715,360	513,500	695,400	2,837,610
36	8月	869,290	725,620	499,000	660,060	2,753,970
37	9月	915,000	715,780	521,200	701,500	2,853,480
38	10月	813,350	615,360	433,500	591,400	2,453,610
39	11月	910,290	735,620	619,000	590,060	2,854,970
40	12月	923,500	825,780	721,200	901,500	3,371,980
41	下半期計	5,344,780	4,333,520	3,307,400	4,139,920	17,125,620
42	売上平均	890,797	722,253	551,233	689,987	2,854,270
43	売上目標	5,000,000	4,200,000	3,400,000	4,000,000	16,600,000
44	差額	344,780	133,520	-92,600	139,920	525,620
45	達成率	106.90%	103.18%	97.28%	103.50%	103.17%

2 改ページしたい位置までドラッグすると、

3 変更した改ページ位置が、青い太線で表示されます。

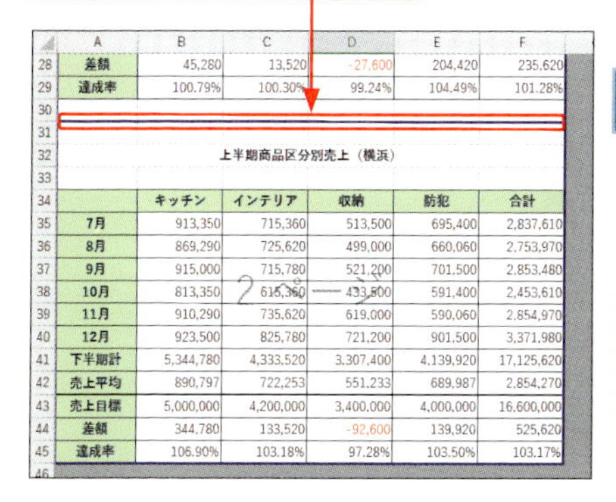

	A	B	C	D	E	F
28	差額	45,280	13,520	-27,600	204,420	235,620
29	達成率	100.79%	100.30%	99.24%	104.49%	101.28%
30						
31						
32			上半期商品区分別売上（横浜）			
33						
34		キッチン	インテリア	収納	防犯	合計
35	7月	913,350	715,360	513,500	695,400	2,837,610
36	8月	869,290	725,620	499,000	660,060	2,753,970
37	9月	915,000	715,780	521,200	701,500	2,853,480
38	10月	813,350	615,360	433,500	591,400	2,453,610
39	11月	910,290	735,620	619,000	590,060	2,854,970
40	12月	923,500	825,780	721,200	901,500	3,371,980
41	下半期計	5,344,780	4,333,520	3,307,400	4,139,920	17,125,620
42	売上平均	890,797	722,253	551,233	689,987	2,854,270
43	売上目標	5,000,000	4,200,000	3,400,000	4,000,000	16,600,000
44	差額	344,780	133,520	-92,600	139,920	525,620
45	達成率	106.90%	103.18%	97.28%	103.50%	103.17%

Hint

画面を標準ビューに戻すには?

改ページプレビューから標準の画面表示（標準ビュー）に戻すには、<表示>タブの<標準>をクリックします。

ページレイアウトビューで印刷範囲を調整する

ページレイアウトビューを利用すると、レイアウトを確認しながら、**はみ出している部分をページにおさめたり**、**拡大や縮小印刷の設定**を行ったりすることができます。

1 ページレイアウトビューを表示する

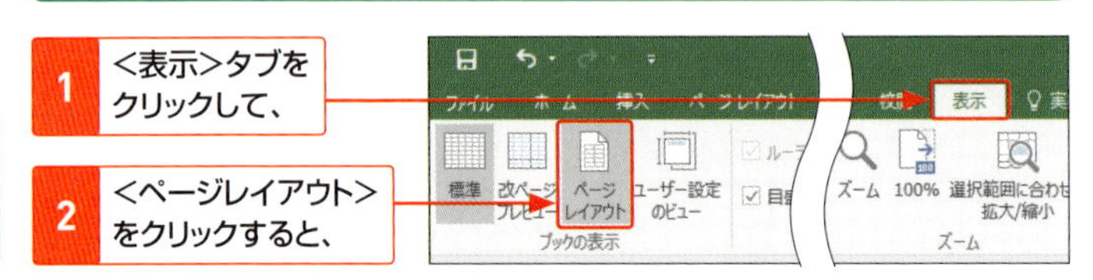

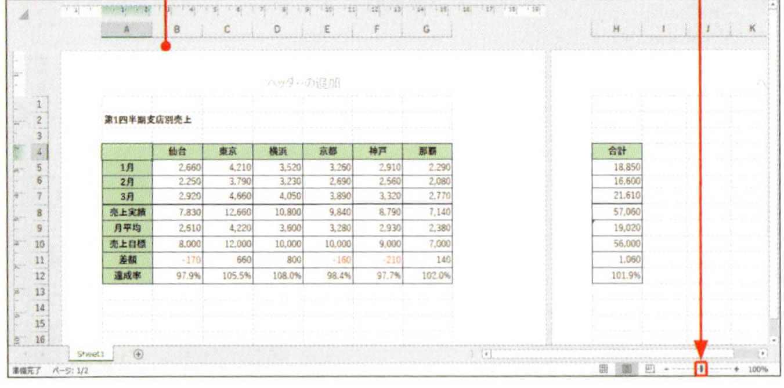

第1四半期支店別売上

	仙台	東京	横浜	京都	神戸	那覇	合計
1月	2,660	4,210	3,520	3,260	2,910	2,290	18,850
2月	2,250	3,790	3,230	2,690	2,560	2,080	16,600
3月	2,920	4,660	4,050	3,890	3,320	2,770	21,610
売上実績	7,830	12,660	10,800	9,840	8,790	7,140	57,060
月平均	2,610	4,220	3,600	3,280	2,930	2,380	19,020
売上目標	8,000	12,000	10,000	10,000	9,000	7,000	56,000
差額	-170	660	800	-160	-210	140	1,060
達成率	97.9%	105.5%	108.0%	98.4%	97.7%	102.0%	101.9%

Hint

ページ中央への配置

ページレイアウトビューで作業をするときは、<ページ設定>ダイアログボックスの<余白>で表を用紙の左右中央に設定しておくと、調整しやすくなります（P.273のStepUp参照）。

2 印刷範囲を調整する

列がはみ出しているのを1ページにおさめます。

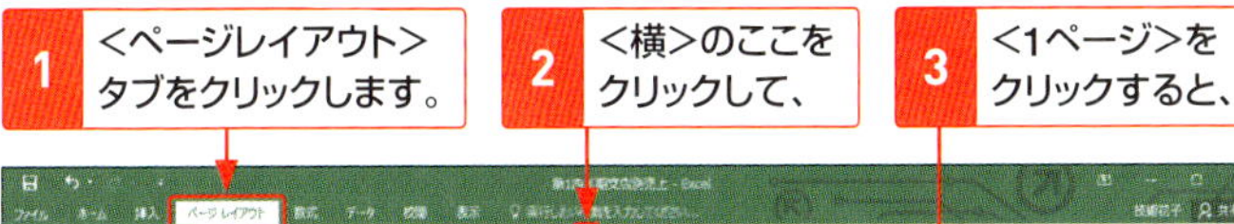

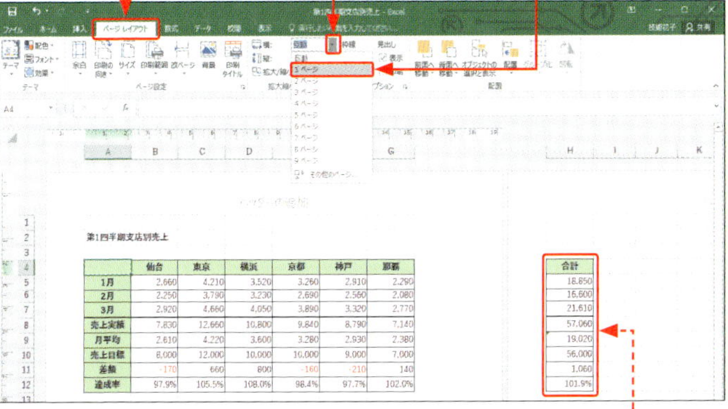

	仙台	東京	横浜	京都	神戸	那覇	合計
1月	2,660	4,210	3,520	3,260	2,910	2,290	18,850
2月	2,250	3,790	3,230	2,690	2,560	2,080	16,600
3月	2,920	4,660	4,050	3,890	3,320	2,770	21,610
売上実績	7,830	12,660	10,800	9,840	8,790	7,140	57,060
月平均	2,610	4,220	3,600	3,280	2,930	2,380	19,020
売上目標	8,000	12,000	10,000	10,000	9,000	7,000	56,000
差額	-170	660	800	-160	-210	140	1,060
達成率	97.9%	105.5%	108.0%	98.4%	97.7%	102.0%	101.9%

4 表の横幅が1ページにおさまります。

	仙台	東京	横浜	京都	神戸	那覇	合計
1月	2,660	4,210	3,520	3,260	2,910	2,290	18,850
2月	2,250	3,790	3,230	2,690	2,560	2,080	16,600
3月	2,920	4,660	4,050	3,890	3,320	2,770	21,610
売上実績	7,830	12,660	10,800	9,840	8,790	7,140	57,060
月平均	2,610	4,220	3,600	3,280	2,930	2,380	19,020
売上目標	8,000	12,000	10,000	10,000	9,000	7,000	56,000
差額	-170	660	800	-160	-210	140	1,060
達成率	97.9%	105.5%	108.0%	98.4%	97.7%	102.0%	101.9%

Hint

行がはみ出している場合は?

行がはみ出している場合は、<縦>を<1ページ>に設定します。また、<拡大/縮小>で拡大/縮小率を設定することもできます。

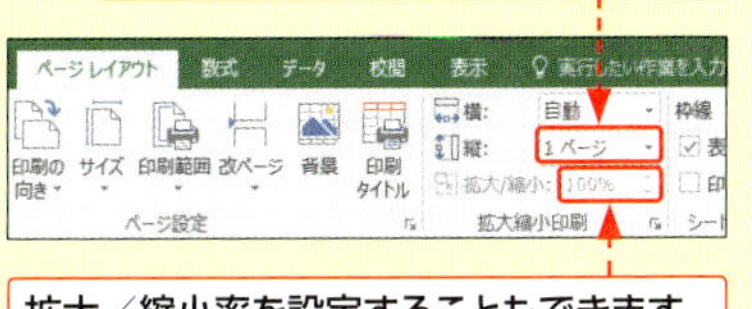

拡大/縮小率を設定することもできます。

Section 50 ヘッダーとフッターを挿入する

複数のページの同じ位置にファイル名やページ番号などの情報を印刷したいときは、ヘッダーやフッターを挿入します。現在の日時やシート名、図なども挿入することができます。

■ヘッダーとフッターとは

シートの上部余白に印刷される情報のことを「ヘッダー」、下部余白に印刷される情報のことを「フッター」といいます。

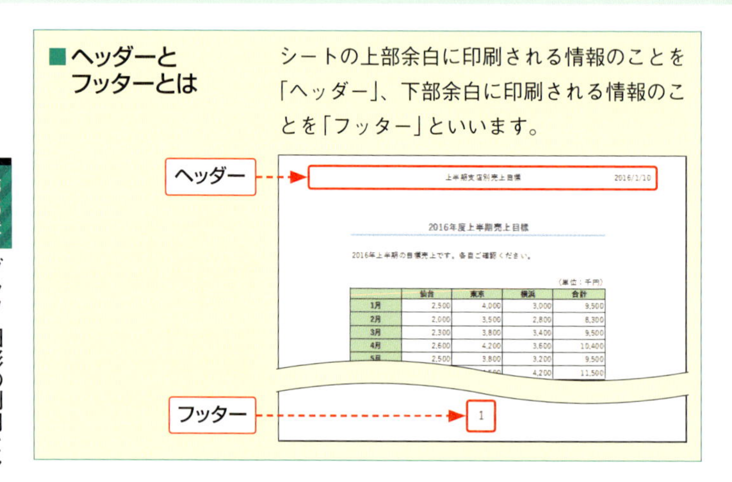

1 ヘッダーにファイル名を入れる

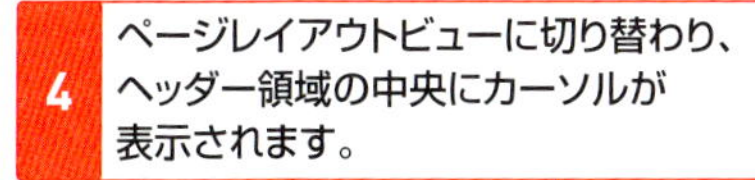

5 <デザイン>タブをクリックして、

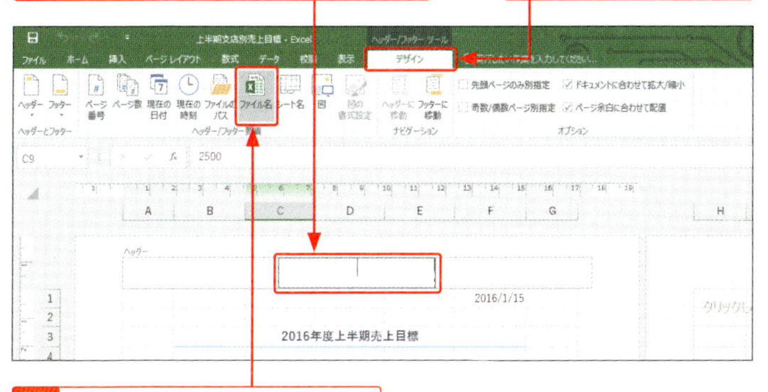

6 <ファイル名>をクリックすると、

7 「&[ファイル名]」と挿入されます。

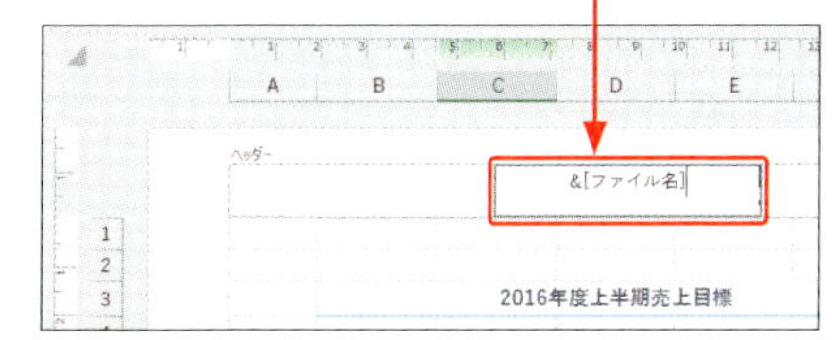

Hint

挿入位置を変更するには?

ヘッダーやフッターの位置を変えたいときは、左側あるいは右側の入力欄をクリックします。

8 フッター領域以外の部分をクリックすると、ファイル名が表示されます。

9 <表示>タブをクリックして、

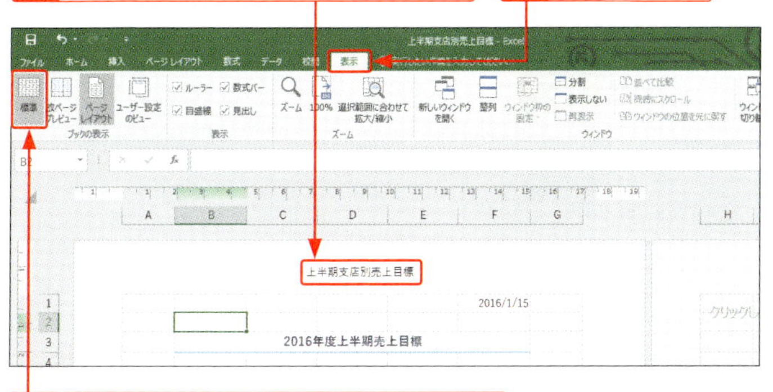

10 <標準>をクリックし、標準ビューに戻ります。

2 フッターにページ番号を入れる

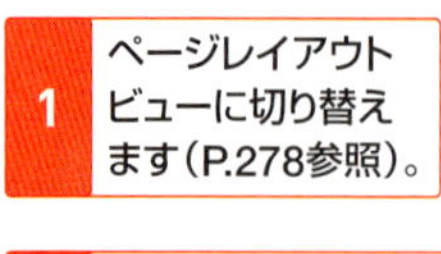

1 ページレイアウトビューに切り替えます（P.278参照）。

2 <デザイン>タブをクリックして、

3 <フッターに移動>をクリックすると、

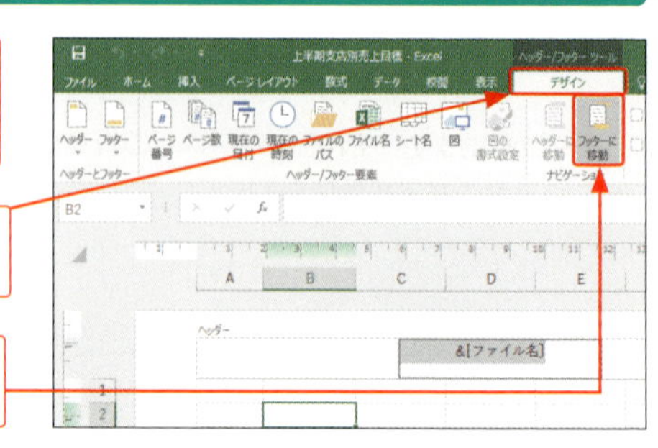

4 フッター領域の中央にカーソルが表示されます。

5 <ページ番号>をクリックすると、

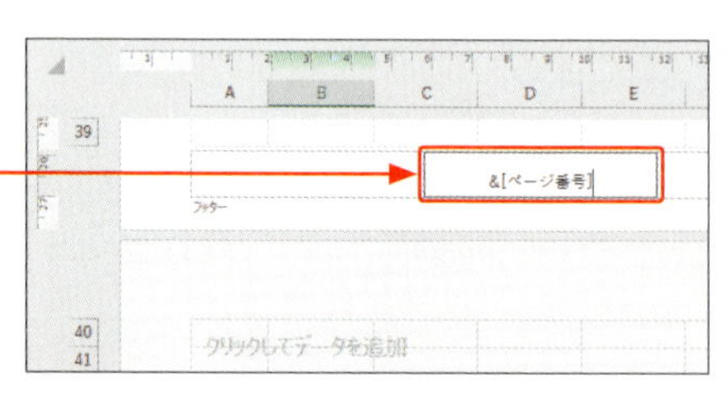

6 「&[ページ番号]」と挿入されます。

7 フッター領域以外の部分をクリックすると、ページ番号が表示されます。

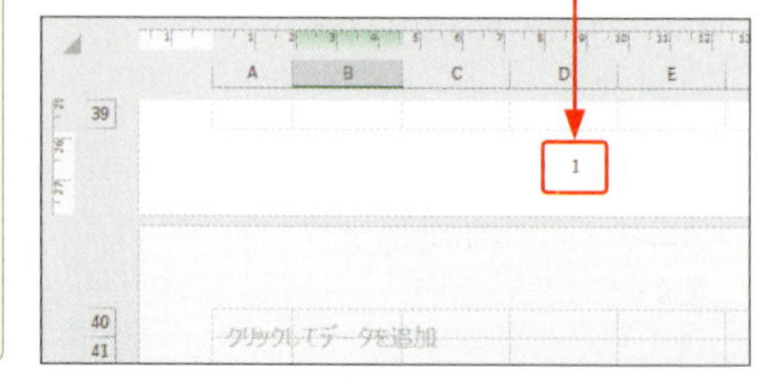

Hint

先頭ページに番号を付けたくない場合は?

先頭ページに番号を付けたくない場合は、<デザイン>タブの<先頭ページのみ別指定>をオンにします。

Memo

ヘッダーとフッターに設定できる項目

ヘッダーとフッターは、<デザイン>タブにある9種類のコマンドを使って設定することができます。それぞれのコマンドの機能は下図のとおりです。これ以外に、任意の文字や数値を直接入力することもできます。

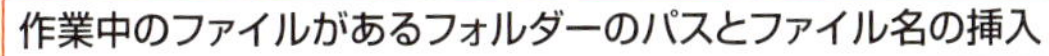

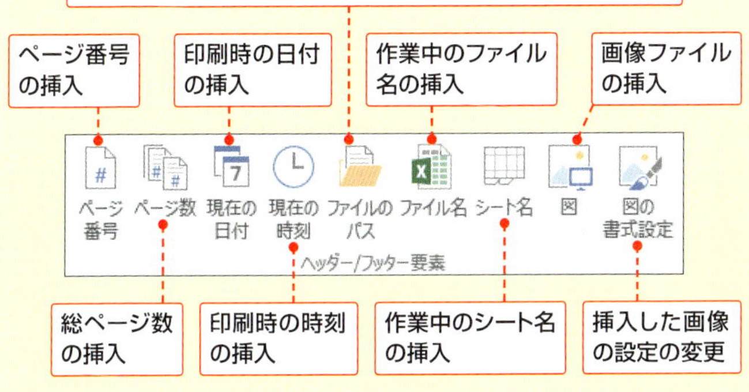

StepUp

<ページ設定>ダイアログボックスを利用する

ヘッダーとフッターは、<ページ設定>ダイアログボックスの<ヘッダー／フッター>を利用しても設定することができます。<ページ設定>ダイアログボックスは、<ページレイアウト>タブの<ページ設定>グループにある をクリックすると表示されます。

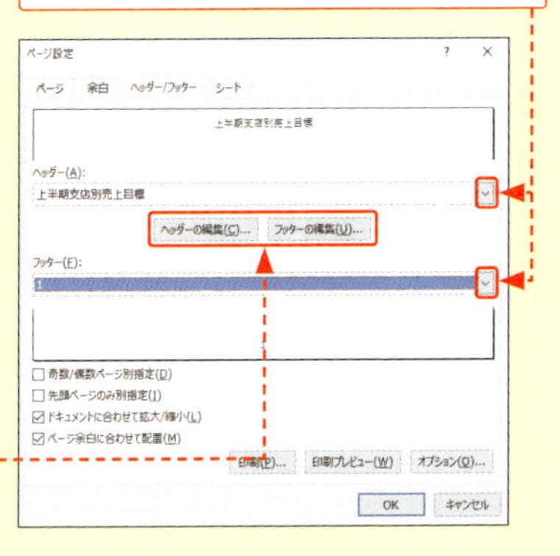

索引（Wordの部）

Word

アルファベット

あ行

か行

さ行

た行

な行

は行

ま行

や行

ら行

わ行

INDEX 索引（Excelの部）

Excel

記号

アルファベット

あ行

か行

さ行

た行

な行

は行

ま行

や行

ら行

わ行

お問い合わせの例

FAX

1 お名前
技評　太郎

2 返信先の住所またはFAX番号
03-××××-××××

3 書名
今すぐ使えるかんたんmini
Word & Excel 2016
基本技

4 本書の該当ページ
158ページ

5 ご使用のOSとソフトウェアのバージョン
Windows 10 Pro
Excel 2016

6 ご質問内容
手順2の画面が
表示されない

今すぐ使えるかんたんmini Word & Excel 2016 基本技

2016年5月25日　初版　第1刷発行

著者●技術評論社編集部＋AYURA
発行者●片岡 巌
発行所●株式会社　技術評論社
東京都新宿区市谷左内町21-13
電話　03-3513-6150　販売促進部
03-3513-6160　書籍編集部

装丁●田邉 恵里香
本文デザイン●Kuwa Design
DTP●技術評論社制作業務部
編集●野田　大貴
製本／印刷●図書印刷株式会社

定価はカバーに表示してあります。

ISBN978-4-7741-8044-1 C3055

Printed in Japan

お問い合わせについて

本書に関するご質問については、本書に記載されている内容に関するもののみとさせていただきます。本書の内容と関係のないご質問につきましては、一切お答えできませんので、あらかじめご了承ください。また、電話でのご質問は受け付けておりませんので、必ずFAXか書面にて下記までお送りください。
なお、ご質問の際には、必ず以下の項目を明記していただきますようお願いいたします。

1 お名前
2 返信先の住所またはFAX番号
3 書名
(今すぐ使えるかんたんmini
Word & Excel 2016 基本技)
4 本書の該当ページ
5 ご使用のOSとソフトウェアのバージョン
6 ご質問内容

なお、お送りいただいたご質問には、できる限り迅速にお答えできるよう努力いたしておりますが、場合によってはお答えするまでに時間がかかることがあります。また、回答の期日をご指定なさっても、ご希望にお応えできるとは限りません。あらかじめご了承くださいますよう、お願いいたします。
ご質問の際に記載いただきました個人情報は、回答後速やかに破棄させていただきます。

問い合わせ先

〒162-0846
東京都新宿区市谷左内町21-13
株式会社技術評論社　書籍編集部
「今すぐ使えるかんたんmini
Word & Excel 2016 基本技」質問係

FAX番号　03-3513-6167

URL：http://book.gihyo.jp